진실을 읽는 시간

MORGUE

MORGUE: A LIFE IN DEATH

진실을 읽는 시간

죽음 안의 삶을 향한 과학적 시선

빈센트 디 마이오 · 론 프랜셸 지음 | 윤정숙 옮김

나의 부모님,

도미니크 J. 디 마이오 박사와

바이올렛 디 마이오 님께

죽음은 개인적인 사건이 아니라 사회적인 사건이다. 미세한 한숨과 함께 마지막 숨결을 내뱉고 동맥과 정맥에서 힘차게 흐르던 혈류가 멈추고 뉴런이 더 이상 뇌를 활성화시키지 않는 순간 인간 유기체의 삶은 끝난다. 그러나 공동체에 알려지기 전까지 죽음은 공식적이지 않다.

_스테판 티머먼스, 『부검 : 어떻게 법의학자는 수상한 죽음들을 설명하는가』

모든 인간의 삶은 똑같이 끝난다. 그가 어떻게 살았고 어떻게 죽었느냐만 한 인간을 다른 인간과 구분해준다.

_어니스트 헤밍웨이

모든 것이 퍼즐이다

안 가라바글리아

사람들은 법의학에 열광한다. 물론 법의학 자체에 관심이 있는 경우도 있지만 대개는 죽은 사람들의 사연에 관심이 많다.

법의학자들을 허구적으로 그린 TV 방송, 영화, 소설이 경이로운 인기를 끌고 있다. 병리학을 정확하게 그려내기 때문이 아니라 흥미로운 퍼즐을 맞추기 때문이다. 하지만 진짜 법의학자들은 매일 커튼을 걷어 진실의 빛을 실제 사건에 비추고는 인간의 숨겨진 드라마를 탐험한다.

많은 사람들이 법의학자는 살인과 범죄에 주로 시간을 쏟을 것이라고 생각한다. 하지만 살인은 법의학자의 업무에서 20퍼센트도 차지하지 않는다. 우리는 아기가 엄마 품에서 갑자기 죽은 원인만큼이나 연못에서 발견된 신원 미상의 시체에도 관심을 갖는다. 우리의 부검과 현장 조사는 약물과 질병의 확산을 확인하는 것만큼이나 공중 보건과 안전에 영향을 미칠지 모른다. 우리가 어떤 여자가 유전적 결함으로 요절했음을 알아낸다면 한 가족의 미래가 달라질 수도 있다. 우리는 사자死者의 존엄을 지켜주기 위해 신원을 알아볼 수 없을 정도로 불타고 상처 입고 부패한 시신을 과학적으로 확인한다.

그다음으로 많이 다루는 것이 살인이다. 우리는 어떤 죽음이 다른 사람의 행위에 의한 것인지 아닌지를 밝혀내고, 이는 용의자에게 엄청난 중요성을 갖는다. 우리는 사인死因이 분명할 때조차도 미세 증거물, 미세한 상처, 상처의 각도와 탄도, 심지어 자연적인 질병 등 죽음을 설명해주는 것이라면 무엇이든 찾기 위해 꼼꼼하게 검시한다.

아, 더욱 많은 법의학자가 절실히 필요하지만 극소수의 의사들만 법의학에 뛰어든다. 이 직업에는 부정적인 면들이 있기 때문이다. 매일 우리는 섬뜩한 상처들, 부패되는 살, 끔찍한 냄새, 무시무시한 폭력, 배설물과 위의 내용물을 다룬다. 그러고는 비통해하는 가족들과 (때로) 아주 불쾌한 변호사들 앞에 나서야 한다.

그럼에도 우리 법의학자는 법의학을 소명으로 여긴다. 우리는 진실을 찾기 위해 퍼즐을 맞추는 일을 좋아한다. 우리가 다른 일을 하는 것은 상상할 수도 없다.

내 멘토이자 친구인 빈센트 디 마이오도 마찬가지다. 나는 샌안토니오에서 그의 부하직원으로 10년간 일하면서도 그의 날카로운 통찰, 풍부한 지식, 대단한 이야기들에 결코 질리지 않았다. 이제 법의학 애호가들은 이 흥미롭고 탁월한 책을 통해 미국에서 가장 존경받는 법의학자가 들려주는 흥미롭고 도발적인 법의학 사례들을 공유하게 될 것이다.

하지만 이 책은 법의학만 다루지는 않았다. 이 책은 퍼즐에 대한 것이기도 하다.

디스커버리 채널의 「닥터 G」로 유명한 얀 가라바글리아 박사Dr. Jan Garavaglia는 플로리다 주 올랜도의 수석 법의학자다. 세인트루이스 의과대학을 졸업하고 마이애미 주의 데이드 카운티 검시관실에서 법의학자로 펠로십을 마친 뒤 텍사스 주 샌안토니오의 벡사 카운티 법의관실에서 빈센트 디 마이오 박사와 함께 일했다.

그녀는 케이블 TV 쇼인 「닥터 G : 법의학자」에 출연하여 전 세계적으로 가장 유명한 법의학자가 되었다. CNN, 「오프라 윈프리 쇼」, 「레이철 레이 쇼」, 「닥터스」, 「닥터 오즈 쇼」에도 출연했다. 2011년에는 케이시 앤서니 살인 사건 재판에서 증언했으며 『죽지 않는 법How Not to Die』 (2008년)을 집필했다.

| 차례 |

1

흑백에 가려진 죽음

난 인간의 심장에 무엇이 들어 있는지 모른다.

난 내게 주어진 심장보다 훨씬 많은 심장을 손에 들어보기도 하고 눈으로 들여다보기도 했다. 어떤 심장은 젊고 강했다. 어떤 심장은 지치고 허름하고 질식해 있었다. 많은 심장이 총알이나 칼이 만든 작은 구멍으로 모든 생명력을 잃어버렸다. 어떤 심장은 독이나 공포로 멈춰버렸다. 몇몇 심장은 수천 조각으로 터지거나 기이한 트라우마로 갈가리 찢겼다. 그렇게 모든 심장이 죽어 있었다.

하지만 나는 그 심장들 안에 무엇이 있는지는 결코 알지 못했고 앞으로도 알아내지 못할 것이다. 내가 그 심장들을 마주할 때쯤에는 그 안에 담겼던 꿈, 희망, 공포, 유령이나 신, 수치심, 후회, 분노, 사랑은 사라진 뒤였기 때문이다. 생명, 즉 영혼은 새어나가버렸다.

남아 있는 것은 단지 증거다. 내가 찾는 것도 바로 그것이다.

2012년 2월 26일 일요일 플로리다 주 샌퍼드.

트럭 운전기사인 트레이시 마틴은 10대인 아들의 휴대전화에 전화를 했다. 하지만 전화는 곧장 음성사서함으로 연결되었다.

어둡고 눅눅한 일요일. 밤 10시가 훨씬 지난 늦은 시각이었다. 2년간 교제한 트레이시와 여자친구 브랜디 그린은 트레이본(트레이시의 아들, 17세)과 채드(브랜디의 아들, 14세)만 브랜디의 타운하우스에 남겨두고 주로 집 밖에서 시간을 보냈다. 브랜디의 집은 플로리다 주 올랜도 교외 샌퍼드에 위치한 트윈레이크스 지역의 리트리트에 있었다. 따로 출입구가 달린, 비교적 조용한 동네였다. 트레이시와 트레이본은 차로 네 시간 거리인 마이애미에서 이곳까지 달려와 하룻밤이나 주말을 보내곤 했다.

단지 연인을 만나기 위해서만은 아니었다. 트레이시는 트레이본이 철이 들어 마이애미의 불량배 생활에서 빠져나오기를 간절히 바랐고, 이런 여행이 아이를 타이를 좋은 기회였다.

하지만 트레이본은 귀담아듣지 않았다. 그는 여자애들, 비디오게임, 스포츠, 이어버드로 듣는 요란한 랩 음악에 빠진 전형적인 10대였다. 그는 척 E. 치즈(미국의 대형 피자 체인점 - 옮긴이)와 TV 시트콤을 좋아했고 언젠가 비행기를 조종하거나 정비하고 싶다고 생각했다. 일부 친척들은 골칫덩이였지만 그래도 그는 가족을 소중히 여겼다. 그는 사지가 마비된 삼촌에게 밥을 먹였고 어린 사촌들과 쿠키를 구웠으며 2008년 마약 사범으로 체포되었다가 의문사한 사촌을 기리는 단추를 달고 다녔다.

그렇다고 트레이본이 바른 소년은 아니었다. 키가 거의 180센티미터인 그는 다른 사람에게 위협적으로 보였다. 그도 그걸 알고 있었다. 그는 마리화나를 피우고 페이스북에 못된 짓을 올리며 장난삼아 불량배 노릇도 했다. 작년에 그는 지각, 낙서, 마리화나 소지로 세 번이나 학교에서 정학 처분을 받았다. 1999년에 트레이본의 엄마와 이혼한 트레이시는 친구, 행동, 성적 때문에 아들을 야단치곤 했다.

그는 다시 트레이본의 전화번호를 눌렀지만 이번에도 음성사서함으로 연결되었다. 브랜디의 아들 채드는 트레이본이 저녁 6시쯤 편의점에 갔다고 했다. 집에서 1.6킬로미터쯤 떨어진 편의점에 다녀와 7시 40분에 시작하는 NBA 올스타전을 보기로 했다는 것이다. 집을 나서기 전에 그는 채드에게 무엇을 사다줄지 물었다.

"스키틀즈."

채드는 그렇게 대답하고 비디오게임을 계속했다. 트레이본은 후디를 걸치고 집을 나섰다. 이후 그는 돌아오지 않았다.

아마 그는 근처에 사는 사촌과 영화를 보러 갔거나 도중에 어떤 소녀를 보고는 옆길로 샜을 것이라고 그의 아버지는 생각했다. 그는 종종 그러곤 했다.

트레이시는 사촌이 전화를 받지 않자 그냥 잠자리에 들었다. 트레이본은 아직 자신의 길을 찾고 있었고 쉽게 샛길로 빠지곤 했다. 그는 항상 자신의 한계를 시험했고 때로 너무 멀리 가버렸다. 하지만 금세 나타나곤 했다. 이번에도 그럴 것이다.

트레이시는 다음 날 아침 일찍 트레이본에게 다시 전화했다. 전화기는 여전히 꺼져 있었고 바로 음성사서함으로 연결되었다. 그는 계속 사촌에게 전화했고 마침내 전화가 연결되었다. 하지만 그는 트레이본을 보지 못했다고 했다.

트레이시는 걱정되기 시작했다. 그는 8시 30분쯤 보안관 사무실에 아들이 없어졌다고 신고했다. 그는 트레이본의 인상착의를 설명했다. 17세에 회색 후디와 연빨간색 테니스화, 긴바지를 입었을 것이라고. 그는 자신과 트레이본이 마이애미에 거주하고 있으며 잠깐 샌퍼드에 있는 여자친구의 집을 방문했다고 말했다. 몇 분 후에 보안관 사무실에서 그에게 전화해 경찰관들이 브랜디의 집으로 가는 중이라고 알려주었다. 그는 금세 트레이본을 찾겠다는 생각에 약간 안도했다.

세 대의 경찰차가 집 밖에 주차해 있었다. 침울한 표정의 형사가 자신을 소개하고는 트레이시에게 아들의 최근 사진을 보여달라고 했다. 트레이시는 휴대전화에 저장된 사진을 보여주었다.

형사가 이를 갈았다. 그는 트레이시에게 보여줄 사진이 있다면서 트레이본인지 확인해달라고 했다. 그러고는 봉투에서 젊은 흑인 남자의 컬러사진을 꺼냈다.

트레이본이었다.

그 순간, 트레이시의 아들은 가슴에 총을 맞고 잿빛으로 차갑게 식어 부검실에 누워 있었다. 트레이시 마틴에게 그 순간은 흐릿한 기억으로 남았다. 그리고 갑작스럽게 그를 덮친 이 충격은 곧 미국 전역에 길고 고통스러운 불안의 나날을 가져왔다.

트레이본이 브랜디의 집에서 나간 뒤 음울하고 끈질기게 비가 내렸다. 그날은 섭씨 12도 정도로 아주 춥지도 덥지도 않은 2월의 밤이었다. 그는 후드를 뒤집어쓰고 리트리트의 출입구를 나간 다음 거의 1.6킬로미터 떨어진 라인하트로드의 세븐일레븐으로 갔다.

마틴은 편의점 냉장고에서 애리조나 워터멜론 프루트 주스 칵테일 캔을 꺼내고 계산대 근처의 선반에서 작은 스키틀즈 봉지를 집었다. 그러고는 황갈색 바지 주머니에서 지폐 몇 장과 동전을 꺼내 계산대에 놓고 편의점을 나왔다. 편의점의 감시카메라에는 그가 6시 24분에 나간 것으로 기록되었다.

집으로 돌아오는 길에 비가 다시 내렸다. 트레이본은 차양에 덮인 우체통 옆에서 비를 피하며 채드에게 전화해서 집으로 돌아가는 중이라고 했다. 그는 마이애미에 있는 여자친구 디디와도 끊임없이 통화하고 문자를 보냈다. 그들은 그날 여섯 시간 정도 통화하고 문자를 주고받았다. 이번에 그들은 18분 정도 대화했다. 통화가 끝나갈 무렵 그가 심각해졌다.

트레이본은 낡은 은색 트럭에서 '지겨운 무지렁이 백인'이 자신을 지켜보고 있다고 말했다. 그의 목소리는 겁에 질린 듯했다. 그는 작은 우체통 뒤에서 달려 나가 미로 같은 집들 사이로 숨어들어야겠다고 했지만 디디는 최대한 빨리 집으로 뛰어가라고 말했다.

아니, 싫어. 그가 말했다. 집은 멀지 않았다. 그는 후드를 뒤집어쓰고 곧장 트럭을 지나기 시작했다. 그는 걸어가면서 그 남자를 계속 쳐다보았다.

그러다 트레이본은 통화 중에 갑자기 달리기 시작했다. 디디는 그의 가쁜 숨소리와 나지막한 바람 소리를 들었다.

1분도 지나지 않아 그는 그 남자를 따돌렸다면서 다시 천천히 걸었다. 디디는 그의 목소리에 공포가 배어 있는 듯해서 걱정되었다. 그녀는 그에게 계속 달리라고 했다.

하지만 그 백인 남자가 끈질기게 다시 나타났다. 디디는 트레이본에게 달리라고 애원했지만 그는 여전히 힘들게 숨을 쉬느라 달릴 수가 없었다. 몇 초 뒤에 그는 디디에게 그 백인 남자가 가까이 다가왔다고 말했다.

갑자기 트레이본은 더 이상 말을 하지 않았다. 그녀는 그가 근처의 다른 누군가에게 말하는 목소리를 들었다.

"왜 따라와요?"

멀지 않은 곳에서 또 다른 목소리가 들려왔다.

"여기서 뭐 하는 거지?"

"트레이본! 트레이본!"

디디가 전화기에 대고 소리쳤다.

그녀는 쿵 소리와 함께 잔디가 바스락거리는 소리를 들었다. 누군가가 "봐! 봐!"라고 외치는 소리도 들었다. 그녀는 큰 소리로 남자친구를 불렀지만 전화는 끊어졌다.

미친 듯이 그녀는 트레이본에게 전화했지만 통화하지는 못했다.

저녁 7시가 조금 지난 시각, 조지 지머맨은 2008년형 은색 혼다 리지라인 픽업을 몰고 리트리트에 있는 자신의 타운하우스를 나왔다. 그는 매주 타깃에 식료품을 사러 갔다. 일요일 밤에 타깃은 붐비지 않고 오늘 밤에는 비까지 내려 쇼핑하는 사람은 더욱 적을 것이다. 완벽했다.

차를 몰던 지머맨은 집들 사이에서 진회색 후디를 입은 10대가 비를 피해 어둠 속에 서 있는 모습을 보았다. 모르는 아이였다. 지머맨은 왠지 거슬렸다. 한 달 전에 지머맨은 같은 장소에서 어느 집에 침입하려던 아이를 보았다.

그래서 그의 의심은 뜬금없는 것이 아니었다. 트윈레이크스의 리트리트는 부동산 버블이 터지면서 침몰한 곳이었다. 집값이 급격히 떨어졌고 주민들은 떠나버렸다. 투자자들은 압류된 집을 사들여 임대했다. 동네가 바뀌었다. 낯선 사람들이 왔다 갔다 했다. 동네의 담장 밖으로부터 하류층 사람들이 흘러들었다. 배기 바지를 내려 입고 야구 모자를 삐딱하게 뒤집어쓴 비행 청소년들이 드나들기 시작했다. 그러고는 빈집털이와 주거침입이 시작되었다. 동네에 달린 문들이 전처럼 안전하게 느껴지지 않았다.

2011년에 세 건의 주거침입 사건이 발생한 이후 지머맨은 마을 사람들에게 자경단을 만들자고 제안했다. 주민들은 샌퍼드 경찰과 협조하여 자경단을 조직하기로 했다. 비무장의 자경단이 동네를 순찰하다가 의심스러운 것이 있으면 경찰에 신고하는 것이다.

폭력 없는 감시. 그리 어렵지 않을 듯했다. 주민들은 3년째 리트 리트에 살고 있는 땅딸막하고 진지한 28세의 조지 지머맨에게 자 경단을 맡겼다.

전직 버지니아 치안판사의 아들과 그의 페루인 아내는 누구도 하고 싶어 하지 않는 자경단에 적임자였다. 판사가 꿈인 파트타임 대학생이자 근처 메이틀랜드의 개인 회사에서 금융사기 감사관 으로 일하는 그는 급여도 없는 자경단의 일을 중요하게 생각했다. 성당의 복사였던 그는 다혈질의 성격 탓에 과거에는 사소한 말썽 에 자주 휘말렸지만 이제는 친절하고 성실한 이웃으로 알려져 있 었다.

그는 자신을 수호자로 여겼다. 자경단의 '대장'이 되기 전에도 그 는 슈퍼마켓에서 전자기기를 훔치는 좀도둑들을 잡았다. 이제 그 는 경찰에 끊임없이 전화해서 떠돌이 개, 속도 위반자, 도로의 파인 곳, 낙서, 가족 싸움, 수상한 사람들을 신고했다. 그는 주차장 문이 열린 집이 있으면 대문을 두드리곤 했다. 어떤 사람에게 그는 뜻밖 의 선물이었다. 하지만 어떤 사람에게는 완장을 두른 멍청이였다.

흐릿하고 축축한 그날 밤에도 그는 후드를 뒤집어쓴 낯선 흑인 아이를 보자 바로 트럭을 주차시키고 경찰서에 전화했다.

"샌퍼드 경찰서입니다."

지머맨이 말했다.

"저기요, 그동안 우리 동네에 주거침입 사건이 몇 건 있었거든요. 그런데 오늘도 진짜 수상한 사람이 있어요. 어, 리트리트뷰서클이에요. 음, 근처 주소가 리트리트뷰서클 111번지예요. 뭔가 나쁜 짓을 하려는 것 같아요. 마약 같은 것에 취해 있고요. 빗속에서 여기저기 둘러보고 있어요."

"좋아요. 백인인가요, 흑인인가요? 아니면 히스패닉?"

"흑인 같아요."

"뭘 입고 있나요?"

지머맨이 말했다.

"음, 진한 색의 후디요. 회색 같아요. 그리고 청바지나 운동복 바지에 하얀 테니스화요……. 그냥 쳐다보고 있어요……."

"좋아요, 그는 그냥 주위를 걸어 다니고 있군요."

통신지령계가 말했다. 질문이 아니었다. 지머맨이 이어서 말했다.

"모든 집들을 들러보고 있어요. 이제 쳐다보고 있고요."

그때쯤 그 10대는 지머맨의 트럭 쪽으로 다가왔고, 지머맨은 실황 중계를 계속했다.

"몇 살쯤 돼 보이죠?"

통신지령계가 물었다. 지머맨은 어둠침침한 빗속을 보았다.

"셔츠에 단추가 있어요. 10대 후반이군요."

지머맨은 조금 긴장했다.

"이상해요. 내 쪽으로 오고 있어요. 손에 뭔가를 들었고요. 뭘 하려는 건지 모르겠어요."

"그가 무슨 짓을 하면 알려주세요, 알겠죠?"

"언제쯤 경찰관이 올까요?"

"금방 갈 거예요. 그 남자가 무슨 짓을 하면 알려주세요."

지머맨의 혈관에 아드레날린이 분출되었다. 그가 말했다.

"이 빌어먹을 자식들은 만날 도둑질이나 하고 달아난다니까."

그 아이가 달리기 시작했다. 지머맨이 말했다.

"젠장, 그가 달리고 있어요."

"어느 길로 달리고 있죠?"

"골목의 또 다른 입구로……. 뒤쪽 입구."

지머맨이 트럭에 시동을 걸면서 나지막하게 욕을 했다. 통신지령계가 말했다.

"그를 따라가려고요?"

"네."

"아니, 그러지 마세요."

지머맨은 알았다고 했지만 이미 추격은 끝났다. 아이는 집들 사이로 사라졌다. 지머맨은 경찰에 위치를 알려주기 위해 트럭에서 내려 표지판을 찾았다. 그리고 그늘들을 살펴보며 진한 색깔의 옷을 입은 아이를 찾았다. 하지만 아이는 보이지 않았다.

7시 13분이었다. 지머맨의 신고는 4분 13초간 지속되었다.

다음 3분 안에 트레이본 마틴과 조지 지머맨은 생사의 결투를 벌이게 된다.

그리고 한 명은 죽게 된다.

무슨 일이 벌어졌는지는 뚜렷하지 않다. 여러 이론異論이 있다.

지머맨이 트럭 쪽으로 다시 걸어가는 순간 후드를 뒤집어쓴 아이가 축축한 공기 속에서 나타났다. 그는 술에 취해 거친 말을 쏟아냈다.

"이봐, 문제라도 있어요?"

10대가 외쳤다. 지머맨이 대답했다.

"아니, 아무 문제도 없어."

"그럼 이제 문제가 생겼네요."

그 아이가 지머맨의 얼굴을 때리면서 으르렁거리듯 말했다. 지머맨의 코가 부러졌다.

지머맨이 비틀거리다 대자로 쓰러졌다. 트레이본이 그의 몸 위로 뛰어올랐다. 지머맨은 그를 떼어내지 못했고 아이는 지머맨의 머리를 콘크리트 바닥에 계속 부딪쳤다.

지머맨은 길고 크게 도움을 청하는 비명을 질렀다.

트레이본은 지머맨의 코와 입을 두 손으로 조이면서 "닥쳐!"라고 소리쳤다. 몸싸움 도중에 지머맨의 셔츠와 재킷이 위로 올라가면서 오른쪽 허리에 차고 있던 권총(켈텍 9밀리)이 드러났다.

트레이본이 권총을 보았다.

"넌 오늘 밤에 죽을 거야, 후레자식."

그가 말했다. 지머맨이 다시 도와달라고 소리를 질렀다.

하지만 아무도 도와주지 않았다. 대신 몇몇 사람이 911에 신고했다. 그들과 통화하던 통신지령계는 전화기 너머로 필사적인 아우성을 들었다.

"그가 고통스러워하나요?"

한 신고자가 대답했다.

"그쪽으로 가고 싶지 않아요. 무슨 일이 벌어졌는지는 모르겠어요. 그래서……."

"그가 '살려주세요'라고 외치나요?"

"네."

겁에 질린 신고자가 대답했다. 통신지령계가 차분하게 말했다.

"알겠어요. 뭐가……."

총성이 한 번 울렸다.

7시 16분, 비명 소리가 멈췄다.

1분 후에 첫 번째 경찰관이 나타났다.

흑인 청년이 축축한 잔디에 얼굴을 묻고 쓰러져 있었다. 두 팔은 몸 아래에 깔려 있고 모자는 뒤로 벗겨져 있었다. 맥박은 뛰지 않았다.

눈이 충혈된 지머맨이 근처에 서 있었다. 피투성이인데도 괜찮아 보였다. 그의 청바지와 재킷은 젖었고 등에는 잔디 물이 들어 있었다. 그는 자신이 소년을 쐈다고 인정했다. 그러고는 손을 들고 총을 건넸다. 경찰관이 그에게 수갑을 채우고 순찰차에 태웠다.

나중에 지머맨은 몸싸움 도중에 10대가 자신의 총으로 팔을 뻗었지만 자신이 좀 더 빨랐다고 진술했다. 그는 9밀리 권총을 잡고 방아쇠를 당겼다. 10대는 얼굴을 아래로 향한 채 잔디 위로 쓰러졌다.

"네가 이겼어."

그가 말했다. 그의 마지막 말이었다.

지머맨은 재빨리 일어나 소년의 팔을 벌려놓았다. 혹시 소년에게 무기가 있을까 두려웠던 것이다. 그는 어떤 상처도 보지 못했고 소년의 얼굴도 보지 못했다.

이내 다른 경찰관들이 도착했고 구급대원들도 나타났다. 하지만 그들은 이름 모를 소년을 소생시키지 못했다. 심장박동이 전혀 없었다. 그는 7시 30분에 사망 선고를 받았다.

한 경찰관이 트레이본의 후디를 들어 올리다가 묵직함을 느꼈다. 앞주머니에 크고 차가운 주스 캔이 들어 있었다. 그 외에 스키틀즈, 라이터, 휴대전화, 지폐 40달러와 약간의 동전이 나왔지만 지갑이나 신분증은 없었다.

그래서 신원 미상의 10대 소년은 푸른 시체 운반용 부대에 담기고 번호를 부여받은 다음 영안실로 실려갔다. 안타깝게도 90미터 떨어진 곳에 그의 집이 있었는데도 말이다.

한편 지머맨을 살펴본 구급대원은 이마의 찰과상들, 코의 출혈, 뒤통수의 자상 두 개를 확인했다. 그의 코는 붉게 부어 있었다. 부러진 듯했다.

지머맨은 경찰서에서 상처를 소독하고 나서 그날 일에 대해 자유롭게 진술했다. 나중에는 자신의 행동을 수사관들 앞에서 재현하기도 했다.

며칠이 지났다. 수사를 계속하던 샌퍼드 경찰은 아이의 가족을 안타까워했다. 트레이본은 사춘기의 반항심에서 서서히 벗어나 옳은 방향으로 나아가고 있었기 때문이다. 하지만 지머맨이 범죄를 저질렀다는 증거는 없었다. 사실 모든 증거는 그의 진술이 진실임을 암시하고 있었다.

죽은 아이의 주머니에서 나온 평범한 물건들은 처음에는 수사와 별다른 관련이 없어 보였다. 하지만 어떤 물건의 중요성이 처음부터 드러나는 경우는 드물다.

사건 다음 날 아침 볼루시아 카운티의 부법의학자인 시핑 바오 박사가 데이토나비치 검시실의 검시대에 놓인 푸른 부대를 열고 트레이본 마틴을 검시했다.

50세인 바오는 중국에서 태어나 자랐고 중국에서 의학 학위와 방사능 의학 석사 학위를 받았다. 이후 미국으로 귀화한 바오는 버밍엄의 앨라배마 대학에서 병리학 레지던트로 일했다. 포트워스에 있는 타런트 카운티의 법의관실에서 3년간 일하다 더 많은 연봉을 받고 플로리다로 왔다. 여기서 일한 지는 7개월도 되지 않았다.

이제 그의 앞에는 잘생기고 건장한 10대 흑인의 시신이 있었다. 소년은 여위지도 다부지지도 않았다. 피도 나지 않은 가슴의 총알 구멍과 그 주위의 그슬린 피부를 제외하면 트레이본 마틴은 탄탄하고 늘씬하고 건강해 보였다.

아, 그 구멍만 없다면.

9밀리 총알은 그의 가슴에 수직으로 들어와 복장뼈 바로 왼쪽을 지났다. 총알은 심막을 관통하고 우심실에 구멍을 내고는 오른쪽 폐의 하엽을 세 조각으로 찢어놓았다. 총알구멍 주위에는 가로세로 5센티미터가량의 그을음이 있었다.

상처 입은 심장이 한 번 수축할 때마다 흉강으로 2.3리터의 피가 흘러들었다. 보통 사람의 전체 혈액량의 3분의 1보다 많은 양이었다.

바오는 부검 보고서에 기록하지는 않았지만 나중에 이렇게 말했다. 마틴은 총을 맞고 10분간 의식이 있었을 것이고 엄청난 고통을 느꼈을 거라고.

한 가지는 거의 확실하다. 의식이 있었건 없었건 간에 트레이본 마틴은 총을 맞고 아주 잠깐 동안 살아 있었을 것이다.

심장에 총을 맞은 경우 대개는 즉사하지 않는다. 사실 TV나 영화에 어떻게 나오든 머리에 총을 맞는 경우에만 즉사할 가능성이 높다……. 물론 항상 즉사하는 것은 아니지만. 부상자가 의식불명에 빠질지 말지는 세 가지 요소에 달려 있다. 부상한 기관, 부상 정도, 부상자의 심리나 생리. 어떤 사람은 작은 상처만 입어도 바로 의식을 잃는다. 어떤 사람은 심장에 총을 맞아도 의식을 잃지 않는다. 심장에 총을 맞아도 5~15초간은 의식이 있을 수 있다.

하지만 10분 후 구급대원이 현장에 도착했을 때는 분명 그가 죽어 있었을 것이다.

바오는 마틴의 오른손 넷째손가락 관절 아래에서 작은 찰과상을 발견했다. 그는 양손의 관절을 잘라 멍을 확인하지 않았다. 멍이 있었다면 소년이 누군가를 때렸는지 확인되었을 것이다. 그가 공격을 했는지는 증명해주지 못했을지라도 그가 싸움을 했는지는 증명해주었을 것이다.

마틴의 피와 소변에서는 소량의 THC(마리화나 유효 성분)가 검출되었지만 그가 언제 약물을 사용했는지는 확인되지 않았다. 살해되던 밤에 약물에 취해 있었는지도 확인되지 않았다.

바오에게 이 사건은 일상적인 총격 사건으로만 여겨졌다. 그는 90분 만에 검시를 끝냈다.

바오는 최종 보고서에 이렇게 썼다.

'상처는 중간 거리에서 총을 쏘았을 경우에 생기는 총상과 일치한다.'

'중간 거리'라는 단어가 언론의 반향을 불러일으켰다. 언론은 단어의 의미도 모르면서 덤벼들었다. 조지 지머맨은 얼마나 떨어진 곳에서 총을 쏘았을까? '중간 거리'라는 것은 3센티미터일까? 아니면 12센티미터? 혹은 90센티미터? 다른 법의학자들(그리고 많은 비전문가들)은 그 단어의 정확한 의미에 동의하지 않을 수도 있다.

게다가 지머맨을 향한 분노가 격앙되는 상황에서 '중간 거리'라는 말이 불길에 기름을 부었다. 한쪽에서는 '중간 거리'를 즉결 처형의 증거로 보았고 다른 쪽에서는 정당방위의 증거로 보았다.

하지만 그들 모두 틀렸다.

방아쇠가 당겨지는 순간 공이가 뇌관을 때리면서 작은 불꽃이 만들어지고 탄약통의 화약 가루가 점화된다. 그런 갑작스러운 점

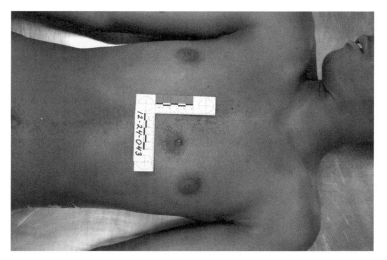

트레이본 마틴의 몸에 생긴 작고 깔끔한 치명상. 하나의 총알이 엄청난 손상을 입혔다. 이 10대의 피부에는 총알이 '중간 거리'에서 발사되었음을 알려주는 스티플링이 있었다.〔Office of the Medical Examiner, Seminole County, Florida〕

화로 뜨거운 가스가 발생하여 총알이 총열로 밀려간다. 총알, 뜨거운 가스, 그을음, 기화한 뇌관의 금속들, 연소되지 않은 화약 가루가 극적이고 치명적인 연기로 터져 나온다.

과열된 잔해가 날아가는 거리는 총의 종류, 총열의 길이, 화약의 유형에 따라 달라진다. 발사된 탄환의 잔여물은 희생자의 몸과 옷에서 검출되기도 한다. 얇은 그을음이 남을 수도 있고, 불연소되거나 불완전연소된 화약 입자가 상처 주위에 흔적을 남길 수도 있으며, 아예 아무것도 남지 않을 수도 있다. 그걸 보면 총알이 발사되는 순간 총구가 피해자와 얼마나 떨어져 있었는지 알 수 있다.

흔적(타투잉 또는 스티플링이라 불린다)은 총격이 '중간 거리'에서 이루어졌음을 보여주는 전형적인 특징이다. 30센티미터 이내의 거리에서 총격이 이루어지면 그을음이 남는다. 피부나 옷에 스티플링도 없고 그을음도 없고 다른 잔여물도 없다면 총이 멀리서 발사된 것이다. 총이 발사되는 순간 총구가 피부에 닿아 있었다면 상처의 형태는 완전히 달라진다.

트레이본 마틴의 경우 타투잉 또는 스티플링이 5센티미터 크기의 상처를 감싸고 있었다. 법의학자는 그을음도 발견했다. 내가 보기에 그런 패턴은 조지 지머맨이 방아쇠를 당기는 순간 켈텍의 총구가 소년의 피부에서 5~10센티미터('중간 거리') 떨어져 있었음을 암시했다.

하지만 언론이 스티플링에 대해 설전을 벌이는 동안 경찰과 검찰이 공개한 산더미 같은 서류들 틈에서 중요한 사실 하나를 알아차리는 사람은 거의 없었다.

이렇게 거의 알려지지 않은 작은 사실이 사건 전체를 뒤흔들었다.

에이미 시워트는 플로리다 주 법집행부FDLE 산하의 범죄연구소에서 일하는 화기와 탄환 전문가다. 매사추세츠 주의 우스터 폴리테크닉 연구소에서 화학 석사 학위를 받은 그녀는 FDLE의 화기 부문으로 옮겨오기 전에는 독물학 부문에서 3년간 분석가로 일했다.

그녀의 일은 조지 지머맨의 9밀리 켈텍 권총, 소년의 연회색 나이키 스웨트셔츠와 진회색 후디를 조사하는 것이었다. 특히 트레이본 마틴의 옷과 심장을 뚫은 총알이 지머맨의 총에서 발사되었음을 증명하는 것이었다. 또한 그녀는 옷들을 현미경적으로, 화학적으로 들여다보고 탄환 잔여물을 조사해야 했다.

우선 시워트는 마틴의 후디에 나 있는 가로 5센티미터, 세로 2.5센티미터의 L자형 구멍을 살펴보았다. 그것은 소년의 상처와 완벽하게 일치했다. 그녀는 그 구멍의 안팎에서 그을음을 발견했다. 구멍 주위의 해진 섬유도 불타 있었다. 기화된 납의 흔적도 나왔다. 그리고 15센티미터 크기의 커다란 오렌지색 얼룩이 그 주위를 감싸고 있었다. 트레이본 마틴의 피였다.

마틴은 후디 안쪽에 스웨트셔츠를 입고 있었다. 그것 역시 포구 폭풍(총알이 총구를 떠나면서 강한 충격파가 공기 제트의 후측면에 먼저 발생하고 이어서 추진 가스가 공기 제트의 전단을 뚫고 지나가면서 발생하는 충격파 - 옮긴이)으로 그을음이 묻어 있고 그슬려 있었다. 피에 얼룩진 5센티미터 크기의 총알구멍은 별 모양이었다.

하지만 시워트는 두 번의 실험으로도 구멍들 주위에서 탄환 잔여물의 패턴을 알아내지 못했다.

별 모양의 구멍, 그을음, 기화된 납, 식별되지 않는 화약 가루의 패턴은 시워트를 유일한 결론으로 이끌었다. 방아쇠를 당기는 순간 조지 지머맨은 총구를 트레이본 마틴의 후디에 대고 있었다. 가까이에서 총을 겨눈 것이 아니라 아예 옷에 총구를 대고 있었다.

하지만 시워트가 작성한 보고서의 중요성을 알아차리는 사람은 거의 없었다. '중간 거리'라는 말이 언론을 비롯한 모든 사람의 입맛에 훨씬 더 맞았던 것이다. 어쩌면 그들은 '총구를 대고 쏘는 것'

과 '중간 거리에서 쏘는 것'의 법의학적인 차이를 몰랐을지도 모른다. 또는 결정적인 질문을 미처 생각지 못했거나. 즉 스웨트셔츠에 대고 있던 총구가 어떻게 그 옷을 입은 사람의 피부와는 10센티미터나 떨어져 있을 수가 있지?

그것은 단순하고 사소한 모순으로 여겨졌다. 언론은 트레이본 마틴의 죽음 주위로 휘몰아치는 강렬한 감정에 모든 관심을 쏟았다.

아무도 던지지 않는 질문은 아무도 기대하지 않은 대답으로 돌아왔을 텐데도 말이다.

한밤중에 울린 한 발의 총성은 처음에 그리 요란하지 않았지만 서서히 엄청난 소음으로 커지면서 거대한 비극에 시동을 걸었다.

1주일 이상 트레이본 마틴의 사건은 대단한 이슈가 아니었다. 이 사건은 지역 TV 방송에 짧게 다루어졌고 〈올랜도 센티널〉에 두 건의 단신으로 소개되었으며 격주간지 〈샌퍼드 헤럴드〉에는 213단어짜리 기사로 실렸다. 그러다 3월 7일 〈로이터〉가 트레이본 측의 변호사와 인터뷰를 하고 469단어짜리 기사를 배급했다. 그 기사를 읽은 사람은 백인 자경단원이 비무장의 순진한 흑인 아이를 고의로 냉혹하게 죽이고 지역 경찰의 비호를 받는 듯한 인상을 받았다. 〈로이터〉는 트레이본의 부모가 제공한 어린 시절의 사진을 실음으로써 희생자가 행복하고 선량하고 어린 얼굴의 중학생이라는 인상을 주었다.

그렇게 물에 피 한 방울을 떨어뜨리자 모든 언론이 상어 떼처럼 냄새를 맡았다.

기자들이 커져가는 갈등을 취재하기 위해, 또는 갈등을 키우기 위해 샌퍼드로 떼 지어 몰려들었다. 흑인 지도자들이 인종차별을 외치는 순간 이해관계는 더욱 첨예하게 대립했다. 덩달아 시청률과 구독률이 급등했다. 한 뉴스 방송이 신고 당시 지머맨의 목소리를 편집하여 그가 총격 직전에 인종차별적인 발언을 한 것처럼 꾸몄다. 마틴의 부모는 'Change.org'에 지머맨의 체포를 요구하는 서명운동을 시작했고 금세 130만 명이 서명했다. 인종차별 반대로 먹고사는 앨 샤프턴 목사 등이 나타나 갈등을 키웠다. 흑인 과격 단체인 뉴블랙팬서당은 지머맨의 체포에 1만 달러의 상금을 걸었다. 나중에는 '지머맨은 신고 당시 어떤 모욕적인 말을 했을까'가 관심을 끌었다. 그가 모욕적인 말을 했는지 분명하지 않은데도 말이다.

많은 블로거와 TV의 '막말러'들은 범죄 전문가가 되어 할리우드 영화에나 나오는 법의학 이론을 제시했다.

버락 오바마 대통령까지 "트레이본 마틴은 35년 전의 나일 수도 있다. ……내게 아들이 있다면 트레이본처럼 생겼을 것이다"라고 말하면서 전 미국인에게 '자아 성찰'을 요구했다. 오바마 대통령은 분노를 진화하는 대신 기름을 부었다.

시위자들은 스키틀즈 봉지를 깃발로 개조했다. 후디와 주스 캔은 미국 인종차별의 상징이 되었다.

영국의 〈가디언〉은 이렇게 밝혔다.

'그는 당시 학교에서 정학을 맞았고 혈액에서는 마리화나 성분이 검출되었다. 하지만 스키틀즈 깃발에 적힌 것처럼 위협적인 흑인 10대의 모습 이면에는 아직 어린 아이가 있었다.'

유명 인사들, 정치가들, 일반 시민들이 트레이본을 위해 정의를 실현해달라고 요구했지만 그들이 받아들일 유일한 정의는 비열한 인종주의자인 조지 지머맨의 체포, 유죄판결, 형 집행뿐이었다.

2012년 4월 11일(트레이본 마틴이 사살되고 지방검사가 형사 고소를 진행할 아무런 증거도 발견하지 못한 채로 긴장된 6주가 지났다) 특별 검찰은 거의 빈털터리인 조지 지머맨을 체포해 2급 살인 혐의로 기소했다. 새로운 변호인단이 자발적으로 꾸려졌다. 마크 오마라와 돈 웨스트는 유명한 법률 전문가로 최고의 수비자였다. 오랫동안 두 친구는 좋은 팀을 이루었다. 유능하고 우아하고 다혈질인 오마라는 소송에 뛰어났고 웨스트는 불굴의 투사였다. 특히 웨스트는 대중이 지머맨을 상대로 인민재판을 벌이려 한다고 말하기도 했다.

그리고 두 사람은 스탠드 유어 그라운드stand your ground(자신의 집뿐만 아니라 공공장소에서도 공격을 당하면 총을 쏠 수 있다는 정당방위 논리 - 옮긴이) 법과 관련하여 오랜 경험이 있었다. 펜실베이니아 출신인 웨스트는 연방 법원에서 맡았던 사형 사건들의 변호를 그만두고 지머맨 사건에 뛰어들었다.

그는 풋내기가 아니었다. 미국 최고의 형사사건 변호사로 꼽히는 그는 거친 사건과 거친 의뢰인들을 상대해왔다. 그는 때로 피고인들이 거짓말을 한다는 것을 알았다. 또한 증거가 항상 완벽하지 않다는 것도 알았다. 언론이 진실을 얼마나 왜곡하는지도 알았다. 그는 대중의 생각과 달리 지머맨이 괴물이 아니라는 것을 깨달았다.

얼마 지나지 않아 오마라와 웨스트는 광적인 대중의 외침과 지역의 정치 역학이 심각한 법적 질문들을 뒤집을지도 모른다는 위기감을 느꼈다. 많은 사람들이 지머맨은 플로리다의 스탠드 유어 그라운드 법에 따라 무죄를 주장할 것이라고 예상했다. 이 법에 따르면 공격을 받는 사람은 자기 자리에서 물러나지 않고 치명적인 힘을 사용하여 자신을 방어해도 법적으로 아무런 문제가 없었다.

하지만 환하게 웃는 아이의 사진을 기억하는 트레이본 지지자들에게 조지 지머맨이 생명의 위협을 느꼈을 것이라는 주장은 터무니없는 것이었다. 그들에게 스탠드 유어 그라운드 법은 살인자를 아무런 처벌 없이 교도소에서 풀어주는 법이었다. 법정 밖에서 이 사건은 정당방위보다 인종차별과 관련된 사건이었다. 흑인들은 이 법이 흑인들을 죽일 백지 위임장을 백인들에게 부여한다며 강하게 비판했다. 그들은 스탠드 유어 그라운드 법의 즉각적인 폐지를 요구했고 많은 정치인들이 그에 따를 준비가 되어 있었다.

아이러니하게도 마틴이 총을 맞을 당시에는 흑인들이 스탠드 유어 그라운드 법의 혜택을 보는 경우가 훨씬 많았다. 우범 지역에 사는 흑인이 범죄에 희생될 가능성이 가장 높았기 때문에 그 법은 경찰이 제때 오지 못할 경우 흑인이 스스로를 지키도록 도와주었다. 흑인은 플로리다 인구의 16퍼센트를 차지했지만 스탠드 유어 그라운드 법의 적용을 주장한 사람은 31퍼센트가 흑인이었다. 이 법에 의해 무죄 선고를 받는 흑인도 백인보다 훨씬 많았다.

시위는 중요하지 않았다. 오마라와 웨스트는 지머맨 사건이 전통적인 정당방위 사건에 해당한다고 생각하고 스탠드 유어 그라운드 법을 배제하기로 했다. 그는 반듯이 누워서 트레이본 마틴에게 잔인하게 구타당했다. 따라서 스탠드 유어 그라운드 법과는 상관이 없었다.

지머맨이 사람을 죽였음에도 그들은 그에게 악의가 없었다고 믿었다. 살인자가 살인 전에 경찰에 신고를 한다고?

트레이본 마틴과 조지 지머맨이 자신의 목숨이 위험하다는 생각으로 자기방어를 위해 폭력을 사용했을 가능성도 있었다. 배심원단이 그렇게만 믿는다면 지머맨은 무죄였다.

검찰 측은 다른 주장을 했다. 트레이본 마틴에게 총을 쐈다는 진술을 제외한 지머맨의 말이 모두 거짓이라는 것이었다. 지머맨은 무장하지 않은 10대를 몰래 쫓아가 쌍방 폭행을 끌어냈다. 그는 전혀 무장을 하지 않았어야 한다. 지머맨의 상처는 별것 아니었고 당연히 자신의 목숨이 위협받는다고 생각할 이유가 없었다. 911 녹음에 우연히 담긴 살려달라는 외침은 지머맨이 아니라 트레이본 마틴의 목소리였다. 자경단원이 젖은 잔디밭에 쓰러진 그 아이를 냉혹하게 쐈다.

이제 거대한 법정 다툼을 위한 무대가 세워졌다.

시간이 지날수록 항의는 거세졌고 끔찍한 사건은 대중 소비를 위해 단순화되었다. 즉 착한 흑인 소년이 사탕과 음료수를 사러 갔다가 인종주의자인 백인 남자에게 매복 공격을 당했다는 것이다.

어떤 사람들은 이미 트레이본 마틴을 현대의 에밋 틸(1955년 14세의 나이에 백인 남자들에게 살해된 흑인 소년. 에밋 틸의 살해에 가담한 누구도 처벌받지 않았다 - 옮긴이)이라고 불렀다. 수백 건의 살해 협박을 받은 지머맨은 숨어버렸다. 기자들은 인종적인 면을 부각하기 위해 그를 히스패닉계 백인으로 묘사했다. 얼마 지나지 않아 진짜 트레이본 마틴과 조지 지머맨은 무대에서 사라지고 인종, 총, 프로파일링, 시민권, 자경권에 대해 분노하는 초강력 태풍만 몰아쳤다.

오마라와 웨스트는 법적 질문들에 초점을 맞추면서도 거리의 시위를 모른 척하지 않았다. 그들은 미래의 배심원들도 시위대의 구호에 귀를 기울이고 있으리라는 것을 알았다.

지머맨의 변호인단은 벅찬 일을 멋지게 나누었다. 언변이 좋은 오마라는 과도한 언론의 집중 보도에 맞섰고, 웨스트는 검찰의 맹공에 대비하여 법의학적 사실들을 살폈다.

언론, 인종차별론자, 일반 대중은 이미 각자의 결론으로 비약해 갔지만 사법체계는 더욱 신중하게 움직였다. 법적 문제들은 아직 결정되지 않았다. 그 비극(결국 조지 지머맨이 유죄인가 무죄인가의 문제)은 하나의 법적 문제로 귀결되었다. 방아쇠가 당겨지는 순간 누가 공격자였을까?

오마라와 웨스트에게 지머맨 사건은 법의학적 문제들이 얽힌 진짜 사건이 아니라 마치 악몽처럼 느껴졌다. 검찰 측은 증거를 보여달라는 변호인 측의 요구에 느리게 답변하거나 아예 답변하지 않았다. 범죄 직후 조지 지머맨의 얼굴을 찍은 단순한 컬러사진을 전달받는 데도 몇 달이 걸렸다. 플로리다 주 법집행부의 사건 파일 같은 중요한 증거물은 아예 받지 못했다. 검찰은 마틴의 휴대전화에서 어떤 증거도 복원되지 않았다고 했지만 내부 고발자는 다른 주장을 했다.

웨스트는 수임료도 거의 받지 않고 사건의 단서를 찾는 동시에 그 단서를 해석할 전문가들을 찾는 고된 과정을 시작했다. 총상, 법의학, 독물학, 목소리 분석, 동영상 전문가들이 필요했다.

독극물 전문가인 내 친구가 나를 총상 전문가로 소개했다. 웨스트는 이미 나를 알고 있었다. 그는 지머맨의 재판이 시작되기 10개월 전인 2012년 9월 내게 연락해왔다. 그는 내게 대가를 지불하지는 못하겠지만, 그래도 미국인들에게 중요한 질문을 제기하는 사건이라고 말했다.

나는 6년 전 텍사스 주 벡사 카운티의 수석 법의관직에서 은퇴했다. 그때까지 9,000건의 부검을 했고 2만 5,000건 이상의 죽음을 조사했으며 전 세계에서 벌어지는 각종 의문사에 대해 자문을 계속해왔다. 이제 조지 지머맨의 변호인들은 내가 산발적으로 흩어진 법의학적 증거들을 연결하여 트레이본 마틴이 살아 있던 마지막 3분을 재구성해주기를 바랐다.

나는 미국을 집어삼킨 분노에 대해 알고 있었다. 인종의 정치학이 혼란을 야기하고 있다는 것도 알았다. 나는 오인되거나 간과된 사실들이 있음을 알았다. 하지만 증거 안에 진실이 있음도 알았다.

나는 지머맨 변호인들의 부탁을 들어주기로 했다.

간단히 말하면 법의학자로서 내 일은 누군가가 어떻게, 왜 죽었는지를 알아내는 것이다. 법률 용어로 죽음의 원인과 방식을 밝히는 것이다. 죽음의 원인이란 심장 발작, 총상, AIDS, 교통사고 등 누군가를 죽음으로 이끈 질병이나 부상을 의미한다. 죽음의 방식이란 자연사, 사고사, 자살, 타살 등 누군가를 죽음으로 이끈 네 가지의 일반적인 방법을 일컫는다. 그런데 여기에는 우리를 성가시게하는 다섯 번째 방식이 추가된다. 바로 '의문사'.

우리의 결정은 죽은 사람보다 살아 있는 사람에게 영향을 미친다. 죽은 사람을 되살릴 수는 없지만 살아 있는 사람을 교도소에 보낼 수는 있기 때문이다. 바이러스와 세균으로부터 생명을 구할 수도 있다. 무죄가 밝혀질 수도 있다. 적절한 질문들이 제기되고 용의자가 드러날 수도 있다. 그래서 법의학자는 죽은 사람의 가족, 친구, 적, 이웃이 무엇을 바라든 편견 없이 사실에 기초한 과학적 결론을 끌어내야 한다는 무거운 짐을 지고 있다. 언제나 진짜 진실이 우리가 바라는 진실보다 낫다.

내가 자살자의 가족에게 암울한 소식을 전하면 그들은 항의를 했다. 가족은 자신들이 사랑했던 사람이 자살을 선택할 만큼 불행했다고 믿고 싶어 하지 않는다. 차라리 총기 사고나 실족으로 죽었다고 믿고 싶어 한다. 그들은 사고사라는 선언을 듣고 죄책감 없이 살아가고 싶어 한다.

내가 그들의 아들딸이 살해되었다고 말하는 순간 안도의 한숨을 쉬는 가족도 있었다. 마치 자살이 최악의 죽음인 것처럼. 이렇게 우리 법의학자의 결정은 죽은 사람이 아니라 살아 있는 사람과 깊이 관련되어 있다.

때로 내 말은 그들이 듣고 싶어 하지 않는 것이 되기도 하고 때로 그들이 듣고 싶어 하는 것이 되기도 한다. 하지만 어느 쪽이든 상관없다. 나는 언제나 진실을 말하기 때문이다.

나는 누구의 편도 들지 않는다. 내가 아는 것이 중요하다. 내 느낌은 상관없다. 법의학자의 임무는 진실이다. 나는 공정해야 하고 진실을 말해야 한다. 진실은 도덕과 관련되어 있지 않다.

당연히 미스터리란 대답 없는 질문들을 의미한다. 따라서 미스터리가 풀리는 순간 미스터리는 더 이상 미스터리가 아니라 이해할 가치도 없는 문제가 되어버릴 것이다. 인간은 그렇게 모순적이다.

사실 세상 자체가 합리적이지 않다. 우리는 모든 면에서 명료성을 동경하면서도 음모론, 초현실적 설명, 신화 등에 너무 자주 몰입한다.

나는 사색가는 아니다. 나는 인간의 행동이나 별이나 사소한 우연의 일치에 심오한 의미를 부여하지 않는다. 이 세계가 완강하게 의미를 드러내지 않기 때문에 우리는 가끔 음모론, 초현실적 설명, 신화 등에 현혹된다. 그런데 과연 의미라는 것이 있기나 할까.

법의학은 복잡한 기술과 난해한 조사를 통해 응고된 혈액, 총알 파편, 뼛조각, 피부 조각에서 정의를 만들어낸다. 그렇다고 마법이

나 연금술은 아니다. 나는 죽음이 남긴 이런 작은 진실의 조각들을 찾는다. 수사과학은 평범한 사람들이 보지 못하는 것들을 찾아내지만 과학만으로 모든 것이 해결되지는 않는다. 모든 것을 설명해줄 믿음직하고 정직한 사람이 필요하다. 우수한 누군가가 진짜 정의가 실현되도록 과학을 해석해야 한다.

심장이 터진 인간은 얼마나 오랫동안 말할(희망하거나 꿈꾸거나 상상할) 수 있을까? 인간의 원초적 본능이 죽을지도 모른다고 경고하는 순간은 정확히 언제일까? 인간의 모든 상호작용이 흔적을 남길까?

이 책에서 보여주겠지만 나는 그런 질문들 틈에서 성장했고 성숙했다. 하지만 대답들이 항상 만족스럽지는 않다.

다른 사람들도 만족하지 못하면 내게 전화를 한다.

조지 지머맨 사건도 그랬다.

사실 법의학자의 세계는 아주 작다. 미국에 면허가 있는 법의학자는 약 500명뿐이다. 나는 웨스트가 전화하기 전에 이미 트레이본 마틴의 상처들에 대해 알고 있었다. 후디의 총알구멍은 몸에 밀착된 총구가 만들어낸 것이라는 사실도 알았다. 나는 총을 몸에 대고 쏘았는지, 아니면 '중간 거리'에서 쏘았는지에 따라 결론이 달라진다는 것을 알았다. 또한 이런 의견들이 양립하는 이유도 알았다. 나는 웨스트와 생각을 공유했고 그는 놀란 듯했다. 그는 내가 옳다면 (내가 옳았다) 사건이 반전될 수도 있겠다고 생각했다.

그래서 내 임무는 마틴의 상처들을 자세히 기록하고, 총알의 궤적에 따르는 물리적 손상을 추적하며, 지머맨의 상처들을 통해 그의 진술에 일관성이 있는지를 밝히는 것이었다. 변호인단의 입맛에 맞게 의견을 꿰맞추는 것이 아니라 증거들이 지머맨의 진술을 뒷받침하는지를 밝히는 것이었다. 나는 변호인단의 지저분한 일을 처리해주는 청부업자가 아니다. 나는 법의학자들이 돈을 받고 증언을 해주는 것이 싫었기에 변호사, 검찰, 살인자, 유족, 경찰을 위해 일하지 않았다. 내가 가장 비싼 값을 부른 사람에게 내 의견을 팔았다면 여기까지 올라오지 못했을 것이다.

나를 제외한 온 세상이 두 편으로 나뉘었다. 많은 사람들이 사실과 상관없이 각자의 눈으로 이 비극을 들여다보고 각자의 결론에 도달했다. 법의학자인 내게 이런 일은 처음도 마지막도 아니었다. 하지만 이번이 가장 갈등이 심하기는 했다.

돈 웨스트가 수사 자료가 저장된 USB를 보냈다. 마틴의 부검 보고서, 범죄 현장 사진, 현장 검증 동영상, 독물 분석, 총알 실험과 탄환 잔여물 분석, 목격자들의 911 신고 녹음, 생물학적 증거, 족적 증거, DNA 증거, 지머맨의 약물 기록과 휴대전화 기록.

지머맨 사건은 문화적인 측면에서는 복잡한 사건이었다.

하지만 법의학적으로는 전혀 복잡하지 않았다. 비참할 정도로 단순했다.

사건이 일어나고 거의 16개월 뒤인 2013년 6월 24일 지머맨은 2급 살인 혐의로 법정에 섰다.

검사 측은 충격적인 말로 포문을 열었다. 지방검사인 존 가이가 여섯 명의 여성 배심원에게 내뱉었다.

"안녕하세요. '이 빌어먹을 자식들은 만날 도둑질이나 하고 달아
난다니까.' 피고인석의 성인 남성이 모르는 소년을 쫓아가며 했던
말입니다. 내가 아니라 그가 했던 말입니다."

다음 30분 동안 가이는 그 불쾌한 말을 반복하면서 지머맨이 유
죄라는 논거를 펼쳤다. 가이가 말했다.

"이 재판이 끝날 무렵 우리는 머리로, 가슴으로, 배로 조지 지머
맨이 트레이본 마틴을 쏜 것은 정당방위가 아님을 알게 될 것입니
다. 지머맨은 그를 쏘고 싶어서 쏘았던 것뿐입니다."

돈 웨스트는 썰렁한 농담으로 변론을 시작하여 재빨리 핵심으로
파고들었다. 웨스트가 말했다.

"모든 증거는 이 사건이 비극적이기는 하지만 어느 누구도 괴물
은 아니었음을 보여줄 것입니다. 조지 지머맨은 유죄가 아닙니다.
그는 맹렬하게 공격받은 후에 자기방어를 위해 트레이본 마틴을
쐈습니다."

웨스트가 마틴의 무기는 콘크리트 바닥이었다고 말하는 동안 지
머맨은 피고인석에서 그를 바라보았고 트레이본 마틴의 부모는 방
청석에 앉아 있었다.

"그가 벽돌을 손에 들거나 (지머맨의) 머리를 벽에 찧었다 해도
차이는 없었을 것입니다."

웨스트가 계속 말했다.

"조지 지머맨이 트레이본 마틴을 처음 보고 10분도 지나지 않은

그 시점에는 자신이 얼굴에 불시의 타격을 받고 콘크리트 바닥에 머리를 찧고 결국 트레이본 마틴을 죽이게 될 줄은 몰랐습니다."

변호인과 검사는 첫 번째 총알을 쏘았고 이제 치열한 참호전이 시작되었다.

검사는 지머맨이 동네에 낯선 흑인 남자들이 배회하고 있다고 신고하는 다른 911 녹음 내용을 증거로 제시했다……. 디디는 마틴과의 통화 중에 썼던 '크래커'가 인종차별적인 말이라는 것을 부인했다……. 수사 책임자는 지머맨이 현장에서 진술한 것처럼 마틴에게 수십 대를 맞지는 않았지만 그의 진술에 크게 모순되는 점은 없었다고 증언했다……. 법의학자는 지머맨의 상처는 아주 경미해서 꿰매야 하는 것도 없었다고 증언했다(오마라는 조지 지머맨이 추가로 부상을 당했을 경우 죽었겠느냐고 물었지만 법의학자는 대답하지 않았다)……. 목격자들은 격투 중에 누가 위에 있었는지에 대해 모순된 증언을 했다……. 마틴의 부모는 911 녹음에서 살려달라고 외치는 것은 트레이본의 목소리라고 말했고…… 지머맨의 다섯 친구는 조지의 목소리라고 주장했다.

재판이 진행되는 10일 동안 핵심적인 질문인 '총알이 발사되는 순간 누가 공격자였나?'에 대한 대답은 나오지 않았다.

재판 11일째, 나는 증인석에 섰다. 변호인단이 재판이 마무리될 거라고 예상한 날의 전날이었다. 트레이본 마틴의 엄마가 내 증언을 듣지 않으려고 법정을 나간 것이 다행이었다.

내 증언은 검사에게 놀라운 것이 아니었다. 2~3주 전에 그들은 내게 증언을 포기하라고 설득했기 때문에 내가 무슨 말을 할지 자세히 알고 있었다. 사실 몇 시간 전에도 검사는 내게 무슨 말을 할 거냐고 물었다. 나는 그들이 내 의견에 반대하는 증인을 데려올 거라고 생각했다. 그런데 그러지 않았다.

나는 조지 지머맨의 얼굴과 머리에 둔기에 의한 상처들이 있다고 증언했다. 그가 묘사한 공격과 일치되게 머리에는 두 개의 혹과 두어 개의 깊은 상처가 있었고 코는 부러졌으며 이마에는 멍이 있었다. 모두 지머맨의 진술과 일치했다. 나는 지머맨이 눈에 보이는 외상은 없어도 심각한, 심지어 생명을 위협하는 머리 부상을 입었을 가능성이 있다고 말했다.

신문은 계속되었다. 지머맨은 총격 직후 마틴이 팔을 벌리고 엎드려 있었지만 경찰과 구급대원들이 도착했을 무렵에는 소년의 팔

나는 조지 지머맨의 얼굴 상처가 트레이본 사건의 결정적 증거라고 배심원단에 설명했다. (Pool video still/Eighteenth Judicial Circuit, Florida)

이 몸 아래로 들어가 있었다고 회상했다. 검사에게 이것은 지머맨이 거짓말을 하고 있다는 증거였다. 웨스트가 치명상을 입은 마틴이 스스로 몸을 굴릴 수 있느냐고 묻자 나는 이렇게 말했다.

"지금 내가 당신에게 다가가 당신 가슴에 손을 집어넣고 심장을 떼어낸다고 해도, 당신은 10~15초 동안 계속 말하거나 걸을 수 있을 겁니다. 행동이나 언어를 통제하는 것은 뇌니까요. 그리고 뇌에는 10~15초간 사용할 산소가 저장되어 있습니다. 이 사건의 경우 총알은 우심실을 관통했고 오른쪽 폐에도 한두 개의 구멍을 냈습니다."

나는 계속 말했다.

"그래서 심장이 수축할 때마다 우심실에 생긴 두 개의 구멍과 폐에 생긴 한두 개의 구멍 밖으로 피가 펌프질되었을 겁니다. 결국 총을 맞고 1~3분 사이에 죽게 되는 거죠."

웨스트는 마틴의 총상에 대해 물었다. 트레이본 마틴의 상처들을 보고 총알이 발사된 순간 두 사람의 위치를 알 수 있는지, 누가 위에 있고 누가 밑에 깔렸는지.

당연히 알 수 있었다. 내가 말했다.

"누군가에게 몸을 숙이고 있으면 옷이 가슴에서 벌어집니다. 반대로 바닥에 깔린 사람의 옷은 가슴에 붙어 있겠죠. 그래서 옷이 5~10센티미터 정도 벌어져 있었다는 것은 총을 맞은 사람이 총을 쏘는 사람 위에서 몸을 숙이고 있었다는 의미죠."

따라서 '중간 거리'에서 총을 맞았다는 말과 옷에 대고 총을 쐈다는 말 사이에는 어떠한 모순도 없었다. 마틴이 지머맨 위에서 몸을 숙이고 있는 동안 그의 가슴과 5~10센티미터 정도 벌어져 있던 후디에 켈텍의 총구가 닿아 있었다. 후디의 앞주머니에 들어 있던 음료 캔과 사탕(둘의 무게는 거의 900그램이었다)의 무게로 옷은 더욱 벌어졌다.

법의학적 증거는 총이 발사되는 순간 마틴이 바닥에 누운 것이 아니라 몸을 앞으로 숙이고 있었음을 증명했다. 이는 지머맨이 방아쇠를 당기는 순간 소년이 자신의 몸을 깔고 잔인하게 폭행하고 있었다는 지머맨의 진술과도 일치한다.

마틴이 누워 있었다면 후디가 몸에 붙어 있었을 것이다. 조지 지머맨이 마틴의 후디를 잡아당겼다면 총알구멍들이 아주 완벽한 일직선을 이루지 못했을 것이다.

법정은 쥐 죽은 듯이 조용했다. 배심원단은 몰입했다. 검사의 반대신문은 내 증언을 깨뜨리지 못했다. 격투 중에 마틴이 아니라 지머맨이 위에 있었다는 검사의 주장은 힘을 잃은 듯했다.

나는 증인석에서 내려왔다. 돈 웨스트의 딸이 나를 곧장 공항으로 데려다주었고 나는 샌안토니오행 비행기를 탔다. 그리고 오랜 비행 중에 깊은 생각에 잠겼다. 비가 내리던 2월의 어느 날 밤에 서로 어긋났던 두 사람의 운명에 대해. 누가 위에 있었든 비극이었다. 싸움을 벌인 두 사람뿐 아니라 수많은 사람의 삶이 바뀌었다.

우리는 그 자리에 없었다. 그 순간의 사진도 동영상도 없다. 우리는 그곳에서 정말 무슨 일이 벌어졌는지, 두 사람의 심장에 무엇이 있었는지 알아내지 못할 것이다. 하지만 과학적 증거는 많은 사람들이 듣고 싶어 하지 않았고, 심지어 지금까지도 믿지 않으려 하는 이야기를 들려주었다.

진실이란 그런 것이다. 항상 환영받지는 못한다.

며칠 후에 모든 증언이 끝났다. 그 사건의 배심원은 전원 여성이었다. 그들이 심사숙고하는 동안 수십 명의 시위자가 법원 밖에서 구호를 외치고 플래카드를 흔들고 서로 논쟁을 벌였다. 2주간의 증인신문은 그들을 침묵시키지 못했다.

열여섯 시간 이상이 지나고서야 배심원단이 결론을 내렸다. 조지 지머맨은 무죄다.

그는 자유인으로 법원을 걸어 나왔지만 평생 두려움 속에서 살아갈 것이다.

무죄 선고가 항상 용서를 의미하는 건 아니다.

지금도 많은 사람들이 동의하지 않겠지만, 지머맨 재판은 오심의 사례가 아니라 고통스럽게 완벽한 정의의 사례다. 우리의 체계는 제대로 작동했다. 질문들이 던져졌고 시나리오들이 탐색되었고 이론들이 논쟁되었다. 질문이 해결되면 승자와 패자가 드러난다는 것이 모든 살인 사건 - 정당방위든 아니든 - 의 특성이다.

법의학적 증거는 정의의 기반이다. 법의학은 사실을 왜곡하거나 기억을 변주하지 않는다. 법원 계단에 군중이 모여 있어도 주눅 들지 않는다. 두려움에 달아나거나 침묵하지 않는다. 우리가 다른 이야기를 듣고 싶어 할 때조차 우리가 알아야 하는 것을 정직하고 숨김없이 말해준다. 우리는 진실로 그것을 보고 해석하는 지혜를 가져야 한다.

트레이본 마틴 사건에서도 그랬다.

정치인들, 전문가들, 로그롤러들(서로 협력해서 의안을 통과시키는 의원들 - 옮긴이)에 의해 알아듣기 힘들 정도로 뒤틀린 아주 많은 말들처럼 '정의'는 만족이나 벌과 동의어가 아니다. 정의는 사실에 대한 공정한 수사와 그에 따르는 타당하고 공평한 결론이어야 한다. 하지만 어떤 사람에게 정의는 복수를 의미한다. 트레이본 마틴은 정의를 얻었지만 그를 사랑하는 사람들은 결코 만족하지 않을 것이다. '정의 없이는 평화도 없다'면서 살인자에 대한 처벌을 요구하는 미주리 주 퍼거슨의 마이클 브라운 가족과 볼티모어의 프레디 그레이 가족도 그렇다. 복수가 보장되지 않는다면 어찌 될까?

사람들은 사실들이 알려지기 전에 성급하게 결론을 내린다. 그들은 각자의 편견과 독단화되어가는 언론의 프리즘을 통해 잔뜩 구겨진 비극을 보았다.

우리는 그 자리에 없었다. 비가 내리던 2012년의 어느 날 밤, 우리는 자경단원이 비무장의 10대 흑인을 쏘는 순간을 보지 못했다. 그리고 언론의 광적인 관심에도 불구하고 전 국민이 사실이 아닌 상상에 따라 편을 가르면서 진실은 더욱 모호해졌다. 우리는 아무도 보지 못한 것에 대해 광적으로 토론했다.

폭력적인 무리는 재빨리 가정을 하고 결론에 도달했다. 우리는 이미 그렇게 많은 범죄를 목격했으니 이제는 성급하게 결론에 도달하는 건 치명적이라는 사실을 깨달아야 한다.

많은 사람들이 조지 지머맨 사건을 흑백 문제로 바꾸었지만, 사실 그것은 흑백 문제가 아니었다.

진짜 문제는 불평등이 아니었다. 두 사람의 치명적인 과잉 대응이 불러온 일련의 불운이 문제였다. 트레이본 마틴은 죽을 필요가 없었다. 백인 남자가 10대 흑인의 행동을 오해했고 10대 흑인은 백인 남자의 행동을 오해했다. 그들은 서로를 프로파일했다. 그들은 서로를 위협으로 여겼다. 그리고 둘 다 틀렸다.

결국 나는 그들의 심장을 들여다보지는 못했다. 이 사건은 해결되었지만 인간성에 대한 더욱 거대한 질문을 해결하는 데는 좀 더 시간이 걸릴 것이다.

2

'왜'를 해부하다

내 최초의 기억은 죽음이다.

그날부터 죽음은 나와 친밀한 사이가 되었다. 하지만 나는 죽음과 적당히 거리를 두고 있다. 어둠 속에서 치유되는 상처가 아니라 환한 방에서 파헤쳐지는 죽음이 내 직업이 되었다. 나는 다른 사람의 죽음으로 삶을 이어가고 아내보다는 죽음에 대해 더욱 많은 것을 알며 결국 스스로도 죽음을 경험해야 한다. 하지만 아직은 죽음이 내게 손을 뻗지 못하게 한다.

죽음이 몇 번 나를 건드리기는 했지만 아무도 그 사실을 모른다.

뭔가를 이해하기보다는 느끼는 것이 어린 시절의 즐거움이다. 내 기억에는 거대한 틈들이 있다. 내가 완전히 기억하지는 못하지만 감정의 단편들이 떠오르는 사건들 말이다. 그래서 내 어린 시절에는 내가 설명할 수 없는 것들, 별다른 사색 없이도 들러붙는 것들이 있다.

그중 하나는 이런 것이다. 나는 항상 의사가 되고 싶었다. 다른 아이들은 소방관, 카우보이, 형사가 되고 싶어 했지만 나는 오로지 의사가 되고 싶었다. 나는 그에 대해 고민하거나 다른 사람과 이야기를 나누지도 않았고 다른 생각은 하지 않았다. 부모님은 내게 의사가 되라고 하지 않았지만 내가 의사가 되리라고 생각했을 것이다. 단 하루도 나는 내가 다른 것을 하리라는 생각을 하지 않았다. 그것은 결심이 아니라 느낌이었다. 나는 내가 의사가 되리라고 그냥 생각했다. 미래가 뭔지 알기 전에 이미 내가 미래에 무엇을 하고 있을지 알았다. 그리고 그렇게 되었다.

아마 내 DNA 탓일 것이다. 내 아버지는 의사이고 외할아버지도 의사다. 1600년대 이래로 외가 쪽의 남자들은 한 명을 제외하고 모두 의사였다. (그 한 명은 치안판사였다.)

내 부모님은 20세기 초에 더 나은 삶을 찾아 나폴리에서 미국으로 건너온 이탈리아 이민자의 아이들이었다. 내 조부모님은 가난과 절망에서 탈출한 것이 아니었다. 그들은 교육을 받은 교양인이었음에도 미국 땅에서 기회와 가능성을 보았다. 그들은 근면, 적응성, 모험심 등의 전통도 가져왔다. 무엇보다 기꺼이 불편함을 감수하고 자발적으로 움직이는 적극성을 가져왔다.

1911년 할아버지 빈센조 디 마이오가 프랑스 깃발을 내건 증기선 SS 베네치아를 타고 나폴리에서 미국으로 건너왔다. 주머니에는 50달러가 들어 있었고 이마에는 흉터가 있었다. 그는 오페라 테너였다. 그는 무대에서, 음반 업계에서, 초창기 영화에서(지금은 사라졌다) 대단치 않은 음악적 경력을 쌓다가 이탈리아인들이 모여 사는 할렘에 음악 가게를 열었다. 그는 이곳에서 피아노, 축음기, 두루마리 악보, 레코드를 팔고 음악과 관련된 기계들을 수리했다. 빈센조의 아내 마리아나 치카렐리는 이민자 출신의 임신부들에게 인기 있는 조산사였다. 그녀는 내가 태어나던 해에 53세의 나이로 죽었다. 결핵이었다. 그래서 나는 그녀를 모른다.

내 아버지인 도메니코 디 마이오(모두에게 도미니크로 불렸다)는 1913년 로워이스트사이드의 헤스터 가에서 태어났다. 강인한 엄마였던 마리아나는 내 아버지의 삶에서 중요한 역할을 했다. 영어가 서툴렀던 그녀는 여덟 살배기 아들을 은행에 데리고 다니며 은행가들을 (그녀는 은행가들을 믿지 않았다) 상대하게 했다. 내 아버지는 그녀를 아주 좋아했다.

내 외할아버지인 파스콸레 데 카프라리스는 미국으로 건너온 1901년에 이미 의사였다. 그는 사랑을 위해 이탈리아를 떠났다. 이민 직후 그는 26세의 이탈리아인 간호사 카르멜라 모스타치우올로와 결혼했다. 그의 어머니는 그가 상류층 여성과 결혼하기를 바랐지만 파스콸레는 따르지 않았다. 상속권을 빼앗긴 그는 카르멜라와 미국으로 건너와 결혼을 하고 맨해튼에서 개업했다. 그는 브루클린의 집에서도 환자를 받았다.

그의 환자들 중에는 프란체스코 이오엘레, 일명 프랭키 예일도 있었다. 그는 금주령 시절 브루클린에서 가장 위세를 떨치던 마피아 보스였다. 젊은 알폰소 카포네와 알베르트 아나스타시아에게 첫 일자리를 주었던 예일은 요즘 아이들이 너무 버릇없고 폭력적이라며 내 외할아버지에게 불평했다고 한다. (프랭키 예일이 가장 신뢰한 행동대원이 윌리 '쌍칼' 알티에리였다는 점을 생각하면 그의 불평이 특히 재미있게 느껴진다. 알티에리의 트레이드마크는 두 개의 칼로 상대를 죽이는 것이었다.) 1928년 예일이 살해된 후(카포네의 지시였을 가능성이 있다) 수천 명의 구경꾼(아마 내 외할아버지도 포함되었을 것이다)은 여러 블록에 걸쳐 길게 늘어선 장례 행렬에 1만 5,000달러짜리 은관이 등장한 것을 보았다. 역사상 가장 호화로운 암흑가의 장례식 중 하나였다.

대공황기에 외할아버지는 돈이 없는 브루클린 사람들에게 달걀, 채소, 닭 등을 받고 치료해주었다. 어린 시절 나는 외할아버지의 이야기를 들으면서 나도 의사가 되어 환자들이 가져다주는 고기와 농작물을 먹고 살면 되겠다고 생각했다.

1912년 파스콸레 데 카프라리스의 브루클린 집에서 이탈리아 알폰시나 비올레타 데 카프라리스가 태어났다. 그녀의 미래의 남편이 태어나기 1년하고 하루 전날이었다. 아버지인 파스콸레 데 카프라리스가 그녀를 직접 받아냈다.

도미니크 디 마이오와 비올레타 데 카프라리스는 1930년 롱아일랜드 대학에서 만났다. 둘 다 1학년이었다. 그들은 몇 년간 사귀다가 약혼했다. 대공황이 이어지던 7년간 그들은 약혼 관계를 유지했다. 그들은 일요 미사를 마친 후에 빈센조와 마리아나의 집에서 만찬을 함께했고, 이때 우리 이모가 보호자 역할을 해주었다.

대공황이 계속되는 가운데 내 아버지는 대학을 졸업하고 밀워키의 마케트 대학 의대에 입학했다. 그리고 1940년 임상병리의가 되었다.

한편 내 어머니는 훨씬 더 특별한 뭔가를 했다. 그녀는 세인트존스 대학 로스쿨에 다녔다. 사실 역사를 좋아했던 그녀는 컬럼비아에서 대학원을 마치고 대학교수가 되고 싶어 했다. 하지만 연방정부로부터 대학원 학비를 지원받으려면 법학을 공부해야 했다. 1939년 졸업반에는 여학생이 네 명뿐이었다고 한다.

1940년 6월 결혼할 당시 어머니는 변호사 개업을 하지는 않았다. 당시 젊은 이탈리아 유부녀들은 아이를 낳고 가정을 지키는 역할을 요구받았다. 아무리 법률 학위가 있더라도. 어쨌든 내 어머니가 법학에 특별한 열정이 있었던 건 아니었다. 법학은 그녀가 배움을 이어가는 방법일 뿐이었다. 때로 어머니는 가족과 이웃의 법률 관련 서류를 작성해주었지만 법학으로 많은 돈을 벌지는 못했다. 그건 어머니의 목표가 아니었다. 그녀는 좋아하는 역사서를 평생 탐욕스럽게 읽어댔다.

11개월 후에 내가 외할아버지의 브루클린 집에서 태어났다. 의사인 외할아버지와 아버지가 나의 탄생을 함께했다. 나는 변호사가 낳고 의사가 받은 아이였다. 좋은 징조였다.

내가 한창 걸음마를 배우던 제2차 세계대전 시기에 아버지는 해군 군의관으로 뉴욕 메트로폴리탄 지역에서 일했다. 덕분에 예상치 못했던 혜택을 누리기도 했다. 전쟁이 끝나고 며칠 만에 나는 끔찍한 중이염을 앓았다. 그런데 군의관인 아버지 덕분에 군인들에게만 사용되던 페니실린을 맞고 중이염이 쉽게 나았던 것이다. 나는 페니실린이라는 새로운 항생제를 맞은 극소수의 시민들에 포함되었다.

제2차 세계대전 당시 아기였던 나와 부모님.〔Di Maio collection〕

전후에 아버지는 넘치는 에너지를 일과 가정에 쏟았다.

문득 떠오르는 또 다른 기억이 있다. 내 최초의 기억은 식탁에 누워 있는 외할머니 카르멜라의 모습이었다. 부드러운 파스텔조의 오래된 기억 속에서 나는 여러 장의 유리가 달린 문을 지나 방 안으로 들어갔다. 외할머니는 방 한가운데의 식탁에 가만히 누워 있었다. 외할머니의 경야經夜였다. 나는 식탁 쪽으로 걸어갔다. 왠지 나는 외할머니가 돌아가셨다는 것을 그냥 알고 있었다. 내가 죽음을 어떻게 알게 되었는지는 모르겠지만. 다른 것은 기억나지 않는다. 외할머니의 장례식도, 다른 사람들의 슬픔도.

그날 이전은 아무것도 기억나지 않는다. 다섯 살이었던 나는 죽음도, 경야도, 장례식도, 영원도 이해하지 못했다. 다만 외할머니가 식탁에 꼼짝 않고 누운 것은 처음이라는 사실만 알았다. 내가 슬퍼했는지도 기억나지 않는다. 그건 오래된 기억 속에 남은 한 장의 스냅사진일 뿐이다. 거의 70년이 지난 지금에야 나는 거기에 의미를 부여한다.

그때도 나는 울지 말아야 한다는 것을 알았던 것 같다.

내 어린 시절의 브루클린은 요즘과 달랐다. 인종 갈등은 아직 무대 전면으로 나오지 않았고 다저스는 여전히 브루클린 팀이었으며 범죄는 만연하지 않았다. 브루클린은 중산층과 노동자 계층이 섞여 있는 지역이었다. 의사와 변호사가 가게 주인, 부두 노동자, 버스 기사와 이웃이었다. 우리 옆집에는 트럭 운전기사가 살았다.

이웃에 누가 사는지는 그리 중요하지 않았다. 우리에게는 가족이 훨씬 친밀하고 훨씬 많으며 훨씬 믿을 만했다. 우리 가족과 같은 블록에 이모네 가족이 살았고 모든 친척이 브루클린에 모여 있었다. (삼촌 한 명만 롱아일랜드에 살았다.) 우리는 휴일마다 모였다. 가족은 내가 만질 수도 있고 나를 만져줄 수도 있는 진짜 생명체였다. 도미니크와 바이올렛 디 마이오의 아이들은 가족을 난처하게 만들거나 실망시키거나 괴롭히거나 수치스럽게 하지 않아야 했다. 그들은 가족을 명예롭게 해야 했다.

당시 그곳에 살았던 대부분의 이탈리아인들처럼 우리는 독실한 가톨릭교도였다. 어머니는 1주일에 두세 번씩 리마의 성 로즈 성당에 미사를 드리러 갔다. 우리는 일요일마다 성당에 갔다. 어머니는 딸에게 수호성인인 성 테레사 마틴의 이름을 붙여주었다. 그리고 침대 옆 탁자에는 작은 성모 마리아 상을, 책상에는 아버지가 선물한 커다란 성 테레사 마틴의 상을 올려두었다. 성 테레사의 날인 10월 3일이 되면 아버지는 어머니에게 붉은 장미 한 송이를 주었다.

하지만 우리 집에서 종교는 강력하거나 두드러진 힘을 갖지 못했다. 나는 운명과 숙명, 궁극적인 정의와 사후의 삶을 믿었다. 내게 죽음은 인간이 영혼을 가졌다는 증거였다. 나는 인간이란 일회성의 겉껍질 안에 알맹이를 간직한 옥수수라고 생각했다. 시신은 그냥 겉껍질일 뿐이다. 영혼이 떠나고 남은.

따라서 나는 사람들을 부검하지 않는다. 시신을 부검한다. 사람은 생명이 있고 활기가 넘치고 개성이 다양하다. 시신은 그냥 겉껍질일 뿐이다.

사람들은 당연히 내 직업에 호기심을 갖는다. 한번은 어떤 사람이 이런 질문을 했다. 생전에 아름다웠던 여자는 죽어서도 아름다운가요?

내가 대답했다.

"아뇨. 아름다운 시신은 본 적이 없습니다. 시신은 사람처럼 보이지만 사람이 아닌, 생명 없는 물체일 뿐이거든요. 이미 아름다움은 사라진 거죠."

1930년 우리 가족은 나무가 줄지어 있는 거리에서 살았다. 우리 집은 삼층집으로 마당이 넓지는 않았다. 대신 거리가 흥미로운 놀이터가 되어주었다.

집 밖에서 아이들은 부모들과 다른 삶을 살았다. 당시 아이들은 아침에 집을 나가면 점심때 잠깐 집에 들어왔다가 다시 밖으로 나가 저녁때에야 집으로 돌아오곤 했다. 여름에는 저녁을 먹고 나서도 가로등이 켜질 때까지 뛰놀았다. 나는 다른 아이들처럼 거리에서 야구를 하고 딱지를 치고 자전거를 타고 장난을 쳤다.

하지만 내성적이었던 나는 스포츠보다 독서를 좋아했다. 나는 종종 공공도서관까지 열 블록을 걸어가 책을 읽거나 빌려왔다. 그러고는 드넓은 현관의 해먹에 누워 모든 단어를 게걸스럽게 읽었다. (어머니에게도 그런 습관이 있었다.) 책들은 나를 테르모필레, 벨로 숲, 워털루 등지로 데려갔고 그 무엇도 나의 여정을 방해하지 못했다.

나는 우수한 학생이었지만 학교를 좋아하지는 않았다. 대개는 그랬다. 내가 평생 교실을 어떻게 느낄지는 등교 첫날의 일화가 암시해주었다. 그날 담임선생님이 자신을 소개하고 칠판 쪽으로 돌아서는 순간 나는 기회를 놓치지 않고 교실을 빠져나와 집으로 달렸다. 하지만 어머니는 나를 학교로 돌려보냈다. 아마 어머니에 대한 존경심 덕분에 나는 교실에서 19년을 버틸 수 있었을 것이다.

1950년대 부모님은 베드퍼드스튜이버선트에 있는 가톨릭계 사립 남자고등학교인 성 요한 예비학교에 나를 입학시켰다. 자그마한 브루클린 교구에만 머물던 내게 베드퍼드스튜이버선트는 다른 주만큼이나 멀었다. 직선거리로 고작 24킬로미터인데도 말이다. 등하교를 하려면 다섯 블록을 걷고 기차를 두 번 타고 버스를 한 번 타야 했다. 기차와 버스를 타느라 시간이 없어서 방과 후에는 운동도 공부도 할 수 없었다. 우리 학교 아이들은 이웃에 살지 않았고 우리 동네 아이들은 성 요한 예비학교에 다니지 않았다. 그래서 나의 고등학교 시절은 외로웠다.

나는 학교에서 친구를 사귀지 않았기 때문에(내성적인 성격에 열세 살부터 세기 시작한 머리카락이 결정적인 역할을 했다) 주로 학교 도서관에서 책을 읽으며 시간을 보냈다. 내가 가장 좋아하는 과목은 역사였다……. 총을 발견하기 전까지는. 나는 가끔 아버지와 북쪽으로 여행을 가면 탕탕 소리를 내며 깡통에 구멍을 내는 소구경의 총을 구경할 수 있었다. 난 총에 매혹되었다 – 총이 어떻게 작동하고 어떻게 만들어지며 무엇을 할 수 있는지.

나의 첫 총은 수동식 노리개가 달린 22구경 라이플인 레밍턴 513S였다. 내가 총에 흥미를 느낀다는 말을 듣고 아버지의 친구가 보내준 총이었다. 나는 아직 그 총을 간직하고 있다.

당시에는 총이 내 인생에서 얼마나 중요할지 몰랐다.

사람들은 의사와 변호사의 가정이라고 하면 머릿속으로 어떤 정형화된 삶을 그릴 것이다. 하지만 우리 집은 그런 삶과 거리가 멀었다. 나보다 세 살 어린 여동생이 태어나면서 우리 집에는 계속 활기가 넘쳤다. 아버지가 집 밖에서 또 다른 전쟁들을 치르는 동안 어머니는 패튼 장군처럼 아이를 길렀다.

검소한 아버지는 검소한 어머니에게 항상 월급을 넘겼다. 어머니가 집안의 경제권을 떠맡았던 것이다. 우리는 건실한 중상위 계층이었지만 다른 사람들에게는 그렇게 보이지 않았다. 어머니는 겉치레를 싫어했다. 조용하고 소박하고 아주 지적인 어머니는 옷차림도 소박했다. 그녀는 보석을 좋아하지 않았지만 특별한 날에는 진주를 착용했다. 어머니는 자신이 예쁘다고 생각하지 않았고 결코 화장도 하지 않았다. 결혼반지나 시계를 착용하지도 않았다. 머리카락도 계속 짧게 잘랐다.

우리 집에는 책이 가득했다. 어머니는 특히 역사책을 끝없이 읽었다. 그리고 아이들이 성공할 비결은 책이라고 믿었다. 어머니에게 책과 옷 중에 하나를 선택하라고 하면 항상 책을 골랐다.

내가 어머니에 대해 기억하는 또 한 가지가 있다. 나는 어머니가 우는 모습을 보지 못했다. 심지어 부모와 형제자매가 죽었을 때도. 어머니는 사람들 앞에서 우는 것은 품위 없는 짓이라고 생각했다. 자신의 허약함을 드러내는 짓이라고도 생각했다. 그래서 우리가 울면 달래지 않고 야단을 쳤다.

때로는 무작정 떠오르는 기억들이 재미있다.

도미니크 디 마이오는 끊임없이 움직였다. 항상 저녁을 먹으러 집에 왔다가 다시 밖으로 나가곤 했다. 주말에도 집을 비웠다. 그는 브루클린과 퀸스 전역의 모든 작은 개인병원에서 파트타임으로 일하면서 1주일에 7일, 하루 열두 시간씩 일했다. 그 병원들에 임상병리의가 따로 없었기 때문에 그는 잠깐씩 들러 그날의 검사 결과를 살펴보고 진단을 내린 후 다음 병원으로 향하곤 했다. 한때 그는 동시에 다섯 가지 일을 했다. 비슷한 시기에 그는 연간 4,500달러를 받고 파트타임으로 부검을 했다.

그는 날카로운 지성과 지독한 끈기를 갖춘 조사관이었다. 순수한 이탈리아 혈통인데도 이탈리아인 특유의 폭발적인 열정을 드러내지 않았다. 다만 아버지의 정의감에 맞지 않은 일이 벌어지면 드물게 분노를 터뜨렸다. 주로 어린아이가 죽었을 때.

아버지는 사교적인 성격이었지만 결코 분위기를 주도하지 않았다. 그는 항상 일했기 때문에 친구를 많이 사귀지는 못했다. 마찬가지로 적도 많이 만들지 않았다. 아버지는 입이 무거웠고 협박에 넘어가지 않았으며 모욕을 기억했다. 아버지는 우표를 모았다. 수영을 좋아해서 종종 바다에서 수영을 했다. 오페라 가수이자 작곡가의 아들인 아버지는 한 번 들은 음악도 피아노로 연주할 수 있었다. 주로 재즈나 유명 밴드의 음악이었다. 그는 낚시와 보트를 좋아했지만 일하는 데 방해가 되자 그만두었다.

아버지는 자식들의 공부에도 특별한 관심을 쏟았다. 그는 나뿐만 아니라 세 딸도 뛰어나기를 바랐다. 딸들도 아들만큼 성취할 수 있다고 믿었다. 세 딸은 아버지의 믿음대로 모두 의사가 되었다.

하지만 일은 결코 집과 분리되어 있지 않았다. 우리 집에서 삶과 죽음은 공존했다. 우리는 죽음과 함께 살아갔다.

1968년경 나와 내 아버지(왼쪽)와 내 여동생 테레사. 당시 우리는 의사가 되기 위해 공부 중이었다. 세 명의 여동생은 결국 의사가 되었다. (Di Maio collection)

아버지는 법의학이라는 분야가 생기기도 전에 관심을 키웠다. 요즘 아동학대가 언론을 뜨겁게 달구곤 하지만 아버지는 이미 오래전부터 아동학대 사건에 관심을 가졌다.

아버지가 처음 의사로 일을 시작했던 1940년, 법의학계는 장비가 빈약했다. 지문, 혈액형, 치아 대조, 엑스레이, 초보적인 독물학이 고작이었다. 최고의 도구는 메스, 현미경, 의사의 눈이었다.

1950년 아버지는 뉴욕 시의 수석 법의학자 밑에서 파트타임으로 일했고 1957년부터는 브루클린의 법의학자로 근무했다. 브루클린은 인구가 가장 많은 지역이었기 때문에 영안실도 가장 붐볐다.

아버지는 어린 나와 여동생들을 병원과 영안실에 데려갔다. 그는 우리가 죽음을 두려워하지 않기를 바랐다. 우리 남매가 언젠가 의사가 되리라고 생각했기 때문이다. 또한 아버지와 죽음의 관계가 아무렇지 않았기 때문이기도 하다. 그는 우리가 죽음이라는 비극을 존중하기를, 그리고 죽음의 신비에 매혹되기를 바랐다. 아버지는 자신의 음울한 일을 생명을 살리는 일로 여겼다. 전염병이나 살인자에 맞서는, 또한 사실에 근거하지 않고 결론을 내리는 인간의 성향에 맞서는 조기 경보 체제 말이다.

아버지는 우리 남매를 걱정할 필요가 없었다. 우리는 아버지가 정리해놓은 섬뜩한 범죄 현장 사진과 영안실 사진을 은밀하게 훔쳐보곤 했다. 심지어 우리는 시체 사진을 몰래 훔쳐보기 위해 책장을 뒤지기도 했다. 아버지가 부검을 하러 가면서 우리를 차에서 기다리게 한 적도 있었다. 그러면 우리는 어떻게든 부검하는 장면을 보기 위해 안간힘을 썼다.

내게 그건 그냥 삶이었다. 슬프지만 현실이었다.

내가 열 살일 때 스태튼 섬으로 소풍을 갔던 것이 기억난다. 아버지는 아직 시골 같은 맨해튼 남부를 책임진 법의학자였다. 아버지의 영안실은 황량한 벌판과 개발되지 않은 땅에 둘러싸여 있었다. 주말에 우리 가족이 스태튼 섬까지 페리를 타고 가면(베라자노내로스 다리는 아직 놓이지 않았다) 에너지 넘치는 아버지가 잠시 시간을 내주었다. 우리는 영안실 뒤편의 그늘에 차를 세운 다음 차창을 열고 라디오를 틀고 점심을 먹었다. 그러고는 그곳에서 뛰놀았다. 브루클린 아이인 내게 그곳은 거대한 황무지처럼 느껴졌다.

그날도 우리는 영안실 뒤편에 주차를 하고 차에서 내렸다. 아버지가 트렁크에서 피크닉 바구니를 꺼냈다. 트렁크에는 사람의 해골이 담긴 상자도 들어 있었다.

아버지는 아무렇지 않게 여겼다. 아버지의 옆에 있던 어린 소년, 즉 나도 아무렇지 않게 여겼다.

1974년 뉴욕 시의 네 번째 수석 법의학자가 되었을 무렵 아버지는 침대 밑에 비상용 전화기를 놓아두었다. 경찰관들은 아무 때나 우리 집에 찾아와 아버지를 살인 현장으로 모셔갔다.

밤마다 아버지는 섬뜩한 전율을 찾아 영안실로 숨어드는 침입자들을 쫓기 위해 영안실의 깊고 어두운 복도를 돌아다녔다. 아버지는 밤에 영안실에서 운영되는 비밀스러운 콜걸 조직과 도박단도 소탕했다. 그리고 129명의 법의학자, 조수들, 조사관들, 기사들, 비서들이 소속된 세계에서 가장 크고 정치적인 영안실을 운영하면서 가끔 검시 이상의 일도 해냈다. 당시의 기준으로 보아도 적었던 4만 3,000달러의 연봉을 받으면서. 결코 잠이 들지도 않고 죽음이 멈추지도 않는 도시에서 최고의 법의학자가 받는 연봉치고는 정말 형편없었다. (댈러스에서 부수석 법의학자로 일할 당시 나는 아버지보다 훨씬 많은 연봉을 받았다.)

뉴욕은 파산했고 법의관실도 서서히 쇠락했다. 자금도 인력도 부족했고 법의관실은 정체했다. 하지만 아버지는 포기하지 않았다. 죽음은 휴가도 가지 않았다.

아버지는 짬짬이 브루클린 로스쿨에서 법의학 강의를 했고 몇몇 지역 병원에서 일했으며 성 요한 대학에서도 강의를 했다.

그러면서도 아버지는 연민과 차분함을 잃지 않았다. 아버지는 새 코트나 양말을 사면 낡은 코트나 양말을 영안실의 '지하층'으로 가져가 최소한의 임금을 받고 가장 지저분한 일을 하는 인부나 조수 등에게 주었다.

아버지는 정치 게임을 잘하지 못했다. 아니, 거의 정치 게임을 하지 않았다. 그는 싸움에서 물러나지 않았지만 시비를 걸지도 않았다. 언론이 관심을 가질 만한 죽음을 들고 〈뉴욕 타임스〉로 달려가지도 않았다.

그리고 죽음이 있었다. 항상 죽음이 있었다. 많은 죽음이. 아버지는 뉴욕 시 역사상 가장 심각한 사망 사건들을 담당했다. 아이러니하게도 수십 년 후에 내게도 그런 상황이 재연되었다.

1975년 프랭크 올슨의 기이한 자살 사건에 대한 재조사가 시작되었다. 프랭크 올슨은 다양한 생물학 무기를 연구하는 CIA 과학자였다. 1953년 CIA 요원이 비밀리에 올슨에게 LSD를 투여했고 9일 뒤 올슨은 맨해튼 호텔 13층에서 뛰어내렸다. CIA는 신경쇠약에 시달리던 올슨이 망상과 편집증이 심해져 자살했다고 주장했다. 당시 보조 법의학자였던 아버지는 경찰 수사에 기초하여 올슨이 자살했다고 결론 내렸다. 사건은 종결되었다.

완전히는 아니지만. 22년 후에 아버지는 CIA의 불법 약물 실험에 대해 알게 되었고 크게 분노했다. 올슨 가족이 연방 정부를 상대로 소송을 제기하면서 아버지도 그 사건을 새로운 시각으로 보게 되었다. 1994년 시신이 무덤에서 나왔다. 올슨의 사후 40년이 지나도록 최종 결론은 나지 않았다. 여전히 많은 법의학자들은 프랭크 올슨이 비밀 요원들에게 살해되었다고 믿고 있다.

아버지는 40년간 법의관실에서 일하면서 이상하고 폭력적인 죽음을 수없이 목격했다. 연쇄살인마인 '샘의 아들'이 도시를 마비시키기도 했다. 아버지는 지미 호파(미국의 전설적인 노조 지도자로, 1975년 디트로이트에서 실종되었고 1982년 법원에서 사망 판결을 받았다 - 옮긴이)를 찾기 위해 수많은 유해를 검사했다(호파의 것이 아니었다). 군중 충돌이 좌절감을 줄 만큼 정기적으로 벌어졌다. 말콤 엑스가 오듀번 볼룸에서 암살되었다. 1976년 유명 디자이너인 마이클 그리어가 동성과의 성관계 도중에 파크 애비뉴 아파트에서 살해되었고 아직 이 사건은 해결되지 않았다. 연예 칼럼니스트 도로시 킬갈렌, 시인 딜런 토머스, 배우 몽고메리 클리프트 같은 명사들이 호텔 방, 저택, 어퍼이스트 사이드의 아파트에서 시체로 발견되면서 헤드라인을 장식했다. 아버지는 그런 사건들을 조사했다.

그리고 아버지는 미스터리들을 해결했다. 우선 1954년에 있었던 이마누엘 블로크의 죽음을 들여다보자. 블로크는 원자폭탄과 관련된 기밀을 빼내 소련에 넘긴 혐의를 받던 줄리어스 로젠버그와 이설 로젠버그 부부의 변호사였고 그들 부부의 어린 두 아들의 후견인이기도 했다. 그는 대중에게 인기 없는 사람들을 변론하여 유명

세를 얻었다. 그런 그가 로젠버그 부부가 처형되고 몇 달 뒤에 52세의 나이로 욕조에서 시신으로 발견되었다. 언론과 대중은 증거도 기다리지 않고 바쁘게 냉전 시대의 소문을 퍼뜨리기 시작했다. 그동안 아버지는 블로크가 평범한 심장 발작으로 죽었다는 결론을 내렸고 각종 언론은 블로크의 심장보다 빨리 보도를 멈췄다.

1975년 여름, 쌍둥이인 시릴과 스튜어트 마커스가 값비싼 이스트사이드의 아파트에서 시신으로 발견되었다(미혼의 쌍둥이 형제는 맨해튼에서 잘나가는 병원을 함께 운영하는 유명한 산부인과 의사였다). 그들은 시신이 발견되기 1주일 전에 이미 죽은 것으로 밝혀졌다. 45년 전에 시작된 쌍둥이 형제의 불가분의 삶은 나란한 궤적을 그리다 결국 함께 끝났다.

살인의 증거가 나오지 않았기 때문에 수사관들은 형제가 동반자살했다고 생각했다. 어떤 사람들은 형제가 약물 과다 복용으로 죽었을 거라고 주장했다. 언론도 입맛에 맞는 이론들을 내세웠다.

그런데 내 아버지가 진짜 죽음의 원인을 찾아냈다. 쌍둥이 형제는 강력한 '행동 변화 약물'인 신경안정제 중독자였고 가까운 동료들은 비밀을 지켜주었다. 하지만 비밀이 드러날 위기에 놓이자 형제는 약물을 바로 끊기로 했다.

문제는 신경안정제 금단증상이었다. 신경안정제 금단증상은 헤로인 금단증상보다 심각하다. 중독자는 경련과 망상에 시달리고 심장은 말 그대로 무너진다. 마커스 형제는 그렇게 죽었던 것이다. 마커스 형제의 이야기는 의사들의 약물중독 문제에 미국인의 주의를 환기시켰고 데이비드 크로넨버그의 영화 「데드 링거」(1988년)에 영감을 주었다.

뒤이어 아버지를 제외한 대부분의 사람들이 상상도 못할 일이 벌어졌다. 불가사의한 바이러스, 자연재해, 테러리스트, 연쇄살인마가 일으킨 사건은 아니었다. 하지만 그 사건은 아버지를 엄청난 대학살의 현장으로 불러들였다.

폭풍이 불어닥친 1975년 6월 24일 존 F. 케네디 국제공항에 접근하던 이스턴 항공 소속 보잉 727기가 추락했다. 뉴올리언스에서 날아온 보잉 727기는 활주로에서 1.6킬로미터 떨어진 지점에서 갑자기 엄청난 상승기류에 휩쓸렸다가 왼쪽 날개가 전신주에 부딪히면서 산산조각이 났던 것이다.

이 사고로 113명이 사망했다(기적적으로 11명이 살아남았다). 당시 미국 역사상 세 번째로 사상자가 많은 비행기 사고였다.

검게 그을리고 훼손된 시체가 사방에 흩어져 있었다. 금세 아버지의 맨해튼 사무실에 전화벨이 울려대기 시작했고 아버지는 시체 수습과 검시를 지휘하기 위해 황급히 현장으로 출발했다. 조각난 유해를 담은 소나무 상자들이 수많은 영구차에 실렸다. 영구차 행렬은 법의관실과 사고 현장의 임시 영안실로 줄줄이 이어졌다. 아버지의 팀은 다음 날까지 희생자 113명의 신원을 확인하고 가족들에게 알렸다. 그리고는 전 세계에 있는 마지막 쉼터로 희생자들을 보낼 준비를 했다.

왜 그런 대형 사건이 내 아버지에게 결코 상상하지 못할 일이 아니었느냐고? 그 사건은 아버지가 맡은 첫 번째 대형 재난이 아니었다. 두 번째도, 세 번째도, 네 번째도 아니었다. 1960년대에 아버지는 여객기 두 대가 뉴욕 상공에서 충돌한 현장에도 있었다. 당시에는 지상에서 발생한 여섯 명의 사망자를 포함해 모두 134명이 사망했다. 그는 또한 1959년 자메이카베이에서 보잉 707기 사고로 사망한 95명의 유해도 수습했다. 1950년에 승객 78명이 사망한 큐가든스 열차 충돌 사고도 처리했다. 1965년 롱아일랜드 앞바다로 추락하면서 84명의 사망자를 낸 이스턴 항공 663편 사고도 처리했다.

그런 사건들을 겪으면서 아버지는 인간이 죽는 모든 모습을 보아왔던 것이다.

1978년 수석 법의학자에서 은퇴한 이후에도 아버지는 충격적인 사건과 마주해야 했다. 아이러니하게도 죽음과는 전혀 관련되지 않은 사건이었다.

1984년 크리스마스를 사흘 앞둔 날, 전자제품 판매상인 백인 버나드 게츠가 맨해튼 지하철에서 네 명의 10대 흑인에게 둘러싸였다. 그들은 게츠에게 돈을 요구했다. 그런데 게츠는 몇 년 전에 지하철에서 잔인하게 강도를 당한 이후 5연발 스미스&웨슨 38구경을 몰래 가지고 다녔다.

두려움에 빠진 게츠는 일어나서 총을 쏘기 시작했다. 그는 총알을 모두 발사했고 10대들은 모두 부상을 당했다. 19세인 대럴 캐비는 총알이 척수를 절단하는 바람에 몸이 마비되어 지하철 좌석에 쓰러졌다.

언론은 게츠를 '지하철 자경단'이라고 불렀다. 당시 뉴욕의 범죄율은 사상 최고치였고 인종 갈등은 거의 최악이었다. 게츠 사건은 '스탠드 유어 그라운드' 원칙이 적용될지가 쟁점이었다. 하나의 질문이 사람들을 사로잡았다. 게츠는 자기방어를 위해 총을 쏘았는가, 아니면 인종차별적인 의도로 총을 쏘았는가?

몇십 년 뒤에 벌어진 플로리다 주의 트레이본 마틴 사건과 미주리 주 퍼거슨의 마이클 브라운 사건에서도 제기된 질문이었다. 게츠 사건에서도 미국인들은 게츠에게 분노를 터뜨리며 인종별로 나뉘었다. 양 진영은 사실들이 모이기도 전에 마음을 결정했다.

게츠는 살인미수 혐의로 재판에 회부되었다. 검찰은 캐비가 총을 맞는 순간 좌석에 앉아 있어 그리 위협적이지 않았다고 주장했다. 변호사는 아버지에게 캐비의 상처와 범죄 현장을 확인하게 했고 아버지는 논란을 일으킬 만한 의견을 냈다. 총을 맞는 순간 캐비는 서 있었다는 것이다. 아버지는 총알이 아래가 아닌 측면으로 평평하게 발사되었다고 주장했다. 키가 183센티미터인 게츠가 캐비 옆에 무릎을 꿇고 있지 않았다면 캐비가 앉은 상태에서는 그런 부상을 입을 수가 없다는 것이었다.

두 명의 흑인을 포함해 일곱 명의 남자와 다섯 명의 여자로 구성된 배심원단은 아버지의 말을 믿었다. 게츠는 살인미수 혐의에서는 무죄판결을 받았지만 불법 무기 소지 혐의에서는 유죄판결을 받았다. 그는 교도소에서 8개월가량 복역했다. 나중에 캐비는 파산한 게츠(2005년 뉴욕 시장에 출마했다가 낙선했다)를 상대로 4,300만 달러의 민사소송을 제기하여 승소했다.

사실 게츠는 뉴욕 시민들에게 심각한 범죄를 저지른 것이었다. 뉴욕에서는 경찰관과 범죄자만 총을 소지했다. 뉴욕 시에서 총기 소지는 불법이었다.

1978년 아버지는 65세의 나이로 은퇴했다. 하지만 여기저기서 아버지의 전문 지식을 필요로 했고 아버지는 아직 에너지가 넘쳤다. 그는 미국 전역에서 벌어지는 수많은 사망 사고에 대해 자문을 했고 1992년에는 나와 함께 『법의학Pathology』이라는 교과서를 집필했다. 이 책은 법의학계의 탁월한 참고문헌이 되었고 지금도 발행되고 있다.

2001년 9월 11일, 88세의 도미니크 디 마이오는 이스트리버를 사이에 두고 맨해튼과 마주 보는 브루클린 하이츠의 헨리 스트리트에서 원기 왕성한 노후를 보내고 있었다. 그곳에서는 1.6킬로미터쯤 떨어진 곳에서 파이낸셜디스트릭트를 굽어보는 세계무역센터 건물이 보였다. 그는 평생 자랑스러운 뉴욕 시민이었고 그 건물들이 건설되는 것도 지켜보았다.

그리고 그날 그는 그 건물들이 쓰러지는 것을 보았다.

30년 이상 법의학자로 일한 그는 살인 사건, 그것도 대량 살육 현장을 목격한 적이 없었다. 그런데 지금 눈앞에서 그런 일이 벌어졌다.

그는 사람들이 어떤 끔찍한 참상을 보게 될지 이미 알았다. 인간이 인간에게 어떤 공포를 안기곤 하는지도 이미 알았다. 이번 참사로 사망한 사람들의 사인에 아무런 미스터리도 없다는 것을 이미 알았다.

하지만 그는 내게 한마디도 하지 않았다.

그것이 내 아버지였다. 그는 죽음에게 잔뜩 할퀴었다는 사실을 죽음에게만은 알리고 싶어 하지 않았다. 그리고 그는 울지 않았다.

나는 아버지만큼 의지가 강했다. 내가 의대에 입학하고 내 길을 걷기 시작한 이후 우리는 종종 일 때문에 부딪혔다. 신랄하게 부딪히지도 않았고 분노하여 부딪히지도 않았다. 그냥 힘차게 부딪혔다. 힘차게. 우리의 토론은 거창할 수도 있었고 아마 조금 시끄러울 수도 있었다. 그래도 난 아버지에 대한 믿음을 멈추지 않았다. 그는 내가 아직도 열망하는 표준을 세웠다. 나는 아직 아버지가 내게 품었던 기대를 지니고 살아간다.

우리는 어린 시절을 완벽하게 기억하지 못하고, 심지어 사실대로 기억하지도 못한다. 그럼에도 어린 시절을 계속 간직하고 살아간다. 그리고 아직 우리에게 들러붙어 있는 부모님의 유산을 끌어모아 10대를 지나고 성인기로 접어든다. 내가 물려받은 유산 중에는 아버지의 에너지, 정의감, 미스터리에 대한 매혹, 묵묵한 성실함, 감정적 절제력이 있다. 또한 어머니의 엄격함, 실용성, 책과 역사에 대한 사랑이 있다.

그리고 어머니의 극기심도.

1958년 가을, 나는 뉴욕 퀸스의 성 요한 대학에 입학했다. 10대들이 흔히 겪는 진로에 대한 불안감은 없었다. 나는 처음부터 목표가 있었다. 바로 '의사'였다.

대학에서 그렇게 힘들지는 않았다. 나는 화학을 전공하다가 생물학으로 옮겨갔다. 대학 시절에 가장 힘들었던 것은 통학이었다.

어떤 의대는 의대 진학에 필요한 수업들을 수강하면 대학 3학년 이후에 학생들을 받아준다. 나는 성 요한 대학 3학년 때 뉴욕에 있는 의대 두 곳에 지원했다. 그중 하나는 대학을 졸업해야만 입학 자격이 있다면서 나를 탈락시켰다. 우리 집에서 5킬로미터도 떨어지지 않은 뉴욕 주립대 다운스테이트 메디컬 센터는 문을 살짝 열어주었다.

열아홉 살 때 나는 의대입학시험MCAT을 통과하고 입학 지원서를 제출했다. 그리고 초조하게 면접시험을 치렀다.

1961년 2월 나는 어머니에게 신문을 사다드리려고 눈보라 속으로 나갔다. 눈에 젖어 집으로 돌아온 나는 어머니에게 신문을 건넸다. 그러자 어머니는 내게 뉴욕 주립대에서 날아온 우편물을 건네주었다.

나는 대학 졸업장 없이 의대에 합격했다. 그리고 그해 가을 의대에 입학했다.

입학 첫날 교수진이 신입생들을 강당에 모아놓고 격려해주었다.

"졸업에 대해 너무 걱정하지 마라."

그들은 졸업률에 대해 정신이 번쩍 드는 통계치를 알려주면서 달래듯이 말했다. 그들이 걱정하지 말라고 할수록 우리의 걱정은 깊어졌다. 누군가가 이런 말을 한다고 상상해보라.

'비행기는 안전해. 열 명 중에 한 명이 화염과 굉음 속에서 죽을 뿐이거든.'

그때 나는 의대 입학이 공원을 산책하는 것과 다르다는 것을 알았다. 하지만 선택지에 실패는 없었다. 나는 의사밖에 될 것이 없었다.

사실 나는 의대를 몹시 싫어했다. 해병대 훈련소의 4년과 같지만 그만큼 즐겁지는 않다.

처음 2년간은 제대로 잠을 자지 못한다. 매일 여섯 시간씩 자고 약 스물여섯 시간만큼의 공부를 한다. 잘못 인쇄된 것이 아니다. 그 다음 2년간은 똑같이 잠을 자지 못하고 똑같이 공부하지만 실전 과정이 추가된다. 우리는 갑자기 생각지도 못한 일들을 하게 된다.

진짜 양수가 터져서 내 신발을 적신다. 밤에는 피와 토사물로 잔뜩 얼룩진 옷을 입고 집으로 돌아왔다. 나는 환자들이 종종 거짓말을 한다는 것도 알게 되었다. 누군가를 죽이는 것이 실제로는 상당히 어렵다는 것도 알게 되었다. 회진 중에 벽에 기대거나 강의 중에 눈을 뜨고 자는 법도 배웠다. 지금까지도 공항에서든 법원 복도에서든 잠깐 시간이 나면 잠을 청한다.

우리는 어떤 상황에서든 냉정해지는 법도 배웠다. 그래서 의사들은 포화 속에서 능숙하게 냉정을 지킨다.

뉴욕 주립대에 입학한 모든 학생은 의학박사 학위를 딸 만큼 똑똑했다. 그들은 지성이 부족해서 나가떨어지는 것이 아니었다. 학교를 떠난 사람들은 기를 죽이는 교수들의 집중 공격에서 살아남을 만큼 불굴의 용기와 끈기, 투지가 없었다. 나는 2년쯤 지나고서야 교수들의 의도를 알게 되었다. 그들은 우리가 의사처럼 생각하도록 가르치고 세뇌한 것이었다. 변호사도 아니고 회계사도 아니고 증권중개인도 아니다. 의사들은 다르게 생각한다. 우리는 일을 방해할 정도로 환자들과 친밀해지지 않는 동시에 그들의 고통과 공포에 무감각해질 정도로 멀어지지 않는 법을 배움으로써 어느 정도 감정적 거리에 적응하기 시작했다.

모든 교훈이 교과서에 담긴 것은 아니었다. 우리는 논리적으로 생각하는 법, 남의 말을 무조건 받아들이지 않는 법, 분명해 보이는 것에 질문을 던지는 법을 배웠다. 일반인은 A에서 D로 바로 넘어가지만 좋은 의사는 A에서 B와 C를 지나 D로 간다. 좋은 의사는 모든 사실을 모으기 위해 노력해야 한다.

내 동기들도 매력적이었다. 바버라 들라노는 나날이 암울해지던 베트남전, 인종 갈등, 대학생의 시위로 우리의 문화 지형이 흔들리던 1960년대 중반 나와 정치적 토론을 자주 벌이곤 했다. 그녀는 내가 13세기 사람 같다고 비난했다. 내가 퉁명스럽게 그녀의 말을 바로잡았다.

"아냐. 10세기야."

(나중에 그녀는 다운스테이츠 공중보건대학의 학장이 되었다.)

말라깽이 체스터 친도 기억난다. 간호사들은 그가 살이 찌도록 매일 초코셰이크를 주었지만 전혀 효과가 없었다. 졸업 후에 그는 정형외과 의사가 되었다. 하지만 그는 의대를 싫어해서(아마 초코셰이크도) 한 번도 학교에 오지 않았다. 심지어 동창회에도.

우리 중에 처음으로 유명해진 것은 스티븐 H. 케슬러였다(사실은 악명을 떨친 것이지만). 하버드 대학을 졸업하고 의대에 입학한 그는 얼마 지나지 않아 이상한 행동을 하기 시작했다. 해부실에서 다트를 던지듯 시체를 향해 메스를 던지기도 했다. 학장은 그를 휴학시켰고 그는 정신병원에 들어갔다.

얼마 후에 케슬러는 의대로 돌아왔지만 환자들에게 LSD를 건넨 것이 발각되어 다시 쫓겨났다.

케슬러가 다시 의대로 돌아올 것이라는 소문이 돌던 1966년 4월, 뜻밖의 소식이 들려왔다. 케슬러가 57세의 장모를 브루클린 아파트에서 잔인하게 살해했다는 것이었다(내 아버지는 그녀를 부검하여 105개의 상처를 발견했다). 케슬러는 당시 자신이 LSD에 취해 있었다고 주장했고 언론은 그를 'LSD 살인자'라고 불렀다. 그는 실험용 알코올과 약물에 취해 있었고 편집조현병을 앓고 있는 것으로 드러났다. 그는 정신이상으로 무죄판결을 받았다. 그는 벨뷰의 정신병원에 들어갔고 다시는 그의 소식을 들을 수 없었다.

그렇게 정신없던 의대 시절 나는 브루클린의 영안실로 아버지를 찾아갔다. 나는 벽장에 보관되어 있는 아버지의 슬라이드를 통해, 또는 의학 교과서에 실린 사진을 통해 시체를 본 적이 있었다. 해부 수업 중에 깨끗이 닦인 시체를 찌르거나 쑤셔보기도 했다. 그런데 이곳에는 방금 죽은 진짜 시신들이 있었다. 푸르거나 창백한 시신들은 총상이나 칼자국이 있거나, 아예 눈에 띄는 상처가 없기도 했다.

1960년대 후반 나는 아 버지의 영안실에 정기적으로 들어오는 폭력배들의 시신에 매력을 느꼈다. 뉴욕에서는 조폭 간의 전쟁이 결코 멈추지 않았다. 죽은 마피아는 악어가죽 신발과 실크 속옷에 옷을 잘 차려입었고 손톱도 잘 손질되어 있었다. 나는 아버지의 작업대에서 처음으로 투명 매니큐어를 바른 남자를 보았다.

1960년대 후반 내 멘토이자 공동 저자이자 아버지인 도미니크 디 마이오 박사(오른쪽)와 함께.(Di Maio collection)

　　의대를 졸업할 무렵 전공을 선택해야 했다. 어떤 길들이 있었을까? 당시 의대생들 사이에는 이런 말이 있었다.

　　'내과 의사는 모든 것을 알지만 아무것도 하지 않는다. 외과 의사는 아무것도 모르지만 모든 것을 한다. 정신과 의사는 아무것도 모르고 아무것도 하지 않는다. 병리학자는 모든 것을 알고 모든 것을 하지만 모두 너무 늦다.'

　　나는 환자들을 능숙하게 대하지 못했고(아버지도 그랬다) 외과의에게 필수적인 복잡한 매듭도 완전히 익힐 수 없었다. 대신 나는 위로가 필요 없는 환자들과 잘 지낼 것이고 목숨을 구할 매듭이 필요 없

는 수술은 잘해낼 것이었다. 내게는 병리학이 어울렸다. 병리학자
는 의사들의 의사다.

노스캐롤라이나 주 던햄에 있는 듀크 대학 병원(이곳에서 법의학을 해
보기로 결심했다)에서 1년간 병리학과 인턴으로 있다가 브루클린의 킹
스 카운티 메디컬 센터에서 3년간의 레지던트 생활을 시작했다. 당
시 나는 브루클린의 법의관실에서 아버지의 감독을 받으며 부검을
했다. 레지던트를 마칠 무렵 나는 이미 100건 이상의 부검을 해보
았다.

레지던트 기간에 내 삶을 바꿀 여인을 만났다. 지도교수의 사무
실에서 비서인 테레사 리치버그를 소개받던 순간이 지금도 생생하
다. 타자기에 몸을 숙이고 있던 그녀가 고개를 드는 순간 긴 금발에
가려졌던 얼굴이 드러났다. 마치 벼락을 맞은 듯했다. 그녀는 아름
다웠고 20대 중반으로 보였다. 그리고 의사 표현이 분명했다. 아름
다울 뿐만 아니라 지적이었다. 그녀는 자신에게 약혼자가 있다면
서 다이아몬드 반지를 슬쩍 보여주었다.

나는 기가 꺾였지만 항복하지는 않았다. 며칠 동안 그녀의 사무
실을 지나갈 때마다 말을 걸었다. 덕분에 내 눈에는 뉴욕 최신 패션
처럼 보이는 그녀의 옷이 사실은 그녀가 직접 만든 것임을 알게 되
었다. 그녀는 아무도 웃어주지 않는 내 썰렁한 농담에 웃어주었다.
그녀는 똑똑하고 강인했다. 또한 자기 의견이 뚜렷하고 때로 따지
기를 좋아했다. 한마디로 나의 이상형이었다.

내가 스물여섯 살이라고 하자 그녀는 입을 다물지 못했다. 그녀

는 내가 이웃에 사는 자신만만하고 막돼먹은 이탈리아 젊은이들과는 완전히 다른 부류라고 생각했던 것이다. 한마디로 성공한 회색 머리의 40대 안경잡이라고 생각했던 것이다. 그녀는 내게 품위가 있다고 했다.

몇 주 뒤에 그녀는 반지 없이 출근했다. 그녀는 약혼이 깨졌다고 했다. (사실 반지는 그녀의 지갑에 들어 있었고 그녀는 약혼자에게 헤어지자는 말도 하지 않았다.) 다음 날 나는 데이트 신청을 했다.

그러자 그녀가 또 다른 폭탄선언을 했다. 자신이 열여덟 살이라는 것이었다. 아주 지적이고 세련된 열여덟 살이기는 하지만. 우리 둘 다 제 나이로 보이지 않았다.

테레사를 내 차에 태우고 극장에 갔던 날이 떠오른다. 그녀는 뒷 좌석에 놓인 커다란 병을 보았다. 포름알데히드에 사람의 손에서 벗겨낸 피부가 떠다니고 있었다.

1년 만에 우리는 브루클린의 이스트플랫브러시에 있는 성 블레이즈 성당에서 결혼식을 올렸다. 테레사가 성당에 도착하기 직전 부슬부슬 내리던 비가 그쳤다. 행운의 징조였다. 우리의 이탈리아 친척들이 모두 모였고 많은 음식이 차려졌다. 피로연은 영화 「좋은 친구들」의 한 장면 같았다.

당시 우리는 막 사회생활을 시작한 행복한 커플이었다. 특히 그녀는 르네상스적인 교양인으로서 여러 면에서 나보다 미래가 밝았다. 나중에 그녀는 비서 일을 그만두고 대학에서 미술 분야의 학사 학위를 받았다. 이후 니만 마커스의 매장 디자이너가 되었고 인테

아내와 나의 첫 번째 결혼식.(Di Maio collection)

2014년 테레사와 함께.(Di Maio collection)

리어 디자이너로 일했으며 삭스 5번가에서 주얼리를 제작·판매했
다. 그녀는 두 아이를 의사와 검사로 길러냈다. 놀랍게도 대학에 다
시 들어가 간호학 학사 학위도 받았다. 그녀는 정신과 간호사로 일
했고 법의학 간호사로 훈련받았으며 『익사이티드 딜리리엄 신드
롬Excited Delirium Syndrome』을 공동 집필했다. 이 신드롬은 주로 경찰
에 체포된 상황에서 갑자기 치명적으로 발현되는 정신적·육체적
상태를 의미한다. 이 책 덕분에 미국 응급의학회와 법무부가 이 신
드롬을 인정하게 되었다.

그리고 아, 그녀는 훌륭한 요리사이기도 하다.

슬프게도 우리는 잠깐 이혼을 했다. 나와 재혼한 여자는 홧김에
내게 총을 네 발이나 쐈다. 하마터면 나도 영안실에 들어갈 뻔했다.
다행히 총알은 빗나갔다. 하지만 저격을 당한 것은 아주 흥미로운

경험이었다. 정신이 맑아지는 방법으로 적극 권장한다. 당신은 총소리를 듣지 못한다. 나는 총알이 발사되는 것은 보았지만 총소리는 듣지 못했다.

어쨌든 우리는 재빨리 이혼했다. 나는 결코 사랑이 식은 적이 없었던 테레사와 바로 재결합했다. 거의 10년간의 별거 끝에 그녀를 다시 내 옆에 두게 되어 정말 행복하다.

나는 중년기에 많은 것을 배웠다. 아마 가장 중요한 것은 총을 들고 있는 여자에게는 '절대 쏘지 못할 걸'이라는 말을 결코 하지 말라는 것이다.

어쨌든 처음 결혼했을 무렵 테레사와 나는 행복했다. 나는 의사가 되기 위해 힘든 시기를 지나고 있었고 그녀는 자아를 찾아가고 있었다. 우리에게는 서로가 있었고 우리는 좋은 팀이었다.

지금도 그렇다.

의사들은 오랫동안 범죄를 해결해왔다. 20세기 중반까지 그 의사들에게 이름을 붙여주지 못했지만.

2,000년 전인 기원전 44년 율리우스 카이사르가 암살되었다. 역사상 가장 주목받은 살인 사건이었다. 안티스티우스라는 의사가 카이사르의 시신을 살펴보았다. 그에 따르면 카이사르는 얼굴, 배, 사타구니, 팔을 스물세 차례나 찔렸다. 그런데 치명상은 단 하나였다. 바로 왼쪽 견갑골의 상처였다. 이 상처로 아마 그의 심장이 관통되었을 것이다. 공격은 흉포해서 암살자들도 손을 베였다. 안티스티

우스는 카이사르가 심장을 찔리지 않았다면 폼페이우스 동상 아래에서 몇 분 만에 피를 모조리 흘리고 죽었을 것이라고 생각했다.

역사에 기록된 최초의 부검이었다.

1,000년이 흐른 뒤 중세 시대 영국의 어느 왕이 의학적 훈련을 전혀 받지 않은 측근들에게 모든 범죄 사건에서 (자백을 듣고 난파선을 조사하고 범죄자들을 사면하고 진상용 물고기들을 몰수하는 것뿐만 아니라) 자신의 재정적 이익을 대변하게 했다. 그들의 임무 중에는 수상한 죽음을 조사하고 기록하는 것도 있었다. '형사소송plea of the crown'을 유지하는 것도 임무였기 때문에 그의 직함은 자연스럽게 검시관crowner/coroner이 되었다.

레오나르도 다 빈치와 미켈란젤로는 작품 활동을 위해 시체들을 해부했다. 그들은 자신이 목격한 불규칙성에 매혹되었다. 교황 클레멘스 6세는 무엇이 들어 있는지를 확인하기 위해 페스트로 죽은 시체들을 해부하게 했다.

계몽주의 시대인 1600년대에는 과학적 진보와 사회적 자각이 죽음과 범죄 수사에 새로운 생명을 불어넣었다. 그리고 1800년대 후반에 지문 채취 기법이 법의학을 혁신했다.

1890년대에 볼티모어에서는 두 명의 의사에게 법의학자라는 직함을 주고 카운티 검시관의 지시에 따라 부검을 하게 했다. 이런 선례에 따라 미국의 수많은 대도시에서 의사들에게 죽음에 대한 조사권을 주었다. 선거로 검시관을 선출하는 제도도 여전히 굳게 자리 잡고 있지만 말이다.

1918년 뉴욕은 최초로 검시관 제도를 버리고 법의학자 제도를 도입했다.

그래서 미국에는 검시관과 법의학자라는 두 가지 유형의 법의학 체계가 있다. 미국의 3,144개 카운티 중 40퍼센트가 10세기의 영국에서 기원한 검시관 제도를 채택하고 있다. 그 결과 미국에는 모두 2,366개의 검시관 사무실이 있다. 검시관은 항상 선거로 선출되고 의사 출신은 거의 없다. 의사인 경우에도 대개 법의병리학자는 아니다.

자격 요건은? 그 지역에 주소가 있고 전과가 없으며 18세 이상이어야 한다. 대충 그렇다. 하지만 문제될 것은 없다. 자동차 영업사원이라도 일단 검시관으로 선출되면 아주 복잡한 죽음을 해결하기 위해 필요한 의학적·법의학적 지식을 불가사의하게 얻으니까. 그렇게 그들은 모든 정치인에게 가장 중요한 일인 재선을 위한 시간을 번다.

종종 소도시의 장의사나 묘지 관리인이 검시관으로 선출된다. 일상적으로 죽음을 접하는 그들이 부검을 하고 피를 만지고 가끔 시체를 발굴하는 암울한 일에 완벽하게 어울린다고 (잘못) 여겨지기 때문이다. 어느 외딴 벽지의 장의사는 그곳에 시체를 운반할 만큼 커다란 차를 가진 사람은 자신뿐이기 때문에 자기가 검시관이 되어야 한다고 주장했다.

대개 검시관 제도는 형편없고 일관성 없는 성과를 낸다. 반면 대부분의 법의학자는 우수하고 일관된 성과를 낸다. 2009년 내셔

널 리서치 카운슬National Research Council은 「미국의 법 과학 강화 방안Strengthening Forensic Science in the United States」이라는 보고서에서 검시관 제도를 완전히 없애야 한다고 주장했다. 이런 주장은 1924년부터 제기되었다.

지금까지 그 무엇도 행동으로 옮겨지지 않았다. 10세기에 좋았던 것은 21세기에도 여전히 좋다는 식이다. 내 아버지가 의사가 된 1940년보다 훨씬 나은 법의학 도구들이 나온 오늘날의 미국에서조차. 교활한 살인자는 법의학자 제도보다 검시관 제도하에서 빠져나갈 가능성이 훨씬 높다.

낡은 검시관 제도의 불완전성과 부적합성에도 불구하고 미국 병리학협회가 법의병리학을 분과로 인정한 1959년까지 수천 건의 범죄가 부검으로 해결되었다. 법의병리학이 마침내 분과로 공인되었을 당시 뉴욕 부법의학자였던 내 아버지는 미국 최초로 법의병리학자 자격을 인정받은 18인에 포함되었다.

당시의 법의학계 거물들 중 몇 명도 그 최초의 법의학 수사관이었다.

1954년부터 1973년까지 아버지의 상사였던 밀턴 헬펀 박사는 1918년 뉴욕 시가 검시관 제도를 폐기한 이래 세 번째 법의학자였다. 그는 이런 말을 남겼다.

"완전범죄는 없다. 제대로 훈련을 받지 못하고 실수를 저지르는 수사관과 어설픈 법의학자가 있을 뿐이다."

법의학자에게 주는 최고의 상에 그의 이름이 붙었다. 바로 밀턴 헬펀 상. 나도 2006년에 이 상을 받았다.

메릴랜드 주의 수석 법의학자였던 러셀 피셔 박사는 볼티모어에 미국 최고의 과학수사팀과 시설을 만들었다. 내가 의대를 졸업하고 그의 밑에서 일하기 직전인 1968년 그는 '클라크 패널'을 이끌었다. 그리고 세기의 부검이었던 존 F. 케네디의 부검이 아주 엉성하여 '절대 확실해야 하는 곳에 의심만 남겨놓았다'는 결론을 내렸다.

앤젤로 래피 박사는 덴버 시 최초의 법의학자였다가 캔자스 시로 옮겨갔다. 사진 같은 기억력을 지닌 그는 전후 나치의 유대인 수용소와 포로수용소 생존자들이 들려주는 증언을 토대로 학살당한 시신들을 발굴하여 뉘른베르크 전범 재판에 증거로 제시했다.

클리블랜드 검시관 사무실에서 일하던 수석 병리의학자 레스터 애덜슨 박사는 샘 셰퍼드 박사의 유죄를 입증하는 주요 증인이었다. 셰퍼드는 임신한 아내를 살해한 혐의로 기소되어 첫 재판에서는 유죄판결을 받았지만 10년 뒤의 두 번째 재판에서는 무죄 선고를 받았다. 셰퍼드 사건은 기사, 책, TV 드라마와 영화(『도망자』)로 수없이 다루어졌다. 37년간 법의학자로 8,000건 이상의 부검을 진행한 애덜슨은 이후 학생들을 가르치고 법의병리학자들의 표준 교과서인 『살인의 병리학The Pathology of Homicide』을 집필했다.

그들 모두에게는 들려줄 이야기가 있었다. 그들은 온갖 격렬한 죽음을 보았다. 그들은 새로운 분야인 법의병리학계에서 가장 우수하고 뛰어난 사람들이었다.

그러나 법의병리학은 그때도 지금도 완벽하지 않다.

아버지와 나는 지문과 혈액형이 최첨단 법의학 도구였던 시절부터 DNA 분석과 방대한 컴퓨터 데이터베이스가 활용되는 오늘날까지 현대 법의학의 모든 시기를 함께해왔다. 하지만 1940년대의 법의학자들을 현대의 영안실에 데려다놓고 한나절만 훈련시킨다면 그들도 아주 잘해낼 것이다. 왜냐고? 훌륭한 법의병리학자에게 최고의 도구는 자신의 눈과 뇌와 메스이기 때문이다. 그것들이 없다면 어떤 과학도 도움이 되지 않는다.

현재 미국에는 500명가량의 법의병리학자가 있다. 20년 전과 거의 같은 숫자다. 꾸준히 증가하는 의문의 죽음을 밝히려면 1,500명의 법의병리학자가 필요하다.

「CSI」나 「NCSI」 같은 TV 드라마 덕분에 법의병리학자의 인기는 최고인데도 법의병리학자가 부족한 이유는 무엇일까?

법의병리학자의 일이 TV가 보여주는 것만큼 매력적이지 않기 때문이다. 신참 법의병리학자 다섯 명 중 한 명이 훈련을 마친 직후 그만둔다. 이후 10년간 10퍼센트가 더 그만둔다.

이유는 간단하다. 우선 직업 자체가 복잡하다. 법의병리학자가 되려면 4년간의 대학 교육과 4년간의 의대 교육 외에 5년간의 수련이 필요하다. 법의병리학자가 되기 전에 최소한 해부병리학자로 수련을 받아야 한다.

그런데 병원의 병리학자는 훨씬 깔끔한 일을 하면서 두 배의 돈을 받는다. 20만 달러의 학자금 대출을 갚아야 하는 젊은 의사는 더 많은 연봉에 쉽게 넘어간다(그리고 배우자에게 적은 연봉에 대해 변명할 필요도 없다). 게다가 일부 법의병리학자는 저임금의 법의병리학자에게도 낮은 수준인 정부의 월급을 받아들인다.

그리고 법의병리학자는 TV에 나오는 것만큼 화려하지 않다는 궁극의 현실이 있다.

TV에는 법의병리학자가 옷이나 머리카락에 배어 있는 시체 썩는 냄새를 맡으며 잠에서 깨어난다는 이야기가 결코 나오지 않는다. TV에는 법의병리학자에게로 쏟아지는 구더기도 나오지 않는다. TV는 부검으로 죽음의 원인을 찾지 못하는 경우도 보여주지 않을 것이다.

TV는 과학적 진실에 관심이 없고 시청자들도 과학적 진실에 관심이 없다. 프라임타임에 누가 구타로 터진 내장이나 엽총에 호박처럼 갈라진 머리를 보고 싶어 하겠는가.

그렇다. 사람들은 돌아서면 잊어버린다. 모두가 소시오패스나 사이코패스라고 생각하면서 살아갈 수는 없으니까. 게다가 모두가 소시오패스나 사이코패스는 아니니까. 단 1~2퍼센트만 그렇다. 사람들은 잔혹한 범죄에 화를 낸다. 그러나 이내 머리를 흔들고 각자의 삶을 이어간다. 그러면 또 다른 미스터리가 영안실을 찾아온다.

1년짜리 펠로십 과정(레지던트 이후 마지막 수련 기간)을 앞두고 아버지는 내가 뉴욕에서 펠로십을 하는 것에 반대했다. 아버지가 일을 시작한 1940년대에는 뉴욕 시 수석 법의관실이 모범이었지만 지금은 쇠락했다는 것이었다. 위대한 밀턴 헬펀이 은퇴를 앞둔 몇 년간 세계 최대의 법의관실은 최첨단 장비를 들이지 못했고 사기는 바닥이었으며 직원들은 복지부동이었다. 틈새마다 부패가 스며들었다.

아버지는 볼티모어가 최고라고 했다. 러셀 피셔 박사는 볼티모어에 미국 최고의 법의학팀을 꾸리고 최첨단 법의학 시설을 구축했다.

아버지의 도움으로 피셔 박사가 나를 고용했다. 1969년 7월 1일, 스물여덟 살인 나는 커다란 희망을 품고 메릴랜드 수석 법의관실에서 펠로십을 시작했다.

그러나 피셔 박사의 초현대적인 영안실이 아닌, 항구 근처 플리트 스트리트에 있는 19세기 건물(법의관실은 20대 대통령 제임스 가필드가 암살된 이래 그곳에 자리 잡고 있었다)이 내 일터였다. 당시에는 평범한 사람들에게도 죽음이 익숙했기 때문에 신원 미상의 시신은 영안실 창가에 세워두곤 했다. 행인들 중 시신을 알아보는 사람이 있기를 바라면서.

벽돌로 지어진 나지막하고 오래된 영안실은 하수 처리 공장과 붙어 있었다. 시 당국은 악취 나는 시설들을 한곳에 몰아두고 싶었을지도 모른다. 게다가 에어컨도 없었기 때문에 여름이면 영안실의 온도가 견디기 힘들 만큼 올라갔다. 부검의들은 방충망이 멀쩡하기만을 빌며 낡은 내리닫이창을 열곤 했다. 방충망이 멀쩡해야 배고픈 파리들이 줄지어 들어와 우리 '손님'들에게 알을 낳지 못할 테니까.

볼티모어에서 나는 사람들이 얼마나 죽음에 심드렁해지는지를

나의 첫 직장은 볼티모어의 19세기 건물 안에 있었다. 이 건물은 환기가 잘되지 않았고 방충망도 파리를 막아줄 만큼 튼튼하지 못했다.(Office of the Chief Medical Examiner of Maryland)

경험했다.

볼티모어 영안실은 주로 부검실과 행정실로 나뉘어 있었다. 매일 아침 날이 밝기 전에 인부들이 통풍이 되지 않는 작은 부검실의 테이블에 그날의 시체들을 올려놓고 인정사정없는 뜨거운 램프를 켜두었다(아무리 램프를 밝혀도 모퉁이마다 어둠이 남아 있었다). 다른 시민들이 아침을 먹기 전에 이미 영안실은 도살장처럼 정리를 마쳤다.

아침나절이면 나머지 직원들이 출근했다. 주차장에서 사무실까지 가장 빠른 길은 악취가 진동하는 부검실을 관통하는 것이었다.

대부분의 행정 직원들은 고등학교를 갓 졸업한 어린 아가씨였다. 아마 열일곱이나 열여덟 살이었을 것이다. 예쁜 스커트와 블라우스를 입은 그들은 도시락 가방을 들고는 재잘대고 낄낄대면서 시체들이 놓인 테이블 사이를 지나갔다. 마치 시체가 없는 것처럼.

법의학자인 내가 시신들 옆에서 아무렇지 않은 건 당연한 일로 여겨졌지만 '보통' 사람들이 시신들 옆에서 덤덤한 건 왠지 이상해 보였다.

당시 볼티모어는 지금만큼이나 폭력적인 도시였다. 두어 달 후 우리가 펜 스트리트에 새로 들어선 피셔 박사의 으리으리한 새 영안실로 이사를 갔을 때도 시체들의 행렬은 멈추지 않았다. 새 영안실의 공기는 시원하고 깨끗하게 정화되었고, 부검실은 아무에게나 공개되지 않았으며, 사방에 불이 환하게 밝혀졌다. 어린 직원들은 더 이상 시체들 사이로 걸어 다니지 않았다.

당시 법의학자로 일을 시작한 지 석 달도 되지 않았던 나는 내 인생에서 가장 흥미롭고 중요한 사건들 중 하나를 맡게 되었다. 그 사건은 연약한 아기의 시신과 함께 내 부검대에 놓여 있었다.

3

아기의 빈방

아기는 꿈도 기억도 없이 죽는다.

그래서 아기의 죽음은 슬프다. 우리는 아기도 삶에 대해, 인간에 대해 알기를 바란다. 아기는 별의 존재 이유를 궁금해하지도, 노래를 부르지도, 진정으로 웃어보지도 못했다. 우리는 아기가 우리보다 행복할 기회를 갖기를 바란다. 우리는 작고 새로운 생명들에게 희망을 품는다.

그러다 아기가 죽고 희망도 죽는다.

사람들은 어른보다 아이를 검시하는 것이 더 어렵냐고 묻는다. 솔직히 말하자면 죽은 아이를 외면하는 것이 더 어렵다.

1969년 9월 21일 일요일 메릴랜드 주 볼티모어.

상쾌한 가을날이었다. 주말이 끝나갈 무렵 우리 아파트의 전화벨이 울렸다. 동료인 월터 호프먼이었다.

"빈스, 부탁이 있어. 오늘 밤부터 욤 키푸르(유대교의 속죄일 – 옮긴이)라서 내일 휴가를 냈어. 내 사건을 맡아주겠나? 많지는 않아. 우선 홉킨스에서 남자아기가 들어왔는데……."

호프먼은 그 사건에 대해 많이 알지는 못했다. 다만 아기가 수없이 검사를 받았는데도 사인이 밝혀지지 않았다는 것만 알고 있었다. 나는 병원 기록을 봐야 했다. 내가 말했다.

"알았어. 별문제는 없겠군."

아기는 1969년 2월 9일에 13세의 미혼모에게서 태어났다. 임신 중에는 문제가 없었지만 출산 시에는 골반위 분만을 했다. 즉 아기의 발이나 엉덩이가 먼저 나오는 바람에 머리와 탯줄이 산도에서 엉킬 위험이 있었다는 뜻이다. 다행히 그것만 제외하면 출산하는 데 별다른 문제는 없었다. 약 3킬로그램의 건강한 남자아이는 일요일에 첫 숨을 들이쉬었다.

누구도 원치 않았던 아기는 이름도 없이 곧장 차디찬 정부의 손에 맡겨졌다. 임시 양부모의 보살핌을 받는 5개월 동안 아기는 어떤 질병도 앓지 않았다. 양어머니에 따르면 아기는 거의 짜증도 내지 않았다. 5개월도 지나지 않아 아기의 몸무게는 두 배로 늘어났다.

그해 봄에 아기를 데려갈 완벽한 가족이 나타났다. 육군 병장인 해리 우즈가 미군의 화학무기 등을 시험하는 메릴랜드 주의 에버딘 육군시험소로 전근을 온 것이다. 아내 마사, 두 살배기 입양 딸 주디와 함께였다.

해리는 요리병이었고 마사는 전업주부였다. 그들은 노동자 거주지인 오하이오 주 컬럼버스의 대가족 틈에서 성장했다. 초혼에 실패한 두 사람은 1958년에 만나 1962년에 결혼했다. 결혼 직후 해리는 한국으로 파병되었고 마사는 미국에 남았다. 이후 해리는 베트남과 독일로 옮겨 다녔고 마사는 오하이오 주 컬럼버스, 조지아 주 포트고든, 콜로라도 주 포트카슨으로 이사를 다녔다. 그리고 1967년 포트카슨에서 어린 여자아이를 입양하고 주디 린이라는 이름을 붙여주었다.

이제 40세인 마사는 친자식 셋을 잃었고 열두 번이나 유산을 했다. 그녀는 간절히 아이를 가지고 싶어 했다. 특히 남자아이를 입양해 막내 남동생 폴의 이름을 붙여주고 싶어 했다. 카운티의 입양 담당자에 따르면 마사는 폴이 11년 전에 어린 자식을 잃었다면서 아이에게 정신적·육체적 장애가 있었을지 모른다고 말했다. 그 때문에 마사는 건강하지 않은 아이를 입양하고 싶지는 않다고 했다. 그녀는 자신이 얼마나 좋은 엄마인지를 보여줄 새로운 기회가 필요했다.

위험신호는 없었다. 우즈의 가족은 이리저리 떠돌아다니는 전형적인 군인 가족이었다. 열정적인 어머니. 안정적인 일자리가 있는 아버지. 건강한 누나. 해리와 마사는 입양 허가를 받았다.

7월 초, 카운티의 입양 담당자가 마사에게 전화를 했다. 그녀는 입양할 만한 남자아기가 있다고, 아이가 마음에 들면 바로 집에 데려가도 좋다고 했다. 방 두 개짜리 사택에 살던 우즈 부부는 주디의 방에 아기 침대를 들이고 아기 옷도 샀다. 그러고는 새로운 아들인 폴 데이비드 우즈를 맞았다. 7월 3일의 일이었다.

마사는 원하던 것을 얻었다. 바로 새로운 기회.

그로부터 한 달 뒤인 8월 4일, 구급대원이 폴을 커크 육군병원 응급실로 옮겼다. 마사가 걱정스러운 얼굴로 그 뒤를 따랐다.

마사가 응급실 의사에게 상황을 설명했다. 점심시간이 조금 지났을 무렵 폴이 거실에 깔아놓은 담요 위에서 주디와 놀다가 갑자기 뒤로 쓰러졌다고 한다. 폴은 숨을 쉬지 않았고 입과 코, 그리고 눈 주위가 파랗게 변했다. 마사는 미친 듯이 전화를 걸어 구급차를 부르고 아이에게 인공호흡을 계속했다.

구급차가 1.6킬로미터 떨어진 기지 병원에 도착할 무렵 어린 폴은 회복되었다. 의사는 아이가 괴로워하는 기색 없이 활동적이었다고 말했다. 아이가 장난감을 삼켰는지 엑스레이를 찍어보았지만 기도는 깨끗했다. 아마 아이가 가벼운 발작을 일으켰거나 엄마가 과잉 반응을 했을 것이다. 아이에게는 아무런 이상도 없었다. 병원에 도착한 지 20분 만에 의사는 그들을 집으로 돌려보냈다.

그런데 몇 시간 후 폴은 다시 응급실로 돌아왔다. 아이는 의식이 있었지만 피부가 창백하고 힘이 없었으며 치아노제가 나타났다. 치아노제는 혈액 속의 산소가 부족하여 피부가 푸르게 변색되는 증상이다. 마사는 새로운 의사에게 상황을 설명했다. 집으로 돌아간 그녀는 낮잠을 재우기 위해 폴을 아기 침대에 눕혔다고 한다. 그런데 잠시 후에 숨을 헐떡이는 소리가 들리기에 아기 침대를 살펴 보니 아이가 다시 숨을 쉬지 않았다는 것이다.

이번에 폴은 입원했다. 의사들은 여전히 원인을 알아내지 못했다. 3일 동안 온갖 검사(가슴과 두개골 엑스레이, 심전도, 혈액검사, 소변검사, 심지 어 허리천자까지)를 했지만 아기는 정상이었다. 3일간 아이는 호흡곤란 징후를 전혀 보이지 않았다. 의사는 불안해하는 엄마를 안심시키 기 위해 모든 것을 상기도 감염 탓으로 돌렸다. 감염의 징후가 전혀 없었지만. 폴은 8월 7일 정오 직전에 퇴원했다.

하지만 폴은 오래 버티지 못했다.

8월 8일 오후, 폴은 다시 병원에 실려왔다. 마사가 열린 창문으로 이웃사람과 얘기를 나누는 동안 유아용 흔들의자에서 놀던 폴이 갑자기 구역질을 하고 몸이 뻣뻣하게 경직되었다. 그러고는 다시 폴의 호흡이 멈췄고 몸은 푸르게 변했다. 마사는 구급차를 불렀고, 폴은 병원에 오자 생기를 되찾았다.

당황한 의사들은 다시 폴을 입원시키고 검사를 진행했다. 이번 에도 별다른 이상은 없었다. 병원에서 폴은 호흡 장애를 일으키지 않았다. 담당 의사는 모든 것을 '호흡 정지' 탓으로 돌렸다. 4일 후 인 8월 12일, 폴은 건강한 모습으로 병원을 떠났다.

하지만 폴은 24시간도 지나지 않아 다시 병원으로 돌아왔다. 이 번에는 마사의 품에 안겨 있다가 발작과 경련을 일으켰다고 한다. 폴은 몸이 뻣뻣해졌고 숨을 완전히 멈췄다. 폴의 피부가 푸르게 변 할 무렵 해리는 몇 미터 떨어진 곳에 있었다. 의사들은 항경련제인 파라알데하이드를 주사했고 아이는 몇 시간 만에 다시 활발해졌다. 신경검사와 허리천자에서는 아무런 이상도 발견되지 않았다.

다음 날 의사들은 워싱턴 DC에 있는 월터리드 육군의료센터로 폴을 이송했다.

월터리드의 의사들은 5일간 뇌스캔, 뇌전도, 두개골 엑스레이, 가슴 엑스레이 등 수많은 첨단 검사를 실시했지만 역시 아무런 이상을 발견하지 못했다. 그들은 폴이 원인 불명의 경련성 장애를 앓는다는 진단을 내린 뒤 8월 19일 페노바르비탈을 처방해주고 집으로 돌려보냈다.

폴 우즈는 6개월가량의 짧은 삶을 주로 병원에서 보냈지만 그 아이가 병원에 있어야 했던 원인은 밝혀지지 않았다.

결국 아이는 파국을 맞고 말았다.

다음 날인 8월 20일 오후, 폴은 커크 육군병원에 실려왔다. 심장 박동과 호흡이 멈춰 있었다. 응급실 의사들은 심장에 직접 아드레날린을 주사하고 작은 목구멍으로 튜브를 끼워 넣었다. 폴은 호흡이 돌아왔지만 어떤 자극에도 반응하지 않았다. 혼수상태였다. 폴은 세계 최고의 병원으로 꼽히는 볼티모어의 존스홉킨스 병원으로 이송되었다. 폴의 차트에는 이렇게만 적혀 있었다.

'아기는 병원에서 어떠한 징후도 보이지 않았다. 그러다 퇴원하고 24시간 안에 이상을 보였다.'

마사는 존스홉킨스 병원의 의사들에게 점심을 먹고 나서 폴을 아기 침대에 눕혔다고 말했다. 그녀는 주디를 낮잠 재우다가 폴이 숨을 쉬지 않는다는 것을 알아차렸다. 폴의 입술과 얼굴은 푸른색으로 변했다. 그녀는 폴의 입에 숨을 불어넣었지만 아무런 반응이 없었다. 그녀는 밖으로 달려 나가 도와달라고 소리를 질렀다. 이웃 사람이 그들을 병원에 데려다주었다.

의사들은 해리와 마사에게 자세히 질문했다. 두 사람은 폴이 어떤 육체적 트라우마도 겪지 않았고 어떤 독도 먹지 않았다고 했다. 하지만 이전에 전혀 언급하지 않았던 새로운 가능성을 제시했다. 공기 중에 유독한 뭔가가 있었을지 모른다는 것이었다. 실험실에서 '신경가스'를 실험 중이었고 '어떤 화학물질로 인해 물고기가 떼죽음하면서' 집 옆의 만이 폐쇄되었다는 것이다.

갑자기 의사들은 실마리를 얻었다. 그들은 폴의 소변과 혈액 샘플을 연구소로 보내 '비정상적인 무언가'가 있는지 확인해달라고 했다. 연구소 측은 실험을 시작하기도 전에 그 이물질이 다이아지논으로 알려진 유기인산화합물, 즉 살충제일 수도 있다고 (또는 아닐 수도 있다고) 말했다. 의사들은 다이아지논 중독에 대비해 폴을 치료했다. 그들은 육군이 정기적으로 기지에 두 종류의 살충제를 뿌렸다는 사실을 알아냈다. 하지만 살충제를 뿌린 날짜는 폴이 호흡곤란을 일으킨 시점과 일치하지 않았고, 계속된 혈액검사에서 아무것도 나오지 않았다.

그러다가 충격적인 일이 일어났다. 폴이 혼수상태가 되고 20일이 지난 9월 9일 누나인 주디도 존스홉킨스 병원에 입원했다. 그날 오후 응급실에서 근무한 소아과 레지던트 더글러스 커(얼마 전에 아빠가 되었다)는 주디가 생기 넘치는 아이임을 알게 되었다. 어떤 아픔의 징후도 드러나지 않았다.

하지만 마사는 두 살 반인 주디가 갑자기 쓰러지더니 2분간 호흡이 멎고 피부도 푸르게 변했다고 말했다. 주디가 다시 숨을 쉬기 시작한 뒤로도 몸이 늘어지고 자꾸만 졸아서 병원에 데려왔다고 했다.

커가 보기에 해리는 얌전하고 조금 우둔해 보이는 반면 마사는 지적이고 다정하고 박식해 보였다. 커가 주디의 병력에 대해 묻자 마사는 협조적이고 정중하게 대답했다. 주디는 생후 5일 만에 우즈 집안에 입양되고 나서 폴과 비슷한 호흡곤란으로 몸이 푸르게 변해 최소한 다섯 번은 병원에 실려왔다고 했다.

하지만 마사는 자신의 병력에 대해서는 얘기하지 않으려 했다. 자연 분만한 세 아이(모두 다양한 원인으로 죽었다), 사산한 아이, 열 번의 유산, 그 외 잡다한 질병들. 커는 중년의 마사가 그런 개인적인 일들을 말하기가 불편할지도 모르겠다고 생각했다.

커는 주디의 남동생이 몇 층 아래의 집중치료실에 혼수상태로 누워 있다는 사실을 알고는 깜짝 놀랐다. 그리고 살충제 이론을 듣자 호기심이 생겼다. 주디와 폴은 같은 방에서 잤다. 공기가 독성에 오염되었다면 두 아이가 같은 증상에 시달린다고 생각하는 것이 합리적이지 않나?

폴의 의사들이 지시한 테스트들에 대해 알아갈수록 커는 더욱 우울한 의심이 들었다. 전문가들은 우즈의 집에서 살충제의 흔적을 전혀 찾지 못했다. 의사들은 주디의 혈액에서도 살충제 성분을 찾지 못했다. 곤충학자 팀은 그 지역에서 죽은 곤충을 모았지만 특별한 독성물질은 발견되지 않았다. 집 배관으로 일산화탄소 같은 가스가 새어든 흔적도 없었다. 환경에 문제가 있다는 주장은 배제되었다.

커는 그 미스터리에 사로잡혔다. 그는 마사의 죽은 아이들에 대해 알아보았다. 그는 매일 주디를 찾아갔다. 그러면서 마사의 비극적이고 희한한 출산 이야기를 계속 생각했다. 그는 더 많은 검사를 지시하고 더 많은 질문을 했다. 시간이 날 때마다 그는 주디에 대해 생각했다. 잠을 잘 수도 없었다. 선배 의사들은 커의 젊은 열정을 비웃었다. 이제 그들은 유아들의 사망에 더 이상 관심을 두지 않았다. 하지만 아이들의 호흡을 정지시킨 원인을 알아낼 때까지 주디를 집에 보내는 건 안전하지 않았다. 그는 그 불쌍한 어린 소녀를 보호한다는 생각으로 병원에 잡아두었다.

커는 속이 좋지 않았다.

젊은 소아과 의사인 커는 아동보호기관에 연락했다. 주디와 폴의 병력과, 마사의 말은 살충제보다 더 끔찍한 무언가를 암시했다.

마침내 커는 해리와 마사에게 자신이 의심하는 것을 털어놓았다. 그는 그들이 듣고 싶어 하지 않는 이야기를 했다. 두 사람은 반박을 하고 화를 냈다.

"가만히 있지 않을 겁니다."

해리가 사납게 말했다. 커는 그 말을 협박으로 받아들였다.

주디가 입원하고 10일 후에 아동복지사가 비밀리에 존스홉킨스 병원에서 주디를 데리고 나갔다. 주디가 사라지자 마사는 우울해했다. 그녀는 이제 다시는 주디를 보지 못할 것임을 알았다.

해리와 마사는 폴을 보는 것도 금지당했다.

어린 폴은 계속 쇠약해졌다. 아이는 기계에 의존해 연명했다. 작은 팔다리는 경련을 일으켰고 호흡이 점점 힘겨워지자 의사들이 목에 구멍을 뚫어주었다. 열이 심해지면서 뇌는 더욱 망가졌다.

이틀 후인 1969년 9월 21일 일요일 생후 7개월 12일 만에, 혼수상태에 빠진 지 한 달 만에 폴 데이비드 우즈는 홀로 사망했다.

그리고 젊은 더글러스 커 박사는 자신을 사로잡은 암울한 이야기가 더욱 암울해지리라고는 생각지도 못했다.

월요일 아침, 내가 볼티모어 시내의 수석 법의관실에 출근했을 때 폴이 나를 기다리고 있었다. 전날 밤 영구차가 그를 이곳에 실어왔던 것이다. 그는 내 테이블 위에 밝은 형광등 불빛을 받으며 누워있었다.

이전에도 나는 죽은 아기들을 보았다. 볼티모어에서 펠로십을 시작하기 전에 100건 이상 부검을 했다. 나는 슬프지도, 화가 나지도 않았다. 신앙심과 직업정신이 나를 지켜주었다. 테이블에 놓인 것은 사람이 아니라 몸뚱이다. 그저 껍데기. 사람, 영혼은 이미 떠났다.

이번 사건의 경우 나는 존스홉킨스 병원의 소아과 의사가 아동학대를 의심하고 있음을 알고 있었다. 이 엄마의 다른 아이들도 의심스럽게 죽었음을 알고 있었다. 살충제 이야기도 알고 있었다. 이

어린 아이가 원인 불명의 호흡곤란으로 여러 차례 병원에 실려갔다는 것도. 누나가 같은 증상을 겪었다는 것도. 이제는 이 아이가 말할 차례였다.

나는 몇 시간 동안 폴을 부검했다. 키는 약 68.5센티미터, 몸무게는 6.8킬로그램이었다. 마지막 입원으로 몸에 고통의 흔적들이 남기는 했지만 겉보기에 육체적 학대의 흔적은 없었다. 눈은 맑았다. 코와 목은 막히지 않았다. 생후 7개월의 남자아이는 발달 상태와 영양 상태가 좋고 이는 아직 나지 않았다.

나는 폴의 기관들을 하나씩 떼어 자세히 살펴본 뒤 현미경으로 관찰할 조직을 떼어냈다. 특히 뇌와 폐가 이 아이의 이야기를 많이 들려줄 것이었다. 나는 아이의 모든 부분을 보았다. 어떤 인간도 또 다른 인간을 그런 방식으로 보지는 않을 (또는 보고 싶어 하지 않을) 것이다. 아이의 몸은 감염되지도 중독되지도 않았다. 심장은 튼튼했다.

나는 폴이 잦은 호흡 발작을 일으킨 원인을 찾지 못했다. 전혀. 알레르기도 없는 듯했다. 생후 3~4개월에 가장 많이 발생하는 유아 돌연사라고 하기엔 폴의 월령이 높았다. 아이의 증상은 내가 알고 있는 어떤 질병의 진행 과정과도 맞지 않았다. 이미 아주 많은 의사들이 아이에게 전혀 이상이 없다고 했기 때문에 폴의 죽음은 더욱 당황스러웠다. 아이는 물론이고 누구든 죽을 만큼 오랫동안 숨을 참기는 불가능하다.

하지만 아이는 죽었다. 내 일은 그 원인을 밝히는 것이었다.

아이의 뇌는 산소 부족으로 약 한 달 전에 죽었다. 마지막으로 입원할 당시, 다시 말해 마지막으로 호흡 발작을 일으킬 당시 뇌는 손상되었다. 폴은 존스홉킨스 병원에 도착하기 전에 이미 사망했지만 한 달간 되살아난 심장이 계속 뛰고 소생된 폐가 계속 숨을 쉬었다. 시간이 지나면서 뇌의 기능이 서서히 멈췄다. 더불어 폐는 액체로 막히고 혈액은 다른 기관으로 흘러들다가 31일 만에 폴은 죽었다.

'사인 : 폴 데이비드 우즈는 뇌사와 관련된 기관지 폐렴으로 사망했다.'

마사 우즈가 겪었던 다른 유아 사망을 고려하면, 그리고 폴의 징후가 어떤 흔적이나 단서도 남기지 않는 의도적이고 일시적인 질식과 일치한다는 점을 고려하면 당시에는 폴과 같은 죽음의 방식이 매우 드물었다. 그 시대의 존경받는 법의학자이자 내 상사였던 러셀 피셔 박사는 나의 결론을 지지해주었다.

"이 사건의 경우 심각하게 살인을 의심해봐야 한다는 것이 우리의 결론입니다."

우리의 대변인이 말했다.

나는 폴 우즈가 살해되었다고 믿었고 가족이 그랬을 수도 있다고 믿었다. 하지만 당시에는 이 작은 아이의 죽음이 어떻게 끔찍하고 악독한 범죄를 펼쳐 드러내줄지 짐작도 못했다.

며칠 뒤 폴 우즈는 애버딘 근처 하퍼드 메모리얼 가든의 서쪽 가장자리에 있는 유아 묘역에 묻혔다. 해리, 마사, 마사의 자매가 작은 관이 땅속에 묻히는 것을 지켜보았다. 다른 사람은 아무도 오지 않았다. 주 정부가 폴의 이름과 생몰연대만 적힌 심장 모양의 동판을 만들어 주었다. 그 외에 적을 것이 무엇이 있었을까?

곧 주디 우즈는 화목한 모르몬교 가정에 입양되었고 그녀의 호흡 발작도 완전히 멈췄다.

아기인 폴 우즈의 수상한 죽음으로 아기 연쇄살인마인 마사 우즈의 정체가 세상에 드러났다. 그녀는 20년간 조카들뿐 아니라 자신이 낳은 아이와 입양한 아이들까지 살해했다.(Ron Franscell)

아무도 이 사건의 심각성을 몰랐지만 의심은 잦아들지 않았다. 폴이 군 기지에서 사망했기 때문에 FBI가 사건을 맡았다. 처음에는 정말 간단했다. 누군가가 아기 한 명을 죽였다는 것뿐이었다.

하지만 끝까지 단순하지는 않았다. 폴의 살인자는 결정적인 실수를 저질렀다. 폴은 뇌의 산소 공급이 중단되어 죽었다. 다시 말해 질식사했다. 그가 공격당하던 순간 뇌의 산소 부족이 뇌사를 일으켰다. 국유지에서 시민(폴)을 상대로 벌어진 공격이었다. 그래서 FBI가 이 사건을 관할하게 되었다. FBI는 종합적인 수사에 필요한 시간과 자금이 있었다.

FBI 수사관들이 파헤칠수록 이야기는 점점 깊고 어둡고 역겨워졌다. 수사관들은 작은 마을 법원에 수십 년간 쌓여 있던 퀴퀴한 기록들을 들추어내고, 가족의 기억을 꼼꼼히 추려내고, 멀리 있는 친구와 이웃사람들을 면담하고, 미 전역에 흩어진 단서들을 추적했다. 무시무시한 진실이 드러나기 시작했다. 학대 문제가 재빨리 살인 문제가 되었다.

그리고 모든 증거가 한 여자를 가리켰다. 모든 사람에게 자신이 좋은 엄마임을 알리고 싶어 했던 여자, 바로 마사 우즈였다.

마사는 대공황 직전인 1929년 4월 20일에 태어났다. 트럭 운전기사인 윌리엄 스튜어트와 릴리 메이 스튜어트의 13남매 중 열 번째였다. 마사는 월세 15달러를 내는 방 두 개짜리 집에서 열일곱 명이나 되는 대가족의 일원으로 아주 빈궁하게 자랐다.

중학교를 중퇴한 그녀는 식당, 세탁소, 신발 공장 등 변변찮은 직장을 거쳤지만 한곳에서 오랫동안 일하지는 못했다.

1945년 추수감사절 직전 열여섯 살이었던 마사 스튜어트는 이웃 소년과의 사이에서 아이를 갖게 된다. 하지만 그녀는 너무 어렸다. 고등학교 댄스파티에나 다니고 진지하게 연애를 해야 하는 시기에 그녀는 수입도 없는 10대 미혼 임신부가 되었다.

출산 예정일보다 한 달 앞서 마사는 산기를 느꼈다. 1.8킬로그램이 조금 넘는 남자아이가 조산아로 태어났다. 그녀는 두 오빠(한 명은 제2차 세계대전 막바지에 독일의 모셀 강에서 익사했다)의 이름을 따서 찰스 루이스 스튜어트라는 이름을 지어주었다. 하지만 그녀는 아이를 마이키라고 불렀다.

마이키는 11일간 인큐베이터에 있었다. 인큐베이터에서 나온 후에도 마이키는 허약했다. 마이키는 마사가 언니, 조카 등과 함께 쓰는 위층의 침실에서 잤다. 마사에 따르면 마이키는 거의 아무것도 먹지 않았다. 그리고 뭔가를 먹으면 바로 토해버렸다. 마사의 엄마가 마이키에게 점안기로 뭔가를 먹였지만 소용이 없었다.

그러던 어느 날, 마사가 마이키를 안고 있는데 갑자기 마이키의 호흡이 멎고 몸이 푸르게 변했다. 마사의 부모는 마사와 마이키를 컬럼버스 아동병원에 데려갔다. 의사들은 아기가 심각한 영양실조에 걸렸다고 진단했다. 마이키는 입원했다. 입원한 7일간 아이는 화색이 돌고 놀랍게도 몸무게가 450그램이나 늘어났다. 마이키는 비타민과 유동식을 처방받고 병원에서 퇴원했다.

이틀 후인 8월 23일, 마이키는 죽었다. 갑자기. 아이는 거실 소파에 누워 있다가 갑자기 호흡이 멎고 몸이 푸르게 변했다. 경찰 구급차가 마이키의 집으로 왔지만 너무 늦었다. 검시관이 마이키의 시신을 작고 검은 의료가방에 담아 갔다.

마이키를 부검하지는 않았지만 사망진단서에는 흉선비대(1940년대에 사망한 아기에게 내려지던 전형적인 진단)와 '림프성 체질'(유아 돌연사에 대한 과장된 용어로, 별 의미는 없다)이 사인으로 적혔다.

마이키는 태어난 지 한 달 4일 만에 컬럼버스 외곽의 웨슬리 채플 공동묘지에 묻혔다. 이름이 같은 전쟁 영웅 삼촌과 멀지 않은 곳이었다.

오래지 않아 그 옆에는 다른 아이의 무덤이 생길 것이었다.

넉 달 후인 1946년 크리스마스. 밀실공포증을 일으키는 작은 집에서 아이 넷이 병에 걸렸다. 그중에는 마사의 세 살배기 조카인 조니 와이즈도 있었다. 그녀의 자매인 베티도 10대 미혼모였다. 조니는 통통하고 아주 쾌활한 아이였는데, 크리스마스에 눈 속에서 놀았고 다음 날부터 머리와 목이 아프다고 했다.

그날 밤 베티가 샤워를 하는 동안 마사는 조니를 위층에 있는 자신의 침대로 밀어 넣었다. 몇 분 후에 베티는 늘어진 조니를 안고 비명을 지르며 아래층으로 달려 내려왔다. 조니는 숨을 쉬지 않았고 몸이 푸른빛이었다. 구급차가 너무 늦게 도착하여 아이를 구하지는 못했다. 디프테리아(1940년대에는 비교적 드물어진, 전염성이 아주 높은 상기도 감염) 발생을 두려워한 보건 당국이 3일간 그 집을 봉쇄 조치했다. 네 번째 날에 봉쇄는 해제되었고 조니는 웨슬리 채플 공동묘지의 얼어붙은 땅에 묻혔다. 마이키 옆이었다.

매장 전에 아이의 목을 제외하고 부검이 실시되었다 - 디프테리아 진단에 필요한 만큼만 부검이 이뤄졌던 것이다. 조니의 사인은 디프테리아로 기록되었다. 부검의의 부검 결과가 아니라 집 안의 다른 질병들에 기초한 결론이었다.

1947년 초 열일곱 살이었던 마사는 위조죄로 체포되어 1년간 감화원에 수용되었다. 1948년 감화원에서 풀려난 마사는 웨이트리스로 일하다가 친구에게 스탠리 휴스턴이라는 스물두 살 된 노동자를 소개받았다. 몇 달 만에 마사는 다시 임신했고 1949년 1월에 스탠리와 결혼했다. 두 사람은 여러 아파트와 방갈로를 전전했다. 불행히도 이런 혼란 속에서 마사는 열 번(그녀의 주장이다)의 유산 중 첫 번째 유산을 했다.

하지만 그녀는 금세 다시 임신했다. 1950년 6월 28일, 메리 엘리자베스 휴스턴이 미숙아로 태어났다. 메리는 3주 동안 병원에 있다가 46제곱미터 넓이의 임대 방갈로(부부의 새 집이었다)로 퇴원했다. 1주일 만에 메리는 갑자기 호흡이 멎고 몸이 파랗게 변했다. 마사는 병원으로 아이를 데려갔고 의사들은 원인을 찾지 못했다. 메리는 이틀 만에 퇴원했다.

8일 후에 메리는 병원으로 돌아왔다. 이상하게도 마사가 안고 있는 동안 호흡이 멎고 몸이 푸르게 변했다. 마사는 인공호흡으로 아이를 소생시켰지만 의사들은 호흡 정지의 원인을 찾지 못했다. 그들은 아이의 척추를 두드리고 머리카락을 밀고 두피에 바늘을 꽂았지만 아무것도 찾아내지 못했다. 3일 동안 아기를 관찰했지만 질병의 징후는 나타나지 않았다. 결국 그들은 알려지지 않은 호흡기 감염이라 생각하고 아기를 집으로 돌려보냈다.

2주도 지나지 않은 8월 25일 아침, 메리는 다시 호흡이 멎고 몸이 푸르게 변했다. 마사는 아이를 소생시켜 병원으로 데려왔다. 의사들은 아이가 활기차고 건강해진 모습을 보고 병원에서 내보냈다.

같은 날 오후 마사는 메리를 목욕시키고 우유를 먹인 다음 아기 침대에 눕히고 낮잠을 재웠다. 몇 분 만에 메리는 호흡이 멎고 몸이 푸르게 변했다. 메리는 응급실에 도착할 무렵 이미 죽어 있었다. 아기는 한 달 27일간의 일생을 주로 병원에서 머물다가 죽은 것이다.

메리 엘리자베스 휴스턴은 아버지의 고향 근처인 오하이오 주 빈턴 카운티의 빈힐 공동묘지 가족 묘역에 묻혔다. 부검은 이뤄지지 않았다. 사망진단서에는 발견되지도 않은 점액괴에 질식했다고 기록되었다.

마사가 한 번 더 유산을 하고 16개월 후인 1952년 1월 22일 캐럴 앤 휴스턴이 태어났다. 힘든 임신 끝에 아기는 제왕절개로 태어났다. 칠삭둥이인 캐럴은 몸무게가 1.8킬로그램밖에 되지 않았기 때문에 3주 동안 입원했다가 컬럼버스 서쪽의 작은 마을인 웨스트제퍼슨의 새로운 셋집으로 퇴원했다. 아이가 병원에 있는 동안 마사는 매일 병원을 찾았다.

마사가 엄마가 되고 나서 처음으로 아기는 몇 달간 건강했다. 하지만 오래가지 않았다.

5월에 캐럴 앤은 감기에 걸려 계속 기침을 했다. 5월 12일 아침 어느 의사가 병원으로 출근하기 전에 집에 와서 페니실린 주사를 놓아주었다.

한 시간 후에 아이는 죽었다. 마사는 캐럴 앤이 숨을 쉬지 못하고 몸이 푸르게 변했다고 말했다. 아이는 구급차가 도착하기 전에 이미 죽어 있었다.

마사의 진술에 기초하여 의사는 부검 없이 사망진단서에 서명했다. 사인은 후두개염이었다. 감염된 후두개(기관을 덮은 작은 연골 덮개)가

부어서 폐로 들어가는 공기를 막았다는 것이었다. 나중에 그는 자신이 직접 사인을 확인하지 않고 마사의 말만 들었음을 시인했다.

캐럴 앤은 3개월 21일간 살았다. 마사가 출산한 아이들 중 가장 오래 생존한 것이었다. 아이는 빈힐 공동묘지의 언니 옆에 묻혔다. 그들의 묘지석은 하나다.

마사는 심한 우울증에 빠져 자살을 시도했다. 12월 초의 어느 날 아침, 스탠리가 출근하고 나서 그녀는 벽장에서 총을 꺼냈다. 특이한 총이었다. 위아래에 22구경과 410구경의 총신이 있는 2연발 라이플이었다. 총을 쏘는 사람은 작은 버튼을 밀어서 총알이 발사될 총신을 바꿨다.

그녀는 침대에 누워 총열을 가슴에 대고 방아쇠를 당겼다. 총성이 났다. 하지만 그녀는 왼쪽 어깨에 22구경 총알로 심한 찰과상을 입었을 뿐, 기적적으로 살아 있었다. 그녀는 비명을 지르며 밖으로 달려 나갔고 이웃사람이 그녀를 병원에 데려갔다. 의사들은 화약으로 화상을 입은 피부에 소독약을 발라주고 가벼운 상처에 반창고를 붙여주었다. 마사는 안전 버튼을 민다는 것이 그만 410구경에서 22구경으로 총신을 바꾸고 말았다고 의사들에게 진술했다.

스탠리는 마사가 두려웠다. 그는 그녀가 미쳤다고 생각하고는 그녀를 응급실에서 컬럼버스 주립병원으로 곧장 실어갔다. 그녀는 거의 두 달간 입원해 있었다.

1953년 봄, 정신병원에서 퇴원한 마사는 컬럼버스 공립학교(최근에 정신박약 젊은이를 위한 시설로 바뀌었다)에서 일자리를 구했다. 그녀는 정신적으로 장애가 있는 6~9세 아이들을 1주일에 5일, 하루 여덟 시간씩 돌보았다. 마사처럼 경험 있는 엄마에게 딱 맞는 직업이었다.

어느 날 마사가 정신지체아를 무릎에 올리고 흔들어주는데 아이가 뇌전증 발작을 일으켰다. 그녀가 아이가 혀를 깨물지 않도록 아이 입에 손가락을 넣었다가 물리고 말았다. 그 순간 아이는 호흡을 멈추고 몸이 푸르게 변했다. 그녀의 상사들은 마사가 아이의 생명을 구했다고 칭찬했다.

한번은 그녀가 맡은 아이가 의식을 잃고 숨도 쉬지 않고 입과 코 주위가 푸르게 변한 채로 이동식 침대에 실려갔다. 이번에도 마사가 아이를 구해낸 것이었다.

삶은 하루하루 계속되었다. 아무도 정신지체아들에게 벌어지는 이상한 일에 많은 관심을 기울이지 않았다.

1954년 6월 스탠리는 미국 육군에 징집되었다. 그해 가을 스탠리가 독일로 배를 타고 떠날 무렵 그들의 결혼은 껍질만 남아 있었다.

스물다섯 살인 마사는 빈턴 카운티에 있는 스탠리 부모의 농장에서 잠깐 지냈다. 어느 날 혼자 집을 지키던 마사는 헛간에서 연기가 피어오르는 것을 발견했다. 그녀는 급히 달려 나가 헛간이 무너지기 직전에 안에 있던 동물들을 모두 구했다.

시부모가 그녀를 영웅이라고 칭찬했지만 그녀는 금세 컬럼버스의 친정으로 돌아갔다. 1956년 8월 그녀는 이혼을 하고 미혼모인 10대 여동생 마거릿과 함께 작은 연립주택을 빌렸다. 마거릿에게는 두 아이가 있었다. 막 걷기 시작한 로라 진과 갓 태어난 폴 스탠리였다.

어느 날 어린 폴이 갑자기 숨을 쉬지 않고 몸이 푸르게 변했다. 히스테리에 빠진 마거릿이 남자친구인 자동차 정비공 해리 우즈를 불렀다. 육군에 입대할 예정이던 해리는 서둘러 모두를 차에 태우고 병원으로 향했다. 자동차가 달리는 내내 마사는 더 빨리 가라고 비명을 질러댔다.

응급실 간호사는 거의 숨을 쉬지 않는 아이를 산소 호스가 매달린 벽 옆의 테이블에 눕혔다. 하지만 아이에게 맞는 산소마스크가 없었다. 그녀가 산소마스크를 찾으러 나간 사이 마사가 종이컵 바닥을 가위로 찌르고 산소 호스를 끼웠다. 그녀가 임시 산소마스크를 코와 입에 씌우자 폴은 쉽게 숨을 쉬기 시작했다. 다시 한 번 마사가 재앙을 막고 아기의 생명을 구한 것이다.

그녀는 결국 여동생의 남자친구인 해리 우즈를 빼앗았다. 그들은 해리가 2년간 한국으로 떠나기 직전이던 그해 말부터 사귀기 시작했다.

1958년 5월 마사는 부엌 옆에 놓인 소파 침대에서 잠을 자며 원룸에서 홀로 살고 있었다. 당시 마사는 공립학교에서 머리를 다치고 일을 그만둔 상태였다. 한 달 수입은 산재보상금 108달러가 전부였다. 그녀는 의사들에게 계속 끔찍한 두통이 있고 매일 20회 이상 발작과 기절을 경험한다고 말했다. 의사들은 그녀에게 뇌전증이 있다고 결론 내렸다. (1959년 오하이오 주가 일시불로 2,800달러를 보상하자 그런 증상은 마법처럼 사라졌다.)

책임감 강한 누나였던 마사는 실업자인 남동생 폴 스튜어트 부부와 14개월 된 그들의 딸 릴리 마리와 함께 살기로 했다. 네 사람은 침실도 없는 원룸에서 비좁게 지냈다. 폴의 가족은 소파에서 자고 마사는 구석의 아기 침대에서 잤다.

5월 18일, 그들 모두 일찍 잠자리에 들었다. 자정 직전 마사가 화장실에 가려고 일어났다가 어둠 속에서 숨이 막히는 듯한 소리를 들었다. 아기 소리였다. 마사가 비명을 질렀다.

릴리 마리의 부모가 잠에서 깼다. 그들은 어둠 속에서 마사가 축 늘어진 그들의 딸을 안고 있는 모습을 보았다. 그녀는 곧바로 아래층으로 내려가 두 블록 떨어진 부모님의 집으로 가서 구급차를 불렀다.

하지만 너무 늦었다. 릴리 마리 스튜어트는 몇 분간 숨을 쉬지 않았고 얼굴은 푸른색으로 변해 있었다. 구급대원들이 도착했을 때 아이는 이미 죽어 있었다.

부검은 없었다. 의사들은 아이의 설명되지 않는 갑작스러운 죽음을 급성폐렴 탓으로 돌렸다. 급성폐렴은 의사들이 직접 확인하지 않은 폐의 염증에 붙이는 일반적인 병명이었다.

그리고 아이는 비슷하게 죽은 사촌인 마이키와 조니 옆에 묻혔다. 가족 묘역은 작은 무덤으로 빠르게 채워졌다.

그 가족은 가슴 아픈 우연이라고 말했다.

유아 돌연사가 집안 내력임에 틀림없다고.

그리고 불쌍한, 불쌍한 마사는 용감하게 아이들을 구하려고 애썼다고.

몇 년간 사귀던 마사와 해리는 마사의 서른네 번째 생일이 1주일 지난 1962년 4월 14일에 마사의 엄마가 다니는 컬럼버스 교회 목사의 서재에서 결혼했다. 그들은 해리가 1년간 한국으로 파병되기 전에 마사의 부모와 잠깐 살다가 1964년 초 콜로라도 주 포트카슨으로 돌아왔다. 두 사람은 근처의 콜로라도스프링스에 아늑한 방 하나짜리 오두막을 빌렸다. 이웃에는 해리의 두 동료가 살았다.

마사는 다른 군인 아내들과 금세 친구가 되었다. 우즈의 가족 뒷집에 사는 군정비공의 아내는 마사가 짐을 풀기도 전에 자신이 일하는 동안 자신의 아이를 봐달라고 했다. 마사는 아주 기뻐했다.

1월 10일에 말런 래시는 거의 생후 1년이 되었다. 계절에 맞지 않게 따뜻한 콜로라도의 겨울이었다. 갑자기 말런이 숨을 멈추고 정신을 잃고 몸이 푸르게 변했을 때 집에는 마사뿐이었다.

마사는 인공호흡을 한 뒤 근처의 육군병원으로 말런을 데려갔다. 병원에 도착했을 때 말런은 의식이 있었지만 무기력했다. 5일간 의사들은 말런을 뾰족한 것으로 찌르고 척수액, 혈액, 소변을 검사하고 두개골과 가슴 엑스레이를 찍고 뇌의 패턴을 검사했지만…… 아무런 이상도 찾지 못했다. 의사들은 뇌전증 발작으로 결론 내리고 아이를 집으로 돌려보냈다.

몇 달 뒤인 5월 3일, 다시 일이 벌어졌다. 마사는 말런이 마당에 쓰러져 있는 것을 발견했다고 말했다. 말런은 열이 났고 경련을 했으며 숨을 쉬지 않았고 몸이 푸르게 변했다. 그녀는 다시 아이에게 인공호흡을 하고 병원으로 데려갔다. 아이는 4일 동안 검사를 받았지만 아무런 이상도 발견되지 않았다. 당황한 의사들은 '격심한 인두염과 발작'이라는 애매한 진단과 함께 아이를 집으로 돌려보냈다.

5월 7일, 말런의 엄마는 다시 마사에게 아이를 맡기고 일을 하러 갔다. 아이는 엄마가 나가는 것을 보고 소리를 질러댔다. 마사는 아이가 울다가 잠들도록 아기 침대에 내버려두었다. 마사의 주장에 따르면 몇 분 뒤에 까르륵 소리가 들렸고 아이의 머리가 뒤로 젖혀져 있었다. 아이는 숨을 쉬지 않았고 얼굴은 푸른색이었다. 그녀는 아이의 입에 숨을 불어넣었지만 소용이 없었다. 생후 18개월밖에 되지 않은 말런 래시는 그녀의 품에서 죽었다.

검시관은 간단하게 썼다.

'급사. 사인 불명.'

며칠 뒤 아이가 에버그린 공동묘지에 묻힐 때 마사는 아이 엄마를 위로했다.

1965년 해리가 베트남으로 떠나자 마사는 컬럼버스의 집으로 돌아가 병든 엄마를 돌보았다. 1966년 그녀의 어머니가 죽고 해리가 돌아왔다. 그들 부부는 포트카슨으로 돌아와 말런 래시의 예전 집에서 살게 되었다.

이제 이웃에는 해리의 동료인 토머스 가족이 살았다. 토머스 부부에게는 두 아이가 있었다. 어느 날 마사는 토머스 부부의 18개월 된 아들 에디를 돌보고 있었다. 그런데 아기 침대에 있던 아이가 갑자기 숨을 쉬지 못하고 얼굴이 푸르게 변했다. 마사는 아이에게서 점액괴(그녀가 그렇게 불렀다)를 빼내어 앞마당에 던지고는 아이를 병원에 데려왔다. 나중에 그녀는 에디의 엄마에게 점액괴를 보여주겠다고 했지만 앞마당에서 점액괴가 발견되지는 않았다. 마사는 개들이 먹어버렸을 거라고 추측했다.

에디는 살아났다. 마사는 거의 1년간 에디와 에디의 누나를 돌보며 입양을 신청했다. 자신의 가정을 일구겠다는 마사의 꿈은 1967년 7월 생후 5일 된 아이를 입양하면서 마침내 실현되었다. 덴버의 10대 미혼모가 출산한 여자아이였다. 그들은 아이에게 주디 린이라는 이름을 붙였다.

거의 처음부터 주디는 감기, 감염, 호흡 발작으로 육군병원에 드나들었다. 12월에 생후 5개월인 주디가 아기 침대에서 정신을 잃었다. 아이의 얼굴은 푸르게 변해 있었고, 아이는 1주일간 입원했다. 그런 일은 3월에도 벌어졌다. 두 번이나.

처음 몇 달간은 다른 일들도 벌어졌다. 마사의 집에는 두 번이나 불이 났고 매번 마사가 주디를 구했다. 해리가 출근한 후에는 거의 매일 이상한 여자가 전화를 걸어와 마사가 주디를 포기하지 않으면 죽이겠다고 협박했다. 마사는 군경찰과 일반 경찰에 신고했지만 몇 달 동안 전화는 계속되었다.

마사가 주디와 단둘이 집에 있던 어느 날, 피부가 거무스름한 위협적인 남자가 거실 창문 너머에 나타났다. 그는 주디를 내놓으라며 마사를 위협했다. 마사는 해리의 산탄총으로 방충망 너머의 그를 쐈다. 그는 부상을 입고 어떤 여자의 차에 탔다고 한다. 모두 마사가 경찰에 진술한 내용이었다.

마사와 해리는 주디를 빼앗으려는 사람들이 없는 콜로라도로 보내달라고 육군에 요구했다. 육군은 그들을 메릴랜드 주의 에버딘 육군시험소로 보냈다.

하지만 그런 조치는 효과가 없었다. 며칠 만에 다시 전화가 걸려왔다. 마사에 따르면 그녀가 콜로라도에서 총으로 쐈던 남자가 주디를 내놓으라며 에버딘의 집에 다시 나타났다. 그녀는 그를 쫓아내고(다시 주디의 목숨을 구한 것일 수도 있었다) 군경찰에 신고했다.

이번에 육군 수사관은 범인을 잡기 위해 그녀의 전화를 도청했다. 그러자 더 이상 전화도 걸려오지 않고 남자도 찾아오지 않았다. 몇 년 후에 군경찰은 자신들이 실제로 마사의 전화를 도청한 것은 아니라고 인정했다.

그런 위협을 겪으면서 해리와 마사는 또 다른 아이를 입양하고 싶어 했다. 그들은 카운티 당국에 입양을 신청하고 면접을 보았다. 마사는 어린 세 아이를 잃은 이야기를 털어놓았다.

하지만 다른 일에 대해서는 털어놓지 않았다. 조니 와이즈에 대해서도. 릴리 마리 스튜어트에 대해서도. 말런 래시에 대해서도. 에디 토머스에 대해서도. 두 명의 정신지체아에 대해서도. 주디의 호흡 정지에 대해서도. 화재에 대해서도. 이상한 전화에 대해서도.

그리고 얼마나 많은 아이들이 마사 우즈의 품에서 숨이 멎고 몸이 파랗게 변해갔는지에 대해서도.

진실은 기괴하지만 간단하다. 23년여 동안 마사의 품에서 적어도 일곱 명의 아이가 죽고 적어도 다섯 명의 아이가 위험한 호흡 장애를 겪었다. 다들 부모가 달랐고 다른 곳에서 살았으며 다른 내력을 지녔지만 죽음은 무시무시할 정도로 비슷했다. 그리고 거기에는 항상 한 사람이 있었다. 바로 마사 우즈.

FBI는 충분히 살펴보았다. 폴 우즈가 죽고 1년 이상 지난 1970년 11월 마사 우즈는 폴에 대한 1급 살인과 주디에 대한 살인미수를 포함한 열한 건의 혐의로 연방 대배심에 기소되었다.

마사는 모든 혐의에 대해 무죄를 주장했다.

메릴랜드 대학 로스쿨을 졸업한 지 2년도 지나지 않은 젊은 검사보인 찰스 번스타인이 이 사건을 맡았다. 밤에는 수업을 듣고 낮에는 판사 사무실에서 일하던 그는 주경야독하는 젊은이였다.

번스타인이 전화할 때까지 나는 폴 우즈를 잊고 있었다. 그의 어머니가 유력한 용의자라는 사실은커녕 그 사건이 어떻게 진행되고 있는지도 몰랐다. 당시 나는 볼티모어에서 펠로십을 마치고 육군 소령으로 복무하고 있었다. 나는 군병리학연구소의 상처탄도학 책임자로 취임할 예정이었다. 군병리학연구소는 전쟁 중의 치명상을 연구하는 기관으로, 베트남전쟁이 끝나가는 당시에도 여전히 바빴다.

나는 폴이 살해되었을 가능성이 75퍼센트라고 생각했다. 하지만 판사가 피고인에게 무죄를 선고할 만한 합리적인 이유도 있었다.

그런데 주디의 의료 기록을 읽었을 때는 살인 가능성이 95퍼센트까지 올라갔다.

23년 이상 마사가 지나온 길마다 흩어져 있는 죽은 아기들의 파일을 보았을 때, 그리고 아기들이 어떻게 죽었는지 알게 되었을 때 난 마사 우즈가 살인자라고 확신하게 되었다.

마사 우즈의 파일이 번스타인의 책상에 놓였을 당시 연방 법원 관할의 살인 사건은 드물었다. 처음에는 번스타인도 마사가 제정신이 아니므로 교도소가 아닌, 세인트엘리자베스 정신병원에 보내야 한다고 생각했다. 하지만 폴과 주디가 입원해 있는 동안 월터리드에서 마사를 진찰한 정신과 의사들은 그녀가 미쳤다는 증거를 찾지 못했다. 마사는 완전히 제정신이었기 때문에 커 박사는 주디를 떼어낼 다른 이유를 찾아야 했다.

그럼에도 마사가 제정신이라는 것이 재판에서 가장 중요했다. 그녀의 국선변호인은 특이한 방어 논리를 폈다. 즉 그녀는 폴을(또는 다른 누구도) 죽이지 않았지만 혹시라도 누군가를 죽였다면 제정신이 아닌 상태에서 그랬다는 것이다.

번스타인의 논리 역시 특이했다. 그는 폴의 죽음이 살인이라는 것도, 다른 여섯 아이의 죽음이 살인이라는 것도 따로따로는 증명할 수 없다고 했다. 다만 거의 30년에 걸친 설명되지 않는 죽음들을 함께 생각할 때만 불길한 패턴이 드러난다는 것이었다. 단지 그럴 때만 마사 우즈의 유죄가 드러난다는 것이었다.

문제는 영국의 관습법에 따를 경우 '이전의 악행'은 유죄 증거가 되지 못한다는 것이었다. 따라서 마사의 보살핌을 받던 아이들이 비슷하게 죽었다는 사실은 그녀가 폴을 죽였다는 증거로 사용할 수 없었다. 그녀가 그 혐의로 기소되지 않았다면 말이다.

번스타인은 힘겨운 법리 싸움에 직면했다. 그는 살인 사건을 기소해본 적이 없었다. 마사의 변호사는 로버트 캐힐이라는 두뇌도 혀도 날카로운 노련한 변호사였다. 번스타인의 피고인은 말투가 부드럽고 자애로운 자그마한 여자로, 살인자처럼 보이지 않았다. 그의 중요한 증인들은 이제야 사회생활을 시작한 젊은 소아과 의사와 젊은 법의학자였다. 그가 유죄 평결을 받아내려면 미국 법률의 가장 거대한 개념들을 깨뜨려야 했다.

번스타인은 배심원들이 반감을 가질 것이 두려워서 사형은 배제했다. 최악의 경우 마사는 교도소에서 살아갈 것이다.

위험성이 커졌다. 마사가 무죄나 심신미약을 선고받으면 자유인으로 법정을 걸어 나갈 것이다. 당시 연방법에는 범죄를 저지른 정신병자들을 입원시키는 조항이 없었다. 그들은 자신이 입힌 피해를 책임지지 않아도 되었다.

마사는 자신이 유죄도 심신미약도 아니라고 맹세했다. 그녀는 법정에 서는 날을 기다렸다. 배심원단에 자신의 결백을 확신시킬 수 있다고 믿었다. 자신이 살인자가 아니라 영웅임을 친구와 친척들에게 확신시켰던 것처럼.

1972년 2월 14일 밸런타인데이에 재판이 시작되었다. 판사 프랭크 A. 코프먼은 네 명의 남자와 여덟 명의 여자로 구성된 배심원단에 재판이 3주간 진행될 거라고 말했다. 판사가 말하는 동안 마사는 수수한 코트의 단추를 만지작거렸다. 그녀를 맹목적으로 사랑하는 남편 해리가 피고인석의 그녀 옆에 앉아 있었다. 재판이 진행되는 동안 해리는 이른 아침에 근무를 마치고 볼티모어까지 차를 몰고 왔다.

재판 초기에 주디 우즈를 입양한 매력적인 모르몬교도 어머니가 증인석에 나왔다. 그녀는 주디가 자신의 집에 오고 나서는 더 이상 호흡곤란을 겪지 않는다고 증언했다. 이제 주디는 정상적이고 활동적인 아이로 자라고 있다고 했다. (법정 밖에서 그녀는 주디가 우는 아기의 코와 입을 막아 울음을 멈추려고 했던 적이 있다고 번스타인에게 말했다. 어린 소녀가 그런 행동을 어디에서 배웠을까?)

일련의 증인들이 수많은 의학 용어를 동원하여 1946년의 마이키부터 1969년의 폴까지 음울한 죽음들을 증언했다. 배심원들은 그 단어들을 이해하지 못해도 모든 죽음이 불운한 일련의 사고들이 아니라는 것만은 절감했다. 그들은 스스로 물어야 했다. 내가 지금껏 숨을 쉬지 못하고 몸이 푸르게 변하는 아이를 몇 명이나 보았지? 내가 지금껏 몇 명의 아기가 죽는 것을 보았지? 그중 몇 명이 내 품에 안겨 있었지?

살충제 탓이라는 변론은 나를 포함한 전문가들이 폴(또는 주디)이 살충제에 중독되었다는 증거가 없다고 말하면서 금세 무너져 내렸다.

끔찍한 일들이 벌어지는 동안(그들은 이런 끔찍한 일들이 실제로 벌어졌다고 인정하지 않았지만) 마사가 뇌전증 발작을 겪었다는 변호인의 주장(마사가 심신미약이라는 변론을 펴기 위한 기초였다)은 마사 자신에 의해 타격을 입었다. 그녀는 자신이 뇌전증 환자가 아니며 항상 제정신이라고 격렬하게 주장했다.

두 명의 정신병학자, 두 명의 심리학자, 두 명의 신경학자, 그리고 한 명의 의사가 그녀의 말에 동의했다. 마사를 검사한 정신병학자가 말했다.

"그녀는 좋은 엄마가 되는 것을 엄청나게 중요하게 여겼습니다. 좋은 엄마는 그녀의 정체성에서 많은 부분을 차지하는 역할이죠. 그녀에게 좋은 엄마가 된다는 건 완전히 의존적인 아기를 과하게 보호하는 것을 의미합니다……. 그녀는 아이가 스스로 몸을 뒤집는 등 자율성을 보이면 고통스러웠다고 했어요."

마사는 아기가 자신을 필요로 하지 않는다는 징후가 처음으로 나타나면 아기들을 질식시킨 것일까, 아니면 아기들을 죽이기가 가장 쉬웠던 것일까? 분명히 아기들은 반항하지 않았고 그녀에게 불리한 진술도 못했다. 그들을 죽이는 것은 너무 간단해서 흔적도 남지 않았다. 하지만 그 동기는 밝혀지지 않았다.

나는 1주일 동안 폴의 부검에 대해, 다른 사례들에 대해, 한 가족이 여러 건의 유아 돌연사를 겪을 가능성은 의학적으로 희박하다는 사실에 대해 증언했다. 그러면서 나는 폴의 사건이 살인 사건이라는 확신이 커졌다. (당시 '영아급사증후군Sudden Infant Death Syndrome, SIDS'은 처음 만들어진 용어로, 널리 쓰이지는 않았다.)

마사의 변호사는 1949년부터 1968년까지 열 명의 아이 중 여덟 명을 설명되지 않는 유아 돌연사로 잃은 필라델피아 가족의 사례 (나머지 두 명은 자연적인 원인으로 죽은 것이 밝혀졌다)를 들어 나의 증언을 반박했다. 노Noe 가족의 기이한 비극은 1963년 〈라이프〉에 소개되었다. 기사에서 노 가족의 여자 가장인 마리 노는 '미국에서 가장 많은 죽음을 겪은 어머니'로 소개되었다. 그 순간에는 우리 중 누구도 노 가족의 어두운 비밀을 몰랐다.

가장 관심을 끈 증인은 마사 자신이었다. 그녀는 1주일 동안 증언했다. 그녀는 날짜, 장소, 주소, 이름에 대한 놀라운 기억력을 동원하여 자신의 삶, 사랑, 가정, 직업, 질병, 돈, 대화, 그리고 자신이 지켜본 죽음들에 대해 연대순으로 증언했다. 때로 변호사와 검사가 더듬거리면 그녀가 바로잡아주었다. 그녀의 말투는 아주 부드러워서 판사가 여러 번이나 크게 말해달라고 해야 했다. 그녀는 폴이나 주디에 대해 이야기할 때면 자주 손수건으로 눈두덩을 두드리면서도 침착함을 잃지 않았다.

친척, 친구, 심지어 남편이 불리하거나 모순되는 증언을 하면 마사는 작고 침착한 목소리로 그들의 기억이 정확하지 않다고 주장했다.

한번은 휴정 중에 마사가 친구의 아기를 품에 안고 법정 밖에 서 있었다. 번스타인은 공공연한 연기라고 생각하고 몸서리를 쳤지만 판사는 그녀에게 아기들과 가까이하지 말라는 명령을 내릴 수가 없었다. 그녀는 아직 무죄이기 때문이었다.

30시간 이상 증언하는 동안 마사 우즈는 완전히 제정신이었다. 번스타인은 그녀가 교활한 소시오패스라고 점점 확신하게 되었지만 말이다.

중요한 문제는 해결되지 않았다. 그녀가 아이들을 죽였다면 그 동기는 무엇인가? 이 재판에서 사람들은 수백만 개의 단어를 사용했지만 아무도 그녀의 동기를 몰랐다.

2주로 예상했던 재판이 5개월간 질질 이어졌다. 그 과정에서 폴 우즈의 죽음에만 집중하기 위해 주디와 관련된 네 가지 혐의는 기각되었다.

마지막 변론에서 변호사 캐힐은 커 박사와 나를 어설픈 풋내기라고 맹렬히 비난했다(그리고 후환이 두렵지 않았다면 그는 번스타인 검사에게도 같은 말을 했을 것이다). 번스타인의 논거는 추정과 가정과 사이비 과학에 기초한 '카드로 지은 집'과 같다고 캐힐은 말했다.

"배심원 여러분, 디 마이오 박사는 자신의 이력에 한 가지 직업을 추가해야 합니다. 바로 기상학자죠. 왜냐하면 기상캐스터처럼 자신의 의견을 제시하거든요. (살인일) 가능성은 70~75퍼센트입니다……."

캐힐의 공격에 번스타인 검사는 하나하나 반박했다. 그러고는 슬프고 질척거리고 비극적이고 불편하고 지겹고 때로는 논쟁적인 말로 5개월 이상 시간을 보낸 것에 대해 사과했다. 그가 말했다.

"배심원 여러분, 이 법정에서는 누군가의 목소리가 들리지 않습니다. 이 아이들은 말을 배우기도 전에 공격당하고 살해되었습니다……. 누가 폴 우즈 대신 말해주나요? 여기 그를 위한 변호사는 없습니다. 누가 주디 대신 말해주나요? 누가 찰스 스튜어트 대신 말해주나요? 캐럴 앤 대신? 메리 엘리자베스 대신? 조니 와이즈 대신? 릴리 마리 대신? 말런 래시 대신? 대답은 바로 여러분의 몫입니다. 그 아이들은 정의를 원할 겁니다."

배심원은 거의 이틀 후에야 평결을 냈다. 마사 우즈는 모든 혐의에서 유죄였다.

한 달 만에 판결이 내려지던 날, 마사는 변함없는 남편 해리의 품에서 훌쩍이며 말했다.

"난 그 애를 해치지 않았어요. 내가 그 아이를 원하지 않았다면 아예 데려오지도 않았을 거예요."

그녀는 판사에게 이상한 거래를 제안했다. 판사가 그녀를 교도소에 보내지 않고 주디를 돌려준다면 남동생이 주디를 키우게 하고 다시는 아이들과 어울리지 않겠다고 했던 것이다.

그녀가 훌쩍이며 말했다.

"아기들 곁에 있고 싶지 않아요. 내가 평생 원한 건 가족이었어요. 이제는 가족도 원하지 않아요. 아이들을 원하지 않아요. 아이들 곁에 있고 싶지도 않아요."

코프먼 판사는 살인 혐의에 대해서는 종신형을 선고했고 그보다 가벼운 혐의에 대해서는 70년형을 선고했다. 그녀는 연방 교도소에서 복역하되 2003년까지 가석방을 신청할 수 없었다.

마사는 곧장 앨더슨 연방 교도소로 이송되었다. 경치 좋은 웨스트버지니아 주 엘러게니 강변의 작은 언덕들에 둘러싸인 개방형 여성 교도소였다. 1928년에 대학 캠퍼스처럼 지어진 앨더슨 교도소는 또 다른 마사 스튜어트가 2004년에 수감되면서 '캠프 컵케이크'라는 별명이 붙었다.

이제 40대인 마사 우즈는 대부분의 재소자보다 나이가 많았고 다른 사람들과 어울리지 않았다. 시간이 지나면서 그녀는 협조적이고 친절한 아줌마 같은 모습과 함께 고자질쟁이의 면모를 보여 간수들에게 깊은 인상을 주었다. 또한 그녀는 진짜든 상상이든 다양한 질병에 대해 불평을 늘어놓고 특별한 혜택을 누리곤 했다.

해리는 교도소와 가까운 웨스트버지니아로 이사했다. 1980년에 제대한 그는 매주 마사를 면회했다. 그들은 교도소 식당에 함께 앉아 몇 시간씩 대화했다.

1975년 새라 제인 무어가 제럴드 포드 대통령을 저격했다가 앨더슨에 수감되었다. 그녀는 마사와 동갑이었고 그들은 바로 서로에게 끌렸다. 1979년 무어가 잠깐 탈옥했다가 다른 교도소로 이감될 때까지 그들은 친하게 지냈다. 무어는 2007년에 석방되었다.

최근에 무어는 이렇게 회상했다.

"여자들로 가득한 교도소에서 아기 살인자로 지낸다는 건 힘든 일이었죠."

마사의 항소는 기각되었다. 4차 순회항소법원은 이 기이한 사건에서 그녀의 이전 악행이 인정된다는 판결을 2 대 1로 재확인해주었다.

마사는 물러나지 않았다. 16년간 복역한 그녀는 분노 어린 여섯 페이지짜리 편지를 법원에 보냈다. 그녀는 자신이 심각한 오심으로 부당한 유죄판결을 받았다면서 즉시 교도소에서 풀어달라고 요구했다. 그녀는 나를 비롯한 이른바 '전문가 증인들', 정부, 자신의 변호사, 심지어 판사까지 비난했다. 마지막에 그녀는 아기들이 살해되었다는 증거는 없다고 주장했다. 그녀의 요구는 기각되었다.

1994년 65세의 마사는 동맥경화성 심장질환과 만성폐쇄성폐질환COPD에 시달리다가 포트워스에 있는 재소자 병원인 카스웰 연방 의료센터로 이송되었다. 의사들은 8년간 그녀의 질병을 관리했다.

2002년 4월 20일, 날이 새기 직전 교도소의 호스피스에서 마사 우즈는 호흡이 멈췄다. 그녀의 나이는 73세였다.

그녀는 부모, 전쟁 영웅 형제, 아들 마이키, 조카 조니와 릴리 마리가 잠든 웨슬리 채플 공동묘지의 가족 묘역에 자신을 묻어달라고 유언했다. 하지만 그곳에는 자리가 남아 있지 않았기 때문에 해리는 그녀의 시신을 웨스트버지니아의 자기 고향으로 옮겨 마담스크리크의 개인 묘지에 매장했다. 이후 해리는 재혼했지만 2013년에 사망한 후 군복을 완벽하게 갖춰 입고 그녀 옆에 묻혔다.

그는 그녀가 무죄라는 사실을 끝까지 믿었다.

어른, 특히 부모에 의한 아동 살해는 우리가 가장 이해하기 어려운 범죄다. 대개 감정이나 정신이상이 절정일 때 그런 살인이 벌어진다. 고맙게도 분명한 이유 없이 오랫동안 계획적이고 체계적으로 벌어지는 아동 살해는 훨씬 드물다.

폴 우즈가 살해되던 시기에는 대리인에 의한 뮌하우젠 증후군 같은 병명이 없었다. 대리인에 의한 뮌하우젠 증후군은 1970년대 후반에 처음 정의된 정신질환으로, 심지어 지금까지도 인정하지 않는 사람들이 있다. 현대 의학 저술에는 대리인에 의한 뮌하우젠 증후군이 전 세계적으로 2,000건 이상 언급되지만 '정신질환 진단 및 통계 편람DSM'에는 아직 등재되지 않았다. 마사를 진찰했던 세인트엘리자베스 병원의 정신과 의사는 그런 그럴듯한 병명을 필요로 하지 않았다. 그녀가 번스타인에게 말했다.

"난 증언하지 않을 거예요. 하지만 (마사가) 이런 짓에서 뭔가를 얻는 것은 분명해요. 그녀는 관심받는 걸 좋아해요."

마사 우즈가 기소되었을 때에는 '연쇄살인범'이라는 말이 없었다. 1980년대까지 이 말은 널리 쓰이지 않았다. 대중은 인간이 지닌 살인 잠재력에 순진했다. 대중은 살인자들이 쉽게 발각될 악마라고 생각했지만 실상은 그렇지 않았다. 우즈는 아이들을 거리낌 없이 죽이고는 절대 뒤돌아보지 않는 사이코패스였다. '샘의 아들' 데이비드 버코위츠, 에일린 워노스, 게리 하이드닉, 에드 게인, 웨슬리 앨런 도드 같은 미국의 유명한 사이코패스보다 많은 사람을 죽였는데도 여전히 그녀의 이름은 미국의 연쇄살인범 명단에 거의 올라 있지 않다.

1974년 찰스 번스타인과 나는 마사 우즈의 범죄에 대해 〈과학수사저널〉에 기고했다. 우리의 글인 「어느 유아 살해 사건」은 법의학자와 검사들이 가족 내에서 발생한 여러 건의 유아 돌연사를 바라보는 시각을 근본적으로 바꾼 분수령이 되었다.

그 사건은 법률적·의학적 이유로 중요했다. 당시에는 사람들이 알아차리지 못했고 당연히 기소되지도 않았던 특이한 유형의 연쇄살인범이 의학적·법의학적 증거 덕분에 정체를 드러냈다.

우즈 이후 검사와 병리학자는 새로운 무기를 갖게 되었다. 평범해 보이는 일련의 사건들이 모여 아주 거대한 재앙이 되는 경우 법은 '이전의 악행'을 다른 시각으로 보게 되었다. 마사 우즈는 특히 유아 살해 사건에서 선례를 세웠다. 그리하여 과거에 있었던 비슷한 죽음들이 기소된 살인자에게 불리한 증거로 사용되었다. 과거의 사건으로 기소되지 않았더라도 말이다.

우리는 새로운 법의학 격언을 얻게 되었다. 1989년에 나는 『법의학』에 이렇게 썼다.

'한 가족 내에서 한 명의 아이가 사인 불명으로 죽었다면 영아급사증후군이다. 두 명이 죽었다면 의심스럽다. 세 명이 죽었다면 분명히 살인이다.'

변호사 캐힐이 한 가족 내에서 벌어진 여러 건의 유아 돌연사 사례로 언급했던 노 가족을 기억하는가? 1998년 70세의 마리 노가 필라델피아의 자택에서 구속되었다. 그녀는 1949년부터 1968년까지 자신이 출산한 여덟 명의 아이를 질식사시킨 혐의로 기소되었다.

그 아이들은 모두 건강하게 태어났지만 집에서 설명되지 않은 원인으로 사망했다. 그들 중에 14개월을 넘긴 아이는 없었다. 그리고 그 아이들이 죽을 때마다 곁에는 엄마뿐이었다.

마리는 네 아이는 자신이 죽였다고 자백했지만 나머지 아이들에게는 무슨 일이 있었는지 기억나지 않는다고 주장했다. 마리는 마사 우즈와 같은 대가를 치르지 않았다. 그녀는 20년 보호관찰형에 처해졌고 그중 5년은 가택연금이었다. (1999년 검찰과의 협상으로 예외적으로 가벼운 형이 선고되었다. 아이들의 죽음과 연결되는 직접증거 없이 부실한 부검과 노의 자백에만 의존했던 검찰은 그녀가 무죄로 풀려날까 두려웠던 것이다. 그 협상은 정의보다 사건을 종결시키기 위한 것이었다.)

그다음으로 메리베스 티닝이 있었다. 1972년부터 1985년까지 그녀가 낳은 아홉 명의 건강한 아이들이 갑자기 죽었다. 모두 다섯 살이 되기 전에 뉴욕 주 스케넥터디의 집에서 죽었다. 아이들이 사망할 당시 곁에는 엄마뿐이었다. 1987년 티닝은 생후 3개월인 딸을 질식사시킨 혐의로 기소되어 종신형에 20년 추가형을 선고받았다. 지금도 그녀는 수감되어 있지만 2년마다 가석방 심사를 받는다.

처음에 나는 마사 우즈 사건의 파장을 제대로 실감하지 못했다. 그런데 시간이 지날수록 세 가지 이유로 분노하게 되었다.

먼저, FBI가 관여하지 않았다면 지역 경찰은 마사 우즈의 비도덕적인 과거를 캐기 위해 시간과 돈을 쓰지 않았을 것이다. 그리고 그녀는 계속 아이들을 죽였을 것이다.

둘째, 과학수사와 부검이 제대로 이루어졌다면 그녀의 범행은 금방 멈췄을 것이다. 그러나 미국 내 여러 지역의 법의학 체계는 엉망이다. 특히 검시관이 선거로 선출되고 진짜 법의학 훈련이 이루어지지 않는 곳에서는 말이다.

마지막으로, 그녀가 아이를 몇 명이나 죽였는지 아직도 모른다는 데에 화가 난다. 그녀의 과거에는 거대한 틈들이 있다. 그녀가 아이를 몇 명이나 죽이고 다치게 했는지 우리는 아직도 모른다. 우리가 찾아낸 10여 건의 사건이 나를 화나게 한다.

다른 희생자들이 있을까? 가능성은 있다. 마사의 과거에 대한 FBI의 수사는 효율적이었지만 깊이 파헤치지는 않았다. 1970년대 초반 FBI는 반전운동, 인종 문제, 국내 테러, 정치적 사기, 암살의 공포에 휩싸여 있었다. 유행에 뒤처진 옷차림의 가정주부는 우선순위에 들지 못했다. 마사에게 희생된 이들을 더 찾아내면 다른 가족들의 질문에도 대답이 되었을 테지만, 그러려면 다시 1년 이상이 걸릴지 몰랐다. 우리는 마사 우즈가 그때까지 자유롭게 돌아다니는 것을 원했을까? 밝혀지지 않은 다른 희생자들에게는 유감스럽지만 정부는 그 정도에서 정리해야 했다.

이제 폴 데이비드 우즈를 안아주었던 사람들, 그가 웃거나 울던 모습을 기억하는 사람들은 남아 있지 않다. 7개월밖에 되지 않은 아주 짧은 삶에서 폴은 그의 건강은 말할 것도 없고 그의 기억까지 신경 써줄 만큼 그를 소중히 여긴 사람들의 보살핌을 받지 못했다. 그의 생모는 그를 죽이고만 싶어 했던 여자와 그를 전혀 돕지 못한 체계에 그를 넘겨주었다.

몇몇 사람은 이미 죽은 그를 기억한다. 물론 그의 죽음은 마사 우즈의 범죄를 드러나게 했다. 하지만 그가 죽음으로만 기억되는 것은 공평하지 않다. 우리 역시 유감스럽다.

메릴랜드 법의관실은 폴의 부검 파일을 다른 이름으로 보관하고 있고 그가 매장된 묘지는 그의 기록을 모두 분실했다. 이제 폴 데이비드 우즈에 대한 모든 기억은 묘지를 덮은 심장 모양의 청동판과 마사 우즈의 살인 사건 기록을 보관한 상자들 안에만 남아 있다. 휑한 연방 창고에 보관되어 거의 들춰지지도 않는 상자 말이다.

언젠가 우리는 그를 완전히 잊을 것이다. 하지만 지금 그를 잊는 건 너무 빠르지 않은가. 그가 살아 있었다면 기소 당시의 마사 우즈와 비슷한 40대 중반일 것이다. 신만이 그가 무엇이 되었을지 알 것이다. 나 역시 그를 거의 생각하지 않았다. 난 살아 있지 않은 생명에 대해서는 거의 생각하지 않는다. 무관심하고 냉정해서가 아니다. 죽은 사람을 생각하다 보면 어느덧 죽음에 압도당하기 때문이다.

아직도 나는 주디 우즈가 어떻게 되었을지 궁금하다. 그녀는 자신이 살인자에게서 구조되었다는 걸 알고 있을까? 2013년 해리 우즈가 죽을 때까지 그녀는 해리와 연락을 했다고 한다. 가끔 해리는 금전적으로 주디를 도왔다고 한다. 해리의 장례식 이후 그녀는 영

안실에 전화해서 그가 그녀에게 남긴 게 없느냐고 물었다. 영안실
측은 모른다고 대답했다.

주디의 삶이 어떻든 그녀는 행운아였다.

마사 우즈의 집에서 살았거나 그녀에게 맡겨진 불운한 아이들
중 주디만 살아남았으니까.

4

사라진 얼굴

당신은 무엇을 위해 죽겠는가?

*세상은 경찰과 강도로, 착한 사람과 나쁜 사람으로만 구성되지
않았다. 우리는 쉽게 오해하고, 두려워하며, 증오에 빠지고, 자신
의 이익에 흥분하며 자신에게 가장 유리한 일을 찾는 모순된 인
간일 뿐이다. 세상은 지저분한 곳이다. 우리는 그런 세상의 일부
로서 때로는 잘못된 이유로 옳은 일을 하기도 한다.*

또는 옳은 이유로 나쁜 일을 하거나.

그래서 이런 질문을 던져야겠다. 당신은 무엇을 위해 죽이겠는가?

1970년 3월 9일 월요일 메릴랜드 주 벨에어.

메릴랜드 주 경찰관인 릭 래스너는 1년 전쯤 경찰학교를 졸업한
신참이다. 그는 야간 순찰 업무를 맡은 유일한 주 경찰이었다. 신참

으로서는 어쩔 수가 없었다. 다른 사람들에게는 다른 중요한 임무가 있었으니까.

여느 때와 다름없이 쌀쌀한 메릴랜드의 3월 밤이었다. 사방이 고요했다. 일찍 내려앉은 어둠에 모든 것이 색깔을 잃었다. 시간이 자정에 가까워지는 동안 가로등, 주택 현관의 불빛들, 지나가는 자동차의 헤드라이트만 고요한 거리를 비췄다. 조각달이 비치는 고요한 월요일 밤, 농촌 마을은 흑백사진 속의 풍경 같았다.

하지만 어둠에는 눈이 있었다. 다음 날부터 큰 재판이 열릴 예정이었다. 악명 높은 흑인 과격분자인 H. 랩 브라운이 주인공이었다. 그는 격렬한 인종 폭동을 선동하여 인근의 메릴랜드 케임브리지를 거의 파괴한 혐의로 배심원단 앞에 서야 했다. 브라운은 한때 비폭력적이었던 학생비폭력조정위원회Student Nonviolent Coordinating Committee, SNCC를 장악하고는 '미국을 불태워버리겠다'고 선언했다.

브라운의 재판 전에 폭력 사태가 벌어질 거라는 흉흉한 소문이 돌았다. 재판이 다가오고 폭력 시위가 벌어지는 동안 정부는 H. 랩 브라운의 재판이 이송된 벨에어에 주 방위군을 배치했고 지역 경찰은 경계 태세에 들어갔다. 모두 폭풍 같은 불길이 닥칠까 두려워했다. 벨에어는 위기 상황이었다.

어두운 골목에 있던 부보안관은 1964년형 흰색 다지다트가 남북전쟁 전에 지어진 법원 건물을 두어 번 천천히 돌다가 어둠 속으로 사라지는 것을 보았다. 앞좌석에 두 남자가 앉아 있는 것은 보았지만 자동차 번호판은 보이지 않았다. 부보안관은 아무것도 아닐 거라고 생각했다.

래스너는 1번 도로를 따라 벨에어를 관통하여 남쪽으로 30분 거리인 볼티모어로 향했다. 볼티모어의 맑은 밤하늘이 희미하게 빛나고 있었다. 그는 너무 조용하다고 생각했다. 빌어먹을 무전기가 다시 꺼진 모양이군. 낡은 무전기의 진공관이 때로 과열되어 나가곤 했다. 그는 세상과 단절되어 있었다.

래스너는 쉽게 흥분하는 성격이 아니었다. 도시 출신인 그는 고등학교를 졸업하자마자 해병대에 입대했다. 스무 살이 되기 전에 그는 베트남에 갔다. 그가 속한 1군단은 가장 치열한 전투 지역에 배치되었다. 해병대원들이 '인디언 카운티'라고 부르는 군단이었다. 그는 아무도 보지 말아야 할 것들을 목격하다가 결국 부상을 당했다. 또래들이 대학에 다니는 동안 그는 정글에서 전우들이 피 흘리는 모습을 지켜보며 판초에 전우의 유해를 날랐다. 이제 그는 스물다섯 살짜리들 중에서 가장 나이 든 스물다섯 살짜리였다. 이렇게 단련된 그는 언제든 냉정을 잃지 않았다. 그의 기억이 그를 계속 경계하게 했다.

래스너가 무전기를 시험하려면 마이크를 켜고 무전을 보내봐야 했다. 그는 앞서가는 차량을 추월하면서 그 안을 무심코 들여다보았다. 흰색 다지다트였다. 앞좌석에 두 남자가 있었다. 그들은 속도를 높이지도, 방향을 바꾸지도 않았다. 늦은 시간이라는 점을 제외하면 수상한 낌새는 없었다. 의심할 이유도 없었다. 그는 거의 기억하지도 않았다. 그는 어딘가로 가서 빨리 무전기를 시험해보고 싶다는 생각뿐이었다.

그는 속도를 높였다. 그러고는 한 블록 이상 달린 후에야 무전기를 시험해보았다.

그가 무전기의 마이크를 조작하는 동안 뒤에서 거대한 오렌지색 불덩이가 그를 덮쳐왔다.

그리고 흰색 다지다트가 증발해버렸다.

폭발에 크게 놀란 래스너는 분리된 자동차의 뒤틀린 앞부분이 자신의 옆으로 굴러가는 동안 브레이크를 세차게 밟고 순찰차를 돌렸다. 그는 활활 타오르는 잔해를 보았다. 30센티미터 깊이의 구덩이가 고속도로 한가운데서 연기를 뿜고 있었다. 잔뜩 뒤틀린 고철 더미가 80여 미터에 걸쳐 사방으로 흩어져 있었다. 다지다트에서 터져 나온 고무와 솜조각이 눈처럼 바닥에 내려앉았다.

차에서 뛰어내린 그는 물컹한 무언가를 밟았다. 스테이크 크기만 한 살점이었다. 공기 중에는 불길에서 나는 구리 냄새가 배어 있었다. 하지만 불길도 보이지 않고 소리도 나지 않았다. 사방이 쥐 죽은 듯이 고요했다.

차에 있던 두 사람은커녕 차를 닮은 형상조차 남아 있지 않았다.

래스너는 아스팔트 위에서 심하게 훼손된 두 구의 시신을 보았다. 아니, 차가운 밤의 대기 속으로 김을 내뿜는 시신 조각들을 보았다. 시신 조각들은 30여 미터나 날아가 있었다. 하나는 사지와 머리가 사라진 몸통이었다. 다른 하나는 산산조각이 났는데도 아직 어렴풋이 사람처럼 보이기는 했다.

마침내 그는 1번 도로에서 폭발 사고로 두 명의 사상자가 발생했다고 무전을 보냈다. 통신지령계는 처음엔 믿지 못하다가 나중에는 사건 코드도 없이 무전을 보냈다고 질책했다.

　하지만 그들은 의심의 여지 없이 죽었는데 사건 코드가 필요했을까.

　곧 멀리서 사이렌이 울려 퍼졌다. 래스너는 악취가 진동하는, 어둡고 고요한 파괴의 현장 한가운데에 서서 사람들을 기다렸다.

　또다시 사방이 베트남이었다.

　다음 날 아침 나는 차 안에서 라디오로 그 뉴스를 들었다.

　메릴랜드의 법의관실에서 1년간의 펠로십을 마치고 얼마 지나지 않은 때였다. 7월에 의무대에서 소령으로 복무하게 되어 있었다. 당시에는 거의 모든 의사가 그랬다. 첫 부임지는 워싱턴 DC의 군병리학연구소 법의학 부문이었다. 다음 해에는 상처탄도학 부문으로 배속되었다. 거기서 나는 총과 탄환이 인간의 몸에 미치는 파괴적인 영향을 엄청나게 많이 관찰할 기회를 얻을 것이었다.

　하지만 그때 내 테이블에 놓인 두 구의 시신, 좀 더 정확하게 말해 조각난 시신 두 구는 총알이나 미사일에 의한 것이 아니었다. 그들은 열두 시간 전쯤 폭발 사고로 죽었다. 그들의 조각난 유해를 처음 보았을 당시 나는 아는 것이 많지 않았다.

　부수석 검시관인 워너 스피츠가 내 동료인 어빈 소퍼와 내게 신원 미상의 시신들을 부검하게 했다. 그들의 신원과 사인을 밝히는 우리의 통상적인 임무는 별안간 그 어느 때보다 중요해졌다.

현장에서 시신 조각이 모두 수습되기 전에 그중 한 명이 H. 랩 브라운이라는 소문이 돌았다. 그가 차에 던져진, 또는 차체에 심어진 폭탄에 암살되었다는 것이었다. 사건이 벌어지고 한 시간도 지나지 않은 꼭두새벽에 FBI가 신속한 답변을 요구했다.

이미 미국은 반전시위와 인종 갈등으로 불타고 있었다. 벨에어에서 폭발 사건이 발생하기 14개월 전에 블랙팬서(1965년에 결성된 미국의 급진적인 흑인운동단체로 흑표당이라 불리기도 한다. 킹 목사의 비폭력 노선이 아니라 말콤 엑스의 강경 투쟁 노선을 추종했다 - 옮긴이)와 웨더언더그라운드(1970년대에 활동한 미국의 극좌 테러 조직 - 옮긴이) 같은 과격 단체가 4,300개 이상의 폭탄을 터뜨렸다. 1,000개의 폭탄은 해체되거나 불발되었다. 매일 수천 건의 폭파 협박이 이어지면서 미국 전역의 정부 건물, 석유회사, 거대 공장, 모병소, 마천루들이 두려움에 떨며 폐쇄되었다.

공격적인 브라운이 암살되었다면 그의 과격한 동료들이 무시무시한 반격에 나설지 모르는 일이었다. 이미 온갖 소요에 흔들리는 미국은 인종 전쟁으로 치달을 수도 있었다. 그렇게 되면 와츠 폭동(1965년 로스앤젤레스 인근 와츠에서 벌어진 흑인 폭동 - 옮긴이)과 킹 목사 암살 이후 야기된 미국 전역의 무정부 상태는 차라리 기도 모임 정도로 여겨질 것이었다.

벨에어 폭발 사건 이후 24시간도 지나지 않아 우리가 여전히 희생자들의 신원을 확인하는 가운데 도체스터 카운티 법원의 여자 화장실에서 다이너마이트가 폭발했다. 이 폭발로 법원 건물에 9미터의 구멍이 생겼다. 그 법원은 H. 랩 브라운의 재판이 원래 열리기로 되어 있는 곳이었다. 백인 여성이 법원 건물에서 황급히 빠져나오는 모습이 목격되었다. 하지만 그녀는 체포되지 않았다.

시간은 흐르고 있었다. 1분 1분이 지날 때마다 귀를 먹먹하게 하는 아우성이 들려오는 듯했다.

우리의 임무는 암울했다. 하지만 우리는 정확해야 하고 신속해야 했다. 그 누구도 우리에게 실패의 결과를 상기시켜줄 필요가 없었다.

소퍼 박사가 쉬운 일을 맡았다.

그의 테이블에는 얼굴을 식별할 수 있는, 상당히 온전한 흑인의 시신이 놓였다. 30세쯤 되어 보이는 그의 얼굴에는 깔끔하게 다듬은 콧수염과 염소수염이 나 있었다. 찢어진 바지와 셔츠 차림인 그는 사후경직으로 뻣뻣했다.

폭발의 충격으로 그는 차에서 운전석 방향으로 25미터쯤 떨어져 있는 갓돌 옆까지 날아갔다. 그의 몸에서는 아직도 타지 않은 기름 냄새, 타버린 살 냄새, 그을린 머리카락 냄새가 진동했다.

그는 지갑과 운전면허증을 가지고 있었다. 수사관들은 잔해 속에서 까맣게 타버린 몇 사람의 신분증을 찾아냈다. 면허증의 사진과 죽은 남자의 얼굴은 비슷해 보였지만 면허증에 나와 있는 이름이 그 남자의 이름인지 확인할 수는 없었다.

소퍼 박사는 해진 옷을 제거했다. 그러자 그의 왼쪽 유두에서 흉터가 드러났다. 유서 깊은 흑인 남학생 사교 모임인 카파알파사이

140

의 로고와 비슷하게 가로세로 5센티미터의 다이아몬드 모양이 'K' 자를 감싸고 있었다. 문신이었다.

그의 상처는 몸의 오른쪽에 한정되어 있었다. 오른쪽 다리뼈는 산산이 부서졌고 무릎은 완전히 어긋났으며 피부와 근육은 갈가리 찢겼다. 왼쪽 다리 아랫부분의 피부와 조금 남은 오른쪽 다리는 검은 숯덩이처럼 타버렸다.

오른쪽 팔뚝과 손의 뼈도 박살나서 새까맣게 타버린 피부에 간신히 붙어 있었다.

그런데 하반신의 상처들은 발바닥에서 68.5센티미터쯤 떨어진 허벅지 중간에서 기이한 선을 그리며 끝났다. 등과 엉덩이에는 타고 베인 상처가 전혀 없었고 몸통 앞쪽에도 거의 상처가 없었다. 엑스레이상 그의 몸에서는 폭탄의 파편이 나오지 않았고 독물 분석 결과 알코올도 약물도 검출되지 않았다.

그의 몸을 열어본 소퍼 박사는 심장과 폐에서 치명적인 손상을 찾아냈다. 폭발로 심장과 폐는 엄청난 출혈을 일으켰다. 제2차 세계대전 당시 런던 공습 중에 흔히 관찰된 상처였다. 나치의 폭탄이 터지는 충격으로 겉보기에는 중상을 입지 않은 사람들이 많이 죽었다. 폭발의 충격으로 필수적인 조직이 박살났던 것이다.

희생자의 오른쪽 얼굴뼈도 마찬가지였다. 그의 뇌는 엄청나게 강력한 펀치를 맞은 듯했다.

시체가 발견된 곳과 몸의 오른쪽에 쏠린 상처들 때문에 우리는 이 희생자가 운전자이고 폭발은 조수석 아래에서 일어났을 거라고 결론 내렸다. 자동차 좌석 덕분에 몸통과 장딴지는 비교적 상처가 적었다.

그의 몸보다는 주머니에서 발견된 것이 당국을 더 걱정스럽게 했다.

그것은 반은 유서이고 반은 경고로 이뤄진 일종의 성명서였다. 타자기로 작성되었고 철자가 정확하지 않았다.

미국에게.

나는 빈틈없는 살인을 실행하고 있다. 모든 것이 끝나면 난 당신 가슴 위에서 타잔처럼 소리를 지르고 너덜대는 실오라기를 잘라 버릴 것이다. 다이너마이트는 당신의 정의에 대한 나의 대답이다. 총과 총알은 당신이 보낸 살인자들과 압제자들에 대한 나의 대답이고 승리는 당신의 죽음으로 전하는 나의 설교다. 동지들을 위해 나는 연기를 내는 두 개의 총열로 당신을 지옥 구덩이에 빠뜨릴 것이다. 최고의 남자가 승리하고 신이 패자를 축복할 것이다. 평화보다는 힘을.

현장으로 달려간 친구들이 그를 확인해주었고 나중에 영안실로 찾아온 친척들도 그를 확인해주었다. 지문도 일치했다. 그는 워싱턴에 주소가 있는 30세의 랠프 E. 페더스톤이었다.

랠프 페더스톤이 누구인가? 그는 워싱턴 시내에 '드럼과 창'이라는 서점을 열고 흑인 저자가 흑인에 대해 쓴 책들을 전문적으로 팔았다. 그 서점은 점점 과격해지는 인종 정치학의 중심지였다. 선동 가인 H. 랩 브라운은 SNCC를 장악하고 페더스톤을 자신의 참모로 삼았다. 그들은 SNCC를 비폭력 연합단체에서 전면적인 흑인 권력 운동단체로 변모시켜 인종차별적인 백인 사회를 상대로 폭력 투쟁을 고취했다.

페더스톤은 의외의 투사였다. 컬럼비아 디스트릭트 사범대학을 졸업한 그는 몇몇 초등학교에서 언어 교정을 가르쳤다. 1964년에는 역사적인 '미시시피 자유 여름' 프로젝트(1964년에 미시시피 전역의 흑인들을 대상으로 펼쳐진 투표권 등록 운동 - 옮긴이)에 참여했다. 이후 그는 약 40개의 자유학교를 열어 3,000여 명의 학생들에게 글자, 헌법적 권리, 흑인의 역사를 가르쳤다. 친구들은 그를 조용하고 학구적이고 사색적인 사람이었다고 회상했다.

1965년 그는 자유 행진 중에 앨라배마 주 셀마에서 체포되어 8일 간 카운티 교도소에 구금되었다. 이때 콘크리트 바닥에서 잠을 자고 매끼 콩과 옥수수 빵을 먹으면서 그는 점점 더 분노하게 되었다.

새로이 급진화한 브라운의 SNCC 내에서 페더(그의 별명)는 점점 호전적이고 폭력적으로 변했다. 그는 체 게바라와 카를 마르크스를 숭배했다. 그는 모든 흑인이 20세기의 노예이며 백인 주인들에 맞서는 폭동을 일으켜 삶의 모든 측면에서 절대적인 힘을 가진 자치적인 아프리칸 – 아메리칸 주를 세워야 한다고 생각하게 되었다. 그는 비타협적인 흑인 분리주의자가 되었다.

FBI는 1967년부터 페더스톤을 주시하기 시작했다. SNCC가 점점 대담한 활동을 펼치는 동안 FBI는 페더에게 더욱 관심을 갖게 되었다. 페더에 대한 J. 에드거 후버(FBI 국장)의 파일은 1970년 3월에 이미 200여 페이지에 달했다. FBI는 페더가 1968년 공산국가인 체코슬로바키아에 다녀왔고 나중에는 카스트로의 쿠바혁명 기념일을 축하하기 위해 아바나에도 다녀왔다는 사실을 알았다.

사망하기 불과 몇 주 전에 페더스톤은 역시 같은 활동가인 교사와 결혼했다. 이제 그녀는 미망인이 되었다. 폭발 사건이 일어나고 한 달 후에 그녀는 나이지리아의 라고스에 그의 유골을 뿌렸다.

생전에 페더스톤은 워싱턴 흑인 사회의 영웅이었다. 사후에 그는 순교자가 되었다. 사고 몇 시간 만인 그날 아침, SNCC는 그의 죽음을 '잔인한 살인'이라 부르면서 분노에 찬 보도자료를 냈다. 14번가 근처의 흑인 주민들이 들끓기 시작했다. 그들은 페더가 백인 남성에게 암살되었다고 수군댔다. 그들은 복수를 모의했지만 페더스톤 가족은 자제해달라고 촉구했다. 폭풍 전야의 고요였다.

폭풍은 분명히 만들어지고 있었다.

우리는 희생자 중 한 명이 랠프 페더스톤이라는 것은 확인했지만 아직 어떻게, 그리고 왜 폭탄이 그의 차 안 또는 차 근처에서 터졌는지는 알아내지 못했다.

이렇게 암울한 가운데 좋은 소식이 있다면, 첫 희생자가 H. 랩 브라운이 아니었다는 것이다. 두 번째 희생자는 훨씬 심하게 훼손되어서 과학수사로 꿰맞추기가 더욱 어렵고 위험한 퍼즐 조각이었다.

게다가 느낌도 좋지 않았다. 전날 밤부터 H. 랩 브라운은 어디서
도 보이지 않았다.

내 테이블에 놓인 시신은 남은 부분이 많지 않았다.

폭발로 두 다리는 무릎 아래가 절단되었다. 오른쪽 팔뚝과 왼손
도 사라졌다. 오른쪽 상완은 끔찍하게 골절되어 상완골이 이상한
각도로 튀어나와 있었다. 양쪽 허벅지는 사타구니, 동맥, 피부, 근육
까지 생선처럼 잘려 있었다. 생식기는 사라졌다.

엉덩이와 골반은 말 그대로 산산조각이 나서 하반신은 반 토막
이 났다.

삐죽삐죽한 상처가 치골부터 흉골까지 이어지면서 짓이겨진 창
자와 흐트러진 근육이 그대로 드러났다. 이상하게도 복부 피부가
7.5~12.7센티미터가량 손상되지 않았다. 등의 피부는 멀쩡했지만
목, 팔, 가슴에는 깊은 자상이 있었다.

턱, 목, 인두는 피투성이로 짓이겨졌다. 얼굴은 납작하게 무너졌
다. 찢어진 종이봉투 안에서 박살난 구슬처럼 두피 아래의 두개골
은 수천 조각이 났다. 안구는 터져서 단단하게 말라버렸다.

심장과 폐에는 폭발로 인한 출혈이 있었다. 뇌는 곤죽이었다.

그런 손상은 주로 몸의 앞부분에 있었다.

페더스톤처럼 이 불운한 희생자도 몸에서 알코올이나 약물이 검
출되지는 않았다. 하지만 엑스레이 사진에서는 아주 흥미로운 뭔가
가 나왔다. 구강 뒤쪽에 1.5볼트의 수은전지가 박혀 있었던 것이다.

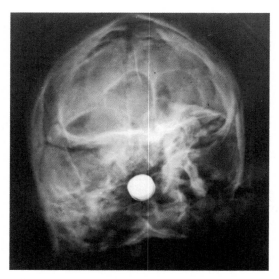

폭탄 테러 용의자인 윌리엄 페인의 두개골 엑스레이. 뇌에 박힌 수은전지가 보인다. (Office of the Chief Medical Examiner of Maryland)

또한 그의 가슴과 복부에는 스프링과 리벳들, 그리고 1센티미터 길이의 전선을 비롯해 확인되지 않은 금속 파편들이 박혀 있었다.

그리고 최종적으로 그의 장에서 음경과 손바닥 조각이 나왔다.

이 희생자는 조수석 파편에서 약 20미터 떨어진 곳에서 발견되었다. 운전자인 페더스톤이 발견된 곳과 반대 방향이었다. 이런 방향과 상처를 고려하면 그는 조수석에 앉아 있었던 것으로 추정되었다.

그사이 FBI 전문가들은 배터리와 태엽으로 작동하는 웨스트클록스 알람시계에 전선으로 연결한 열 개가량의 다이너마이트가 폭발한 것이라고 결론을 내렸다. 현장에서 그 시계의 조각들이 나왔던 것이다. 폭발은 3킬로미터 이상 떨어진 집들이 흔들릴 만큼 강력했다.

이제 무슨 일이 벌어졌는지 드러나기 시작했다.

두 남자의 상처를 보면 폭탄은 글로브 컴파트먼트 안이나 계기판 아래나 좌석 아래가 아닌, 조수석 바닥에 있었던 것이 분명했다.

폭발 패턴, 차대의 손상, 상처의 각도를 보면 폭탄은 자동차 아래에 심어졌던 것이 아니라 자동차 내부에 있었다.

현장 검증 전문가들에 따르면 차창은 모두 닫혀 있었기 때문에 자동차에 폭탄이 던져진 것도 아니었다. 래스너도 그날 밤 길에서 다른 차량을 보지 못했다고 했다.

가능성은 하나였다. 폭탄은 신원이 확인되지 않은 조수석 희생자의 다리 사이에 있었다. 그의 끔찍한 상처들은 폭탄이 터지는 순간 그가 폭탄에 손을 올리고 몸을 숙이고 있었음을 암시했다.

그러한 추측의 근거는? 그의 대칭적인 상처는 앞에서 폭탄이 터졌음을 증명한다. 복부를 가로지르고 있는, 이상하게 멀쩡한 피부는 그가 몸을 숙이면서 피부가 접히는 바람에 온전했던 것이다. 그의 턱과 목이 폭발의 충격을 대부분 흡수했다. 그리고 그 힘에 손과 생식기가 몸속에 박혀버린 것이다.

폭탄이 터지는 순간 페더스톤의 오른손은 운전대에 있었고 몸의 오른쪽이 큰 타격을 받았다.

모든 사실은 한 가지를 가리켰다. 페더스톤과 그의 승객은 자신들이 치명적인 물건을 운반하고 있음을 알았다. 그들이 몰랐을 수가 없었다.

이제 운전자의 이름과, 폭탄이 다지다트 안에 있었다는 사실은 알아냈다. 두 남자가 폭탄을 운반한 것은 거의 확실했다. 벨에어 법원을 폭발시키려다가 엄청난 경찰 병력을 보고 겁을 먹은 것일까? 여전히 알 수는 없지만 그래도 그럴듯한 이론이다.

사람들이 의혹을 품지 않도록 메릴랜드 주 경찰은 페더스톤의 신원과 폭탄의 위치에 대해 발표했다. 바로 반응이 나타났다.

'폭발의 열기가 식기도 전에 메릴랜드 당국은 답을 알아냈다고 확신한다. 그들에 따르면 랠프 페더스톤이 고성능 폭약으로 장난을 쳤다. 그의 가족과 친구들은 그가 상식적인 사람이었다면서 그의 죽음에 대해 좀 더 합리적인 설명을 바라고 있다.'

시민운동가 20명이 서명한 편지에서 흑인 하원의원인 존 콘이어스 2세(미시간 주, 민주당)가 그렇게 반박했다.

하루 뒤에도 두 번째 희생자의 신원은 밝혀지지 않았다.

FBI는 벨에어 폭발의 뒤를 이을, 새로운 폭력 사태에 대한 정보를 수집했다. 브라운의 변호사로 좌파의 투사인 윌리엄 컨스틀러는 FBI 같은 정부기관이 이 비극을 공정하게 조사할 수 있을지에 의문을 제기했다.

'나는 공식 발표를 항상 의심한다.'

컨스틀러는 〈워싱턴 포스트〉와의 인터뷰에서 말했다. 과격분자들은 당국이 무고한 미국인들을 암살한다고 공개적으로 비난했다. 굶주린 언론은 이미 'H. 랩 브라운은 어디에 있는가?'라고 묻기 시작했다.

시간이 없었다.

그날 밤에도 우리는 그 이름 없는 남자의 시신을 붙들고 있었다.

그의 어머니라도 사라진 얼굴을 알아보지 못했을 것이다. 상처들 외에 특징적인 흉터나 기형이나 문신은 없었다. 그의 손은 사라져서 지문도 없었다. 치아는 있었지만 그가 누구인지 짐작할 수도 없었기 때문에 비교해볼 치과 기록이 없었다. 우리는 사라진 H. 랩 브라운의 치과 기록을 요구했지만 그때까지는 아무것도 나오지 않았다.

설상가상으로 파편들을 꼼꼼히 살피던 수사관들은 두 명의 신분증(C. B. 로빈슨과 W. H. 페인), 윌리엄 페인의 해군 제대증, 월 X의 도서관 카드, 세 명의 이름이 적힌 세 장의 사진을 찾아냈다. 모두 신원 미상의 시신과 마찬가지로 흑인 남자들이었다. (그중에 H. 랩 브라운은 없었다.)

브라운은 새로운 신분으로 위장하여 기소를 피해 도망치고 있었던 걸까? 아니면 죽은 남자는 FBI가 찾아내지 못한 페더스톤의 또 다른 친구일까?

경찰이 사건 현장에서 추가 단서들을 찾고 서류들을 뒤지는 동안 소퍼 박사는 암울한 임무를 시작했다. 바로 시신의 조직으로 죽은 사람의 얼굴을 복원하는 것이었다.

서류들에서 첫 번째 단서가 나왔다.

군대의 서류들을 확인해본 결과 윌리엄 H. 페인은 20대 중반으로 켄터키 주 코빙턴에서 징집되었다. 20대 중반이면 시신의 나이와 일치했다. 미 해군의 의무기록실에서 우리에게 페인의 1961년 의료 기록을 서둘러 보내주었다. 확인 결과 그의 혈액형은 시신과 일치했다(O+).

하지만 치과 기록이 일치하지 않았다. 해군의 엑스레이 사진을 보면 젊은 군인은 다섯 개의 충치를 치료받았다. 우리의 시신에는 치료받은 충치가 하나였다.

우리는 명단에서 페인의 이름을 지웠다.

하지만 C. B. 로빈슨을 찾는 일은 막다른 골목에 이르렀다. H. 랩 브라운을 포함시키거나 배제시킬 증거가 없다면 우리는 실패한 것이었다.

소퍼 박사의 얼굴 복원이 가장 좋은 방법이었다. 우리는 구리선과 그릴로 부서진 얼굴뼈를 제자리에 맞추고 그 위에 벗겨진 피부를 씌웠다. 그러고는 새로운 얼굴(가장 심하게 손상한 부분들은 어둡게 했다)의 사진을 찍고 뉴스 언론에 사진들을 돌릴 준비를 했다. 우리는 그 사진을 보고 그를 아는 누군가가 나서주기를 바랐다.

이런 섬뜩한 복원 작업은 뜻밖의 이점도 있었다. 이상하게 고르지 못한 앞쪽 헤어라인과 바싹 자른 굵고 검은 머리카락 사이에서 여기저기 머리가 벗겨진 곳들을 발견했던 것이다.

브라운의 최근 사진과 죽은 남자의 헤어라인 사이에는 커다란 차이점들이 있었다. 독특한 모양인 시체의 왼쪽 귀를 브라운의 왼쪽 귀와 비교해본 결과 일치하지 않았다.

H. 랩 브라운이 벨에어 폭발로 죽지 않았다는 사실에 많은 사람들이 안도했다. 하지만 두 번째 희생자가 누군지는 여전히 밝혀지지 않았다.

이틀째 아침, 행운이 찾아왔다. 어느 수사관이 사건 현장에서 지문처럼 보이는 피부 두 조각을 찾아냈던 것이다. 시체의 복부에서 내가 수거한 해진 손바닥 피부와 함께 그것들을 살펴본 FBI의 지문 분석가는 충격적인 결론을 내렸다.

두 조각의 피부는 오른손 엄지와 왼손 새끼손가락 피부였다.

지문의 주인은 윌리엄 H. 페인이었다.

우리는 혼란에 빠졌다. 어떻게 한 남자의 지문과 치과 기록이 다를 수 있지? 하나만 틀린 것일까? 아니면 둘 다 틀렸을까? 윌리엄 H. 페인이라는 남자가 벨에어의 공공장소에 폭탄을 설치하려다 산산조각이 났다고 발표하려면 좀 더 많은 증거가 필요했다.

파괴된 차량에서 나온 개인 서류들이 열쇠였다.

두 가지 신분증에는 별다른 단서가 없었다. C. B. 로빈슨의 신분증에는 사진이 있었지만 W. H. 페인의 신분증에는 사진이 없었다. 생년월일은 비슷했지만 일치하지 않았다.

윌 X의 도서관 카드에도 별다른 단서가 없었다.

하지만 한 사진의 뒷면에 앨라배마 전화번호와 함께 미니라는 이름이 적혀 있었다.

수사관들이 전화하자 미니가 받았다. 그녀는 C. B. 로빈슨이나 W. H. 페인이라는 사람을 모른다고 했다. 하지만 몇 달 전에 가까운 친구인 윌 X에게 자신의 사진을 줬다는 사실은 인정했다. 그녀는 윌이 한쪽 귀에 항상 금귀고리를 하고 다녔다고 말했다. 미니는 지금 윌이 어디에 있는지는 몰랐지만 대신 디트로이트 전화번호를 알려주었다.

수사관들이 디트로이트로 전화하자 윌의 고용주가 전화를 받았다. 그는 윌이 그날 오전 그곳에 있었다고 확인해주었다. 몇 시간 후에 윌이 법의관실로 전화했다. 그는 몇 주 전에 W. H. 페인이 자신을 찾아왔다고 말했다. 그는 페인이 다녀갔을 무렵 지갑을 잃어버렸다고 했다. 도서관 카드와 미니의 사진은 지갑에 들어 있던 것이었다.

우리는 윌에게 페인의 인상착의를 말해달라고 했다. 윌은 페인의 유일한 신체적 특징은 '웃기는 이마 라인'과 머리의 '대머리 자국'이라고 했다. 우리는 시체의 불규칙적인 헤어라인과 탈모증을 확인했을 뿐만 아니라 C. B. 로빈슨의 신분증 사진에서도 유사한 헤어라인을 확인했다……. 하지만 윌 X는 C. B. 로빈슨이라는 사람을 몰랐고 페인이 그런 이름을 언급하는 것도 듣지 못했다.

마침내 우리는 시신을 확인해줄 만한 사람을 찾아냈다. 우리는 C. B. 로빈슨과 윌리엄 H. 페인이 같은 사람일 거라고 믿었지만 윌 X가 로빈슨의 사진이나 죽은 남자의 얼굴을 확인해줄 때까지는 확실한 증거가 없었다.

이메일, 심지어 팩스조차 없던 시절이라 우리는 창의력을 발휘해야 했다. 우리는 어느 신문기자의 도움을 받아 디트로이트의 TV 방송국에 사진을 보내기로 했다. 그러면 방송국은 정해진 시간에 방송으로 사진을 내보낼 것이었다. 윌 X는 사진을 보고 최대한 빨리 우리에게 전화하기로 되어 있었다.

하지만 우리의 계획은 기술적 어려움으로 실패하고 말았다. 대신 그 사진은 다음 날 아침 디트로이트의 신문들에 실렸고 윌 X는 C. B. 로빈슨의 사진이 친구인 윌리엄 페인과 일치한다고 확인해주었다.

사건 3일째인 그날 늦게 페인의 가족이 켄터키에서 볼티모어로 찾아왔다. 그들 역시 C. B. 로빈슨의 사진을 알아보았다. 그들은 복원된 얼굴도 보았다. 분명 그들의 아들이자 형제인 26세의 윌리엄 H. 페인이었다.

페인과 페더스톤은 1966년 SNCC의 지도부에 반기를 든 파벌의 주요 인물이었다. 페인은 페더스톤만큼 유명하지 않았지만 브라운이 가장 신뢰하는 참모이자 행동대원으로 막후에서 활약했다.

페인의 개인사는 페더스톤의 개인사와 평행선을 그렸다. 그는 중하층 집안의 8남매 중 넷째로 태어나 켄터키 대학과 신시내티 자비어 대학에 다녔다. 3학년 때 자비어 대학을 그만두고 해군에서 2년간 복무한 뒤 미국의 최남단 지역에서 SNCC의 현장 요원으로 합류했다.

친구들에 따르면 그는 '백인들에 대해 전반적으로 반감'을 가졌다. 워싱턴 시위에서 페인은 연사들을 가로막고 "집에서 총을 가져옵시다. 이미 말은 충분히 했소!"라고 외쳤다.

이런 호전성 때문에 그는 과격한 혁명주의자인 체 게바라의 이름에서 유래한 '체'라는 별명을 얻게 되었다. 하지만 모든 사람이 그를 그런 식으로 보지는 않았다.

페인이 두 번째 폭파범이라는 사실이 공개되고 나서 그의 어머니가 〈워싱턴 포스트〉의 젊은 기자인 칼 번스타인에게 말했다(칼 번스타인이 워터게이트 보도를 하기 몇 년 전의 일이었다).

"그가 우리보다 폭력적인 건 아니었어요. 대부분의 젊은 흑인들이 공격적이에요. 그들은 나이 든 흑인들이 참았던 일을 참지 않았을 뿐이에요."

폭발 사건이 벌어지기 며칠 전에 페인은 H. 랩 브라운의 재판을 위해 애틀랜타에서 워싱턴으로 왔다. 친구들에 따르면 페인은 주말에 벨에어에서 페더스톤과 브라운을 만날 예정이었다.

3월 9일 월요일, 페인은 대부분의 시간을 페더스톤과 함께 '드럼과 창'에서 보냈다. 오후 2시경 페더스톤이 역시 SNCC 회원인 이웃사람에게 차를 빌렸다. 하지만 그는 어디에 가는지 말하지 않았고 이웃사람도 묻지 않았다. 저녁 8시가 조금 지났을 무렵 페더스톤이 서점 문을 닫고 페인과 나갔다.

그들이 마지막으로 목격된 것은 페더스톤이 북서쪽 10번가에 있는 아버지의 타운하우스에 잠깐 들렀을 때였다.

네 시간 후에 두 사람은 벨에어 외곽의 아스팔트 위에서 산산조각이 났다.

우리는 랠프 E. 페더스톤과 윌리엄 H. 페인(일명 C. B. 로빈슨)이 1970년 3월 9일 밤 11시 42분에 메릴랜드 벨에어 남쪽 1번 도로에서 운반 중이던 폭탄이 예정보다 빨리 폭발하면서 사망했다고 공식적으로 결론 내렸다. 사인은 다이너마이트 폭발에 의한 심각한 외상이었다. 죽음의 방식은 살인이 아니라 사고였다.

해군의 치과 기록과 시체의 치아가 일치하지 않는다는 것은 설명되지 않았다. 우리는 군의 기록이 뒤섞였을 거라고 가정했다. 당시에는 그런 일이 드물지 않았지만 어쨌든 우리는 그 수수께끼를 해결하지 못했다.

FBI 폭탄 전문가들도 폭탄이 터진 원인을 정확히 찾지 못했다. 한밤중에 뜻밖에도 주 경찰관과 마주치고는 페인이 실수로 터뜨렸을까? 경찰 때문에 법원에 폭탄을 설치하지도 못하고 완전히 해체하지도 못했던 것일까? 주 경찰관인 래스너의 무전기에서 나온 강력한 전기파가 기폭장치를 작동시켰을까? 우리는 여전히 모르고 앞으로도 모를 것이다.

며칠 뒤 윌리엄 H. 페인의 가족이 그의 망가진 시신을 집으로 옮겨갔다. 그는 켄터키 주 커빙턴 외곽의 작은 묘지에 묻혔다. 메모리얼 데이(전몰자 추도 기념일)마다 그의 무덤은 다른 참전 용사들의 무덤처럼 국기로 장식된다. 그가 전복시키고 싶어 했던 나라의 국기로.

이런 비극에 시동을 걸고 며칠간 미국을 혼돈으로 몰아넣었던 신출귀몰한 선동가 H. 랩 브라운은 어디에 있었을까? 그는 다시 빠져나간 것일까?

거의 두 달 뒤인 1970년 5월 5일 FBI는 '10인의 수배자' 명단에 브라운을 올렸다. 그가 무장했을 가능성이 높다는 경고가 우체국 벽보에 담겼다. 미국 전역의 경찰들이 이 선동적인 반항아를 찾는 동안 흑인 급진주의자들은 '랩은 어디에?'라는 구호를 외쳤다.

그런데 브라운은 미국에 없었다. 그는 다른 SNCC 회원들처럼 탄자니아로 도망쳤다.

18개월 뒤에 뉴욕 시 경찰은 웨스트사이드의 어느 술집에서 강도짓을 하고 지붕으로 도망치는 아프리카계 미국인을 총으로 쏘았다. 부상을 입은 용의자는 자신이 로이 윌리엄스라고 밝혔다.

그런데 로이 윌리엄스의 지문이 H. 랩 브라운으로 알려진 허버트 제럴드 브라운의 지문과 일치했다. 무장 강도 혐의와 살인미수(경찰관을 죽이려 했다) 혐의로 기소된 브라운은 무죄라고 주장했다. 그는 10주간의 재판 끝에 유죄 선고를 받고 뉴욕의 아티카 교도소에 수감되었다. 거기서 그는 이슬람교로 개종하고 '자민 압둘라 알아민'으로 개명했다.

1976년 출소한 알아민은 애틀랜타에 작은 식료품점을 열었다. SNCC가 해산되면서 늙은 투사들은 죽거나 새로운 이슈를 좇거나 그냥 포기했다. H. 랩 브라운, 일명 알아민 역시 자신이 달라졌다고 주장했다. 그는 메카까지 순례를 떠남으로써 자신의 영웅인 말콤 엑스의 발자취를 따랐다. 어느 인터뷰에서 그는 개개인이 스스로 변화해야 알라가 사회를 변화시켜준다고 말했다. 그는 기도와 인격을 통한 혁명에 대해 썼다. 예전에 그가 썼던 책 『죽어라, 검둥이, 죽어! Die, Nigger, Die!』와는 사뭇 달랐다.

그는 자신이 살던 흑인 거주 지역인 애틀랜타의 웨스트엔드에 모스크를 공동 설립했다. 그는 '영적 갱생' 프로그램을 통해 방범대를 조직하고 청년들을 교육하고 마약중독자들을 갱생시키고 매춘을 거의 소탕해서 명성을 얻었다. 그는 흉포한 극단주의자에서 열정적인 영적 지도자로 진화한 것 같았다.

하지만 모든 사람이 곧바로 그에게 갈채를 보내지는 않았다. FBI는 알아민을 계속 감시하며 4만 페이지 분량의 서류를 작성했다. 지역 경찰은 살인, 총기 밀수, 폭행 혐의에 대해 은밀히 조사하고 있었다.

2000년 3월 16일 풀턴 카운티의 부보안관들이 과속 벌금을 내지 않은 알아민에게 영장을 집행하기 위해 웨스트엔드를 찾아갔다. 이내 총격전이 벌어지면서 한 명은 살해되고 한 명은 부상을 입었다. 알아민은 도망쳤다가 바로 체포되었다. 2002년 그는 1급 살인과 열두 건의 다른 혐의로 기소되어 가석방 없는 종신형을 선고받고 주 교도소에 수감되었다.

조지아 주는 세간의 관심을 끄는 골칫덩어리 살인자를 연방 당국에 넘겼다. 현재 70대인 그는 콜로라도 평원에 있는 ADX 플로런스 슈퍼맥스 연방 교도소에 수감되어 있다. 이곳에는 알 카에다의 리처드 레이드와 자카리아스 무사위·유나바머 테드 카진스키·오클라호마 시 폭탄테러범 테리 니콜스 등 테러리스트, 마약왕, 범죄조직의 살인청부업자, 연쇄살인범 등이 수감되어 있다.

H. 랩 브라운은 잠시 태도를 바꿨을지 모르지만 내면은 여전히 소시오패스였다. 그의 테러 공세는 40여 년이 흐른 지금까지도 미국 사회에 반향을 불러일으키고 있다.

그리고 나는 그의 죄를 대신하여 죽어간 사람들 중에 랠프 페더스톤과 윌리엄 페인이 있었음을 기억한다.

5

무덤에서 나온 대통령 암살범

우리가 음모론을 좋아할 수도 있다. 음모론은 우리가 풀지 못하는 비극을 우리보다 똑똑하고 강력한 사람들의 의도적인 행위로 거의 항상 설명해주기 때문이다. 그러면 왠지 삐딱한 안도감이 든다. 검은 헬리콥터든, 일루미나티(라틴어로 '계몽하다'라는 뜻으로, 1776년 5월 1일 독일에서 결성된 비밀결사였다. 현재는 음모론의 배후 세력으로 흔히 지칭되는 전 세계적인 엘리트 집단이지만 실체는 모호하다 - 옮긴이)든, 로즈웰 사건(미국 뉴멕시코 주의 로즈웰에 UFO가 추락해 외계인이 숨졌다는 사건으로, 미군이 기구가 추락한 사건이라고 밝혔는데도 70년 이상 음모론이 기승을 떨치고 있다 - 옮긴이) 이든, 달 착륙이든, 세계무역센터의 붕괴든, 케네디 대통령의 암살 이든 우리는 우리가 틀렸거나 불운하다는 사실을, 때로는 운명이 우리에게 가혹하다는 사실을, 기망에 빠진 미치광이 불량배 혼자 역사를 바꿀 수도 있다는 사실을 믿고 싶어 하지 않는다.

1963년 11월 24일 일요일 텍사스 주 댈러스.

리 하비 오즈월드는 잭 루비에게 총을 맞은 지 90분 만에 댈러스 파클랜드 병원의 수술대에서 피를 흘리며 죽어갔다. 이틀 전에는 거기서 몇 걸음 떨어진 병실에서 케네디 대통령이 사망 선고를 받았다(그리고 3년이 조금 더 지나 루비 자신도 같은 수술실에서 죽게 된다).

루비의 38구경 총알이 오즈월드의 왼쪽 유두 바로 아래로 파고들어 오른쪽 등에 박혔다. 총알은 위, 비장, 간, 대동맥, 횡격막, 신정맥, 신장, 하대정맥(산소를 잃은 혈액을 하지에서 심장으로 운반하는 주요 혈관) 등 거의 모든 주요 장기와 복부의 혈관을 관통했다. 오즈월드는 10여 개의 구멍으로 순식간에 피를 흘렸다. 외과 의사는 7리터의 혈액을 수혈하고 그의 심장을 압박했지만 그것은 오후 1시 7분에 영원히 멈췄다.

오즈월드는 이미 조각난 상태로 부검실에 실려왔다. 암살 용의자인 오즈월드는 대통령이 총을 맞은 이후 이틀간 잔혹한 시간을 견뎌냈다. 체포 도중에 그의 왼쪽 눈은 멍이 들었고 입술은 찢어졌다. 그의 내장은 가슴으로 직사된 총알에 치명적으로 찢겼다. 응급 외과의들은 그를 살리기 위해 배를 30센티미터나 절개했고 총알이 들어온 자리도 길게 절개했다.

댈러스 카운티의 법의학자인 얼 로즈는 오즈월드가 사망 선고를 받고 두 시간도 지나지 않아 부검을 시작했다. 그의 몸은 이미 차가웠다. 심장이 펌프질을 멈추면서 혈액은 시체의 움푹 파인 곳들에 자연스럽게 고여 있었다. 지난 이틀간의 상처를 제외하면 시체에 특이한 점은 없었다. 평균적인 체격에 머리가 살짝 벗겨진 곱슬머리의 남자는 진회색이 도는 푸른 눈에 구강의 위생 상태도 괜찮았다. 몸에는 몇 개의 흉터가 있었고 알코올이나 약물중독의 징후는 보이지 않았다. 가슴과 음부는 말끔히 면도가 되어 있었다. 죽었다는 점만 제외하면 몸의 상태는 좋았다.

부검의는 오즈월드의 두개골을 열고 완전히 정상적인 뇌를 살펴보았다. 누더기가 되어버린 내장과 거친 심폐소생술을 견뎌냈던 심장을 제외하면 다른 기관들도 정상으로 보였다. 심지어 장은 기적적으로 총알을 피했다. 로즈는 베이지색 비닐봉투에 절단된 장기를 모두 집어넣은 다음 오즈월드의 복부에 밀어 넣었다. 다음 날 급하게 장례식이 잡혀 있었던 것이다.

부검은 한 시간도 걸리지 않았다.

포트워스에 있는 밀러 장례식장의 장의사 폴 그루디는 시간을 낭비할 수가 없었다. 언젠가 오즈월드의 시신이 다시 파내질 것이라는 예감을 했는지 그는 평소보다 두 배나 많은 방부용 액체를 시신에 밀어 넣었다. 그러고는 작은 초록색 다이아몬드 문양이 찍힌 흰색 사각팬티, 진한 색깔의 양말, 밝은 색깔의 셔츠, 얇은 검은 넥타이, 싸구려 진갈색 정장 등 장례식장에 보관되어 있던 옷을 골라 시신에게 입혔다. 바지는 벨트가 아니라 고무밴드로 허리를 조이게 되어 있었다. 관습에 따라 시신은 신발을 신지 않았다. 오즈월드의 가족은 이 수의에 48달러를 지불했다.

장의사는 오즈월드의 머리를 감기고 빗질을 했다. 눈에 띄는 명

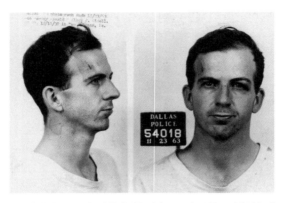

암살범 리 하비 오즈월드가 죽기 이틀 전인 1963년 11월 23일에 찍은 머
그샷.(Dallas Police Department)

들은 메이크업으로 가렸고 눈과 입은 영원히 밀봉했다.

그루디는 오즈월드의 손에 두 개의 반지를 끼웠다. 하나는 금으
로 만든 결혼반지였고 다른 하나는 빨간색 보석이 박힌 가느다란
반지였다.

다시 남들에게 보여줘도 괜찮을 정도로 멀쩡해진 시신은 300달
러짜리 소나무 관에 눕혀졌다. 장의사는 사진을 몇 장 찍었다. 무덤
이 예약되었고 25달러짜리 꽃이 주문되었으며 지불 기한이 10일인
710달러짜리 청구서가 발행되었다.

암살범인 오즈월드의 장례식에는 궁핍과 혼란에 빠진 가족, 몇
몇 기자, 지역 목사(그는 오즈월드를 몰랐지만 누구든 기도 없이 매장되어서는 안 된
다고 생각했다)만 참석했다. 오즈월드의 장례식은 미국 전역에 TV로
방영되는 대통령의 장례식과 수수하게 치러지는 경찰관 J. D. 티핏
의 장례식과 같은 날에 치러졌다. 일반인의 참석을 막기 위해서였

다. 다른 사람이 없었기 때문에 여섯 명의 기자가 로즈힐의 초라한 묘지 터까지 오즈월드의 싸구려 관을 날랐다.

루이스 손더스 목사의 추도사는 아주 짤막했다. 다른 목사들은 저격수에게 암살될지 모른다는 공포로 마지막 순간에 추도사를 거절했다. 손더스 목사는 「시편」 23편과 「요한복음」 14장을 인용한 뒤 이렇게 덧붙였다.

"오즈월드 부인이 말하더군요. 아들인 리 하비는 착한 소년이었고 그녀는 그를 사랑했다고요. 우리는 리 하비 오즈월드를 심판하기 위해서가 아니라 그의 장례를 치르기 위해 이곳에 모였습니다. 그리고 하느님, 오늘 우리는 그의 영혼을 당신에게 맡깁니다."

3일 내내 우느라 눈이 빨갛게 부은 미망인 마리나가 닫힌 관으로 다가가더니 아무도 들을 수 없는 말을 속삭였다. 그러고는 관이 축축한 구멍으로 들어갔다. 모두들 떠났고 무덤은 영원히 닫혔다.

하지만 영원이란 시에나 나오는 말이다. 음모론자들은 그렇게 참을성이 없었다.

마이클 에도우즈는 타블로이드지의 기자도 아니고 피해망상에 사로잡힌 마녀 사냥꾼도 아니었다. 교육받은 신사였던 그는 윔블던에서 테니스를 치고 영국의 마이너리그에서 크리켓을 했다. 그는 명문인 어핑엄 스쿨을 졸업했지만 옥스퍼드 입학은 포기해야 했다. 대신 그는 병든 아버지를 도와 런던에 있는 아버지의 로펌에서 일하며 변호사 자격을 땄다. 1956년 로펌을 팔아치운 그는 고급

레스토랑 체인을 열고 스포츠카 디자인에도 손을 댔다.

르네상스적인 인간이었던 에도우즈는 불의에도 관심이 많았다. 1955년 그는 『양심의 가책을 느끼게 하는 남자』라는 책을 썼다. 1950년 아내와 어린 자식을 살해한 혐의로 교수형에 처해진 티머시 에번스 사건을 파헤친 책이었다. 그는 심각할 정도로 허점투성이인 이 사건에서 검사 측이 어떻게 증거를 감췄는지 증명했다. 에도우즈는 에번스가 살해하지 않았다고 주장했고…… 그가 옳았다. 같은 건물의 아래층에 살던 연쇄살인마가 나중에 자백을 했던 것이다. 에도우즈의 책은 10년 후 영국에서 사형제가 폐지되는 데 일조했다.

1963년 존 F. 케네디가 암살될 당시 에도우즈는 60세였다. 그는 이 사건에 더 가까이 다가가기 위해 댈러스로 이사했다. 그는 오즈월드가 1959년 해병대를 제대하고 소련에 갔다는 소문에 흥미를 느꼈다.

1975년 그는 『흐루쇼프가 케네디를 죽였다』를 자비 출판했다. 이 책에서 에도우즈는 오즈월드가 아니라 '비슷하게 생긴' 소련 요원이 케네디를 쏘았다고 주장했다. 에도우즈는 KGB 13과(사보타주와 암살반)가 알렉이라는 대역 배우를 훈련시켜서 오즈월드로 위장했다고 믿었다. 이 요원(에도우즈는 오즈월드가 아니라고 말한다)은 민스크의 무도장에서 젊은 마리나 프루사코바를 만나 6주 만에 결혼했다. 그러고는 1962년 아내와 어린 딸을 데리고 미국으로 돌아왔다. 알렉은 오즈월드와 아주 똑같이 생겨서 오즈월드의 어머니마저 속아 넘어갔다.

그의 임무는 사람들 틈에 섞여 있다가 정확한 순간에 대통령을 죽이고 자신도 죽는 것이었다.

그런 바꿔치기의 증거는? 에도우즈는 오즈월드의 해병대 의무 기록과 그의 부검 보고서에서 일치하지 않는 몇 가지를 나열한다.

에도우즈만 그런 의심을 하는 건 아니었다. 이상하게도 1960년 FBI 국장인 J. 에드거 후버와 다른 정부 관료들도 러시아인들이 오즈월드를 위험한 대역으로 교체한 것이 아닐까 우려했다.

1976년 에도우즈는 『11월 22일 : 그들은 어떻게 케네디를 죽였나』라는 책을 영국에서 출판했다(나중에 미국에서도 '오즈월드 파일'이라는 제목으로 출판되었다). 타이밍은 완벽했다. 새로운 암살 특위의 활동 덕분에 미국인들은 케네디 암살 사건에 다시 관심을 갖기 시작했다.

에도우즈는 자신의 주장을 계속 밀고 나갔다. 그는 포트워스의 로즈힐 묘지에 묻힌 남자는 오즈월드가 아니라 그의 도플갱어인 소련인 알렉임을 증명하기 위해 시신을 발굴하자고 제안했다.

에도우즈는 오즈월드가 매장된 텍사스 주 타런트 카운티의 법의관인 펠릭스 그워즈에게 무덤을 발굴할 것을 요구했다. 그워즈 박사가 거부하자 에도우즈는 소송을 냈지만 곧바로 각하되었다.

에도우즈는 항소하는 동시에 댈러스 카운티의 부수석 검시관이었던 린다 노턴에게 접근했다. 그는 댈러스 카운티가 오즈월드의 시신에 대한 관할권이 있다고 노턴을 부추겼다.

노턴은 흥미를 느꼈다. 그녀는 상사인 댈러스 카운티의 수석 법의학자 찰스 페티에게 조언을 구한 뒤 군 인사기록센터에 오즈월드의 의료 기록과 치과 기록을 신청했다. 오즈월드가 소련으로 가기 전의 기록이었기 때문에 리 하비 오즈월드의 신원 확인에 절대적으로 필요한 자료였다. 노턴 박사는 〈댈러스 모닝 뉴스〉와의 인터뷰에서 이렇게 말했다.

"시신을 발굴하는 것이 공중의 이익에 부합한다고 생각합니다. 질문이 있다면, 그리고 그것이 과학으로 풀 수 있는 질문이라면, 그것을 합리적으로 풀어나가는 것이 우리의 일입니다."

1979년 10월 페티 박사는 오즈월드를 댈러스로 옮겨와 재부검을 해야 한다고 공식적으로 요구했다. 그러나 타런트 카운티의 법의관은 오즈월드를 파내기 전에 지방검사와 미망인인 마리나 오즈월드의 허락을 받고 싶어 했다.

1980년, 두 명의 법의관이 다투는 동안 여론이 들끓기 시작했다. 신문들이 분노 어린 사설을 실었다. 과학수사 업계는 투덜거렸다. 당시 해체된 암살 특위의 대표 자문인인 G. 로버트 블래키가 에도 우즈의 이론을 맹비난했다. 블래키가 말했다.

"나는 그의 책을 읽었다. 쓰레기였다. 그의 질문은 질문도 아니다. 위원회는 '두 명의 오즈월드 이론'을 꼼꼼히 살펴보았다……. 그것은 아무것도 아니었다."

오즈월드를 부검했던 얼 로즈는 기자들에게 지문을 대조했다면서 진짜 오즈월드는 로즈힐에 묻혀 있다고 말했다.

1980년 8월 타런트 카운티가 댈러스의 법의관실로 관할권을 넘겼다. 이제 모든 혼란이 사라질 것 같았지만 페티 박사는 오즈월드를 재부검할 필요가 없다고 말함으로써 모두에게 충격을 주었다.

에도우즈는 포기하지 않았다. 어떤 대가를 치르더라도 마리나 오즈월드를 설득하여 페티 박사의 비공개 부검에 동의를 받아내겠다고 했다(마리나 오즈월드는 무덤이 비어 있을 거라고 의심했다). 1964년 정부 요원들이 마리나를 찾아와 설명도 없이 서류에 서명하라고 했다. 기초적인 영어밖에 몰랐던 마리나는 이때부터 남편의 유해가 훼손되었을 것이라고 믿게 되었다. 그녀는 그의 시신이 비밀리에 제거되었을 것이라고 병적으로 의심했다.

그런데 새로운 장애물이 나타났다. 역시 해병대 출신인 오즈월드의 형 로버트가 동생의 시신을 파내는 것에 반대했던 것이다. 그는 법원에서 잠정적인 금지 명령을 받아냈다.

법적 다툼이 벌어지자 댈러스 카운티 위원들은 당황했다. '나쁜 여론'을 걱정한 그들은 카운티의 시설에서 부검을 못하게 했다.

법적 절차가 해결되기도 전에 노턴 박사가 수석 법의학자로 지명되었다. 이 사건에 대해 잘 알고 있다는 것이 이유였다. 그녀는 미국 최고의 법의치과 학자 두 명과 나를 포함한 작은 팀을 꾸렸다. 그녀는 일을 시작하게 되면 재빨리 움직이고 싶어 했다.

나는 예전에 노턴 박사와 일한 적이 있었다. 1972년 군 복무를 마친 후에 페티 박사가 책임자로 있던 댈러스 카운티의 법의관실에 들어갔던 것이다. 상냥하고 과묵한 페티 박사는 댈러스 카운티의 법의관실을 미국에서 손꼽히는 우수한 법의관실로 만들었다. 나는 그곳에서 일하는 동안 오즈월드 논란을 줄곧 지켜보았다. 그러다 1981년 2월 텍사스 벡사 카운티의 수석 법의학자로 부임했다. 노턴 박사는 나를 신임하여 팀에도 합류시켰던 것이다.

오즈월드의 시신을 둘러싼 법정 다툼은 1981년 8월까지 몇 달간 계속되었다. 결국 마리나는 로버트를 고소했다. 텍사스 법원은 로버트에게는 시신 발굴을 반대할 자격이 없다고 판결했다. 로버트는 반대를 철회했다.

10월 3일 자정, 로버트의 잠정적 금지 명령이 만료되었다.

10월 4일 날이 새기도 전에 우리는 살인자의 무덤 앞에 서 있었다. 계절에 맞지 않게 후텁지근한 아침, 우리는 1963년 이곳에 매장된 사람이 리 하비 오즈월드가 맞는지 확인하기 위해 시신을 파냈다.

아이러니하게도 오즈월드가 땅속에 묻힐 때는 거의 아무도 관심을 갖지 않았지만 그가 무덤에서 나올 때는 모두가 관심을 가졌다. 수많은 기자가 묘지 밖에 모였고 대여섯 대의 방송용 헬리콥터가 상공을 날아다녔다. 마치 시체에 몰려든 파리 떼처럼.

당시에는 오즈월드가 가짜일 것이라고 의심하는 사람이 많지 않았다. 영안실에서 오즈월드의 지문을 확인한 결과, 1959년부터 1962년까지 소련에 머물렀던 24세의 해병대원, 텍사스의 교과서 보관창고에서 일했던 근로자, 암살용 라이플과 저격 장소 근처의 상자에 손바닥 자국이 찍혔던 저격수, 텍사스 극장에서 체포되었던 혈기 왕성한 도망자, 잭 루비에게 치명상을 입었던 용의자가 모두 같은 사람이었다. 바로 리 하비 오즈월드.

이제 거의 18년이 지났고 나는 어떤 반전도 기대하지 않았다. 나는 법의학적으로 케네디의 암살에 대해 양가적인 감정을 느낀다. 그것은 단순한 총격 사건이었으나 1,000여 가지의 의제로 복잡하게 꼬여버렸다. 그전에, 그리고 그 후에 벌어졌던 수많은 역사적 사건들이 그랬던 것처럼 사람들은 재빨리 자신들이 믿고 싶은 것을 믿어버렸다. 사실을 외면했다. 처음에 나는 묘지 발굴팀에 끼고 싶지 않았다. 우리가 무엇을 찾아내든 음모론에 먹잇감만 될 테니까. 우리의 답변은 다시 새로운 질문들을 낳을 뿐이다.

이러한 유의 두 번째 부검은 종종 시간 낭비다. 두 번째 부검은 새로운 증거가 아니라 이익, 호기심, 도시의 전설에 의해 이뤄지는 경우가 많기 때문이다. 케네디 대통령의 두 번째 부검은 미숙했던 첫 번째 부검에서 대답을 얻지 못한 질문들에 답을 줬을지도 모른다. 하지만 언론의 억측에 불안해하는 미망인을 달래기 위해 오즈월드의 시신을 꺼낸 것은 의학적으로도 법률적으로도 의미가 없는 짓이었다.

이것은 로켓 과학이 아니었다. 어떤 법의학자든, 심지어 오지의 검시관도 문제없이 해낼 일이었다. 나도 수천 번이나 했던 간단한 일이었다. 바로 망자의 신분을 확인하는 것. 미국 해병대에는 치아 엑스레이를 비롯해 의학 기록이 충분히 남아 있었다. 이 기록들은 리 하비 오즈월드가 리 하비 오즈월드의 무덤에 매장되었는지를 증명해줄 것이었다.*

하지만 역사가 나를 삼켰다. 이 일의 단순함은 이 암살자의 중요성에 압도되었다. 결국 나는 역사의 진로를 바꾼 남자를 마지막으로 보기로 했다.

실제 발굴은 예상보다 시간이 오래 걸렸다.

우리는 1,225킬로그램가량의 강철로 지지된 무덤을 그대로 들어내 다른 곳에서 열어보기로 했다. 그런데 묘지 측의 주장과 달리 무덤에는 물이 새어들어 있었다. 관은 얼룩과 곰팡이에 뒤덮인 채 썩어가고 있었다. 금속 손잡이도 심하게 부식되었다. 관 뚜껑이 일부 무너져서 내부가 들여다보였다. 리 하비 오즈월드의 무덤은 비어 있지 않았다.

인부들은 봉분과 평행하게 도랑을 팠다. 봉분을 제거한 다음 도랑에 임시로 만든 나무 단에 약하고 부스러지는 관을 올려놓으려는 것이었다. 한 시간도 걸리지 않았어야 하는 작업이 거의 세 시간 동안 이어졌다.

그동안 많은 기자와 행인들이 주위에 모여들었다. 점점 사람이 붐비면서 다소 혼란스러워졌다. 우리는 최대한 빨리 관을 꺼낸 다음 안전하게 일을 시작해야 했다.

우리는 수백 대의 굶주린 카메라가 지켜보는 가운데 시신을 잔

* 1981년 당시에는 DNA 프로파일링을 이용할 수 없었다. DNA 프로파일링이 가능했다면 일이 훨씬 더 단순해졌을 것이다. 이 사건의 경우 DNA 프로파일링 기술이 나오기 전의 도구들을 활용해야 했다. 바로 치아를 비교하고 의학적 증거들을 활용하는 것이었다.

디 위에 쏟지 않고 관을 퀴퀴한 흙에서 들어올려 대기 중인 영구차에 재빨리 실었다. 발굴팀과 참관인들(마리나 오즈월드, 마이클 에도우즈, 사진사, 장의사, 마리나와 에도우즈와 로버트와 로즈힐 공동묘지를 대변하는 네 명의 변호사)은 각자의 자동차를 타고 부검 장소로 이동했다.

언론은 두 번째 부검이 댈러스에 있는 미국 남서부 과학수사협회에서 진행될 거라고 떠들었다. 마리나는 남편의 시신이 댈러스 포트워스 지역을 떠나는 것에 반대했고 남서부 과학수사협회(댈러스 시와 댈러스 카운티 법의학자의 홈그라운드이자 나의 옛 직장)는 우수한 장비를 갖춘 영안실이었기 때문에 논리적인 결론이었다.

그러나, 대중에게 알려지지 않았지만, 댈러스 카운티 위원들은 남서부 과학수사협회에서 오즈월드의 두 번째 부검이 진행되는 것에 반대했다. 우리는 새로운 부검 장소를 찾아야 했지만 별다른 대안이 없었다.

무엇보다 아주 안전한 시설이 필요했다. 마리나는 1963년 부검 이후 그랬던 것처럼 남편의 섬뜩한 사진이 유출될 가능성을 걱정했다. 우리는 사람들의 출입과 행동을 통제해야 했다.

다행히도 댈러스에는 베일러 대학 메디컬 센터가 있었다. 그곳 부검실은 우리에게 필요한 시설과 장비를 갖추고 있었다. 더욱 중요하게는 출입구가 하나뿐이었다. 어느 순간 20여 명(주로 단순한 참관인이었다)이 이 작은 부검실에 들어올 것이었다.

이제 로즈힐 공동묘지를 빠져나온 영구차는 댈러스를 향해 동쪽으로 달렸다. 유인용 차량이었다. 기자들은 우리보다 먼저 남서

부 과학수사협회에 도착하기 위해 33킬로미터쯤 앞서 나가기 시작
했다. 그사이 우리는 눈에 띄지 않게 두 번째 영구차를 타고 베일러
대학교로 달렸다.

판지로 덮인 관이 바퀴 달린 침대에 실려 복잡한 지하 복도를 지
나 임시 영안실로 향했다. 병원 직원들이 비좁은 부검실로 관을 끌
고 오는 동안 우리는 이미 부검 준비를 마쳤다. 모든 일이 계획대로
진행된다면 우리가 파낸 사람이 오즈월드인지 아닌지 금방 확인될
것이다.

우리에게 필요한 것은 그의 머리였다.

나는 시체 썩는 냄새가 싫었다. 직업상의 약점일 수도 있고 그냥
인간의 자연스러운 반응일 수도 있었다. 어쨌든 나는 그 냄새에 전
혀 익숙해지지 않았다. 다행히 심하게 삐뚤어진 중격 덕분에 내 후
각은 둔감했다. 어떤 질병은 행운이다.

발굴 도중에 손상된 관 뚜껑이 이제 완전히 해체되었다. 관에서
는 곰팡내가 섞인 흙냄새, 흰곰팡이가 핀 나무 냄새, 살이 썩는 냄
새가 뿜어져 나왔다. 그곳에 있던 법의학자들은 모두 뒤로 물러나
며 코를 막았다.

관의 내부는 엉망이었다. 2.5센티미터 두께의 나무판자는 물기
로 얼룩졌고 물렁거렸다. 관 뚜껑 안쪽을 감쌌던 천이 시신을 덮고
있었다. 곰팡이가 피어 있는 천을 조심스럽게 들어냈다. 그러자 썩
은 밀짚 매트 위에 그가 누워 있었다.

우리는 마침내 리 하비 오즈월드의 무덤에 매장된 남자와 대면했다. 그는 싸구려 갈색 양복을 입은 검은 크림치즈처럼 보였다.

신발을 신지 않은 발은 부분적으로 백골화되었다. 다리근육은 오래전에 사라졌고 피부는 조잡한 양피지처럼 쭈글쭈글했다.

뼈만 남은 손은 고풍스러운 포즈로 배 위에 교차되어 있었다. 악취를 풍기며 음울하게 부패되어가는 왼손 새끼손가락에는 두 개의 반지가 끼워져 있었다. 결혼반지와 붉은색 보석반지. 마리나는 1963년 장례식 당시 남편에게 반지를 도로 끼워달라고 장의사에게 부탁했다고 확인해주었다.

이번 발굴에는 오즈월드를 방부 처리했던 장의사 폴 그루디도 참여했다. 그는 관 안의 시신을 샅샅이 살펴보았다. 시신의 얼굴을 알아볼 수는 없었지만. 몇 초 후, 이제 60대인 그루디는 관 안의 시신이 18년 전에 자신이 방부 처리해서 옷을 입혔던 사람이 맞다고 말하고는 그곳에 1분도 머물지 않고 떠나버렸다.*

이제 지저분한 일이 시작되었다.

먼저 우리는 반지들을 빼내 근처에 있던 마리나에게 주었다. 대부분의 미망인은 남편의 재발굴과 검시에 참석하지 않기 때문에

---

* 며칠 후에 폴 그루디가 장례식 당시 시신의 두개골에서 수술 흉터(장례식 전에 오즈월드의 뇌는 제거되었다)를 보지 못했다고 말하면서 JFK 암살 음모론에 새로운 이야기가 덧붙여지게 된다. 그루디는 자신이 오즈월드가 아닌 다른 사람을 방부 처리한 것이 틀림없다고 주장했다. 그는 누군가가 오즈월드의 무덤에서 시신을 파내 머리를 오즈월드의 진짜 머리와 바꿔치기했을 것이라고, 그래서 다시 발굴한 시신의 치아는 오즈월드의 치아와 일치할 것이라고 주장했다. 하지만 우리의 부검 결과 그루디의 주장은 틀렸다. 시신의 목은 멀쩡했고(머리를 뗐다면 불가능한 일이다) 두개관은 분명히 톱으로 잘려 있었다(수술 자국은 '미라화된 부드러운 조직'에 가려져 있었다). 그런데도 그루디는 2010년에 죽을 때까지 자신이 방부 처리한 남자는 리 하비 오즈월드가 아니었다고 주장했다.

그녀의 입회는 이례적이었다. 하지만 그녀는 섬뜩함에도 흔들리지 않는 것처럼 보였다. 우리가 작업하는 동안 그녀는 참관인들 사이를 서성이며 어떤 식으로도 무너지지 않았다. 아마 열악한 전후 러시아에서 성장했다는 점이 그녀를 죽음 앞에서도 강인하게 했을 것이다. 아니면 남편의 죽음 이후 개인적인 시련을 겪으면서 단련되었거나. 어느 쪽인지 나는 모른다. 하지만 내게 그녀는 진정한 생존자로 보였다.

네 명의 법의학자가 관을 둘러쌌다. 내가 시신의 옷을 젖히고 살이 드러나게 했다. 시신은 피부가 대부분 사라지고 시랍이 덮여 있었다. 갈비뼈는 너무 약해서 살짝만 건드려도 부스러졌다. 그를 죽음으로 몰아넣은 총상을 확인할 방법은 거의 없었다.

복부의 살이 거의 분해되면서 장의사가 배 속에 채워 넣은 내용물과 베이지색 비닐봉투가 드러났다. 베이지색 비닐봉투에는 한때 그의 생명을 유지해주었을 장기들이 황갈색 곤죽으로 변한 채로 담겨 있었다.

다양한 색깔의 곰팡이로 얼룩덜룩하기는 했지만 시신과 옷이 절단된 흔적은 없었다. 구더기도 곤충도 없이 시신은 건조하고 분해된 살점 조각들로 형태를 유지하고 있었다.

해병대는 오즈월드의 키가 약 180센티미터라고 두 번이나 기록해두었지만 1963년 부검에서 그의 키는 175센티미터 정도로 측정되었다(음모론자인 에도우즈에게는 오즈월드가 두 명이라는 증거였다). 그래서 우리는 시신의 바짓가랑이를 걷고 오른쪽 정강이뼈를 쟀다(정강이뼈는 생전의 키와 밀접하게 관련되어 있다). 길이는 약 38센티미터였다. 생전의 키가 174센티미터 정도였다는 의미였다. 이것으로는 이 시신이 오즈월드라는 것도, 오즈월드가 아니라는 것도 증명되지 않았다.

우리는 관에서 시신을 꺼내지도 뒤집어보지도 않았다. 손을 대면 시신이 망가질 것 같았기 때문이다. 마리나도 시신을 확인하기 위해 반드시 필요한 일이 아니라면 시신을 손상하지 말아달라고 했다. 게다가 시신의 몸통은 우리가 알아내려는 것을 알려주지 않을 것이었다.

우리에게는 머리만 필요했다.

우리는 엑스레이와 사진을 찍고 시신의 치아를 석고로 떠서 오즈월드가 해병대 시절에 찍은 두 장의 치아 엑스레이 사진과 비교해볼 예정이었다. 첫 번째 사진은 오즈월드가 1956년 10월 25일 샌디에이고의 해병대 모병소에서 찍은 것이라고 했다. 두 번째 사진은 1958년 3월 27일 부대에서 실시하는 일상적인 신체검사 때 찍은 것이었다.

엑스레이 사진들은 맞아떨어졌다. 우리의 엑스레이 사진이 해병대의 엑스레이 사진들과 맞아떨어진다는 것은 시신이 리 하비 오즈월드라는 의미였다. 그렇지 않은가?

반드시 그런 것은 아니었다. 먼저 해병대의 치과 기록이 진짜인지 확인해야 했다. 사실 오즈월드의 의료 기록에는 일치하지 않는 몇 가지가 있었다. 예를 들어 군대 치과 의사들은 오즈월드의 오른쪽 어금니가 빠졌다고 했지만 사실 오른쪽 어금니는 그의 턱 안에 숨어 있었다. 그래서 정상적인 엑스레이 사진에는 나타나지 않았다. 또한 군대 치과 의사들은 그가 엉뚱한 이를 치료받은 것으로 기록했다. 불행히도 한 명의 치과 의사가 아닌, 여러 치과 의사가 진료를 하는 군대에서는 그런 기록상의 오류가 흔했다.

유능한 법치의학자인 어빈 소퍼와 제임스 코튼을 비롯한 우리 팀은 오즈월드의 해병대 기록을 살펴보고는 그런 오류가 상대적으로 사소하고 쉽게 설명될 수 있다는 결론을 내렸다. 엑스레이 사진들은 믿을 만하다는 결론도 내렸다.

이제 골치 아픈 작업이 시작되었다.

치아와 턱을 조사했지만, 린다 노턴 박사는 이미 머리를 분리하여 엑스레이를 찍어야 한다고 결정했다. 머리는 미라화된 살과 시랍에 덮여 있었기 때문이다. 이마의 굴곡은 분명 남자였다. 둥근 지붕 같은 두개골 뼈인 두개관에는 연조직이 거의 남아 있지 않았지만 오른쪽 앞의 헤어라인에는 여전히 10센티미터 길이의 진갈색 머리카락이 단단히 붙어 있었다.

나는 쪼글쪼글한 목에서 부패한 근육과 건조된 힘줄들을 잘라냈다. 그리고 목뼈의 두 번째 공간에 메스를 넣어 두개골을 목에서 떼어냈다. 거의 힘을 주지 않고 머리를 등뼈에서 들어냈던 것이다.

내가 두개골을 들고 있는 가운데 누군가가 시신의 입술을 다물렸던 장의사의 철사를 잘랐다. 그러자 두개골의 입이 벌어졌다. 소퍼와 코튼이 뜨거운 물과 세탁용 솔로 오래된 조직을 떼어내는 동안 나는 두개골을 꼼꼼히 살펴보았다.

미라화된 조직이 로즈 박사가 톱질한 자리를 풀처럼 제자리에 고정시켜주었다. 우리는 마리나를 옆에 세워둔 채로 두개골을 자르거나 억지로 열어보지 않기로 했다. 그래봤자 아무것도 증명되지 않을 것이었다. 그 안은 비어 있었다.

하지만 몸에서 분리된 두개골은 다른 미스터리들의 열쇠를 담고 있었다.

1946년 2월, 여섯 살이던 리 하비 오즈월드가 계속 귀의 통증을 호소했다. 어머니는 그를 포트워스의 해리스 병원에 데려갔다. 의사는 그의 왼쪽 귀가 심각한 감염증인 유양돌기염을 일으켰다고 진단했다. 민간 병원에서는 새로운 항생제인 페니실린이 널리 쓰이지 않았기 때문에 유일한 치료법은 귀 뒤의 피부를 길게 절개한 다음 뼈를 긁거나 구멍을 뚫어서 고름을 제거하는 것이었다.

당시 귀의 감염을 치료하는 방법은 섬뜩하다. 1940년대에 나도 아주 고통스러운 중이염을 앓았다. 부모님은 나를 병원으로 데려가지 않았다. 대신 삼촌이 나를 깔고 앉아 있는 동안 아버지가 바늘로 내 고막을 찔렀다. 몇 초 동안 죽도록 아팠다. 하지만 금세 고름이 빠지면서 고통이 사그라졌다.

오즈월드의 유양돌기염은 순조롭게 치료되어 나흘 뒤에 퇴원했다. 그의 왼쪽 귀 뒤에는 약 7.5센티미터 길이의 수술 흉터가 생겼다. 고등학교 시절 그는 자신의 고막이 비정상적이라고 주장했다. 하지만 1956년 17세의 그가 해병대에 입대하기 위해 신체검사를 받을 당시에는 수술 흉터 외에 다른 신체적 문제가 없었다. 그 흉터는 1959년 오즈월드가 해병대를 제대할 때도 확인되었다.

그런데 1963년의 부검 보고서에는 그 흉터가 언급되지 않았다. 얼 로즈 박사는 몇몇 사소한 흉터를 기록하면서도 귀 뒤의 흉터는 기록하지 않았다. 몇 년 후에 영국의 저술가 마이클 에도우즈는 평범한 부검에서 평범하다 못해 정상적인 실수를 잡아내어 음모론의 증거로 바꿔버렸다. 역사상 가장 많이 분석된 살인 사건에서 작은 흉터는 커다란 물음표로 바뀌어버렸다. 베테랑 법의학자가 오즈월드를 부검하면서 7.5센티미터 길이의 흉터를 보지 못했다면 마키아벨리적인 음모 속에서 흉터가 없는 가짜 오즈월드가 JFK를 죽이고 잭 루비에게 정리되는 일도 가능하지 않았을까?

음, 음모론은 현실이 아닌 책이나 영화에서나 그럴듯하다.

우리가 두개골을 검사하는 동안 왼쪽 유양돌기에서 작은 구멍이 드러났다. 인간이 만든 구멍으로, 가장자리는 둥글고 매끄러웠다. 치료가 되어 있었지만 자연적인 구멍은 아니었다. 도저히 감춰지지 않는 오래된 상처였다. 이 시신도 오즈월드처럼 오래전에 유양돌기개방술을 받았던 것이다.

그렇게 우리는 신원을 확인해줄 또 다른 강력한 증거를 갖게 되었다. 물론 제2차 세계대전 시기의 수많은 아이들이 똑같은 흉터를 가지고 있기는 하지만. 이 증거 역시 우리가 확보한 머리가 오즈월드의 머리일 가능성을 배제하지 않는다.

마지막 증거는 그의 입에서 나올 것이었다.

미국의 첫 번째 법치의학자는 폴 리비어였다.

그렇다. 전형적인 애국자였던 그는 일류 은세공인이었을 뿐만 아니라 아마추어 치과 의사였다. 그는 이가 없는 동료 보스턴 시민들을 위해 동물의 이빨로 의치를 만들어주었다. 1776년 독립전쟁 때 리비어의 친구인 조지프 워런 박사가 벙커힐 전투에서 얼굴에 머스킷 총알을 맞았다. 신원이 확인되지 못한 채 그는 114명의 독립군과 함께 거대한 무덤에 함께 매장되었다. 몇 달 후에 그의 형제들이 그를 찾아다녔다. 하지만 썩어가는 시신들 중 어느 것이 그일까?

이때 리비어는 1년 전에 하마의 엄니로 만들어준 독특한 아이보리색 의치로 친구의 시신을 찾아냈다. 워런은 영웅으로서 장례식을 치렀고 미국 법치의학이 탄생했다.

200년 후인 1981년 법치의학은 필수 과학으로 꽃을 피웠다. 치아는 뼈와 살보다 파괴와 부패에 강하기 때문에, 그리고 치아는 독특한 개성을 드러내기 때문에 어려운 상황에서도 사람들의 신원을 확실히 확인해주곤 했다. 단순히 말하면 법치의학은 망자의 신원을 확인해줄 뿐만 아니라 잇자국으로 누가(또는 무엇이) 물었는지도 알려줄 수 있다.

법치의학은 아돌프 히틀러가 살아 있다는 소문이 허위임을 확인해주었고 연쇄살인마 테드 번디가 희생자 한 명을 물어뜯었음을 증명해주었으며 9·11 세계무역센터 테러, 웨이코에서 벌어진 다윗파 사건(다윗파라는 광신적 종교 집단이 51일간 인질극을 벌이다 진압 과정에서 화재가 발생해 어른 53명, 어린이 25명, 태아 2명이 숨진 참극 - 옮긴이), 1975년 뉴욕 JFK

공항에서 벌어진 이스턴 항공기 추락 사건(내 아버지가 뉴욕 시의 수석 법의학자로 일하는 동안 맡았던 최대 재앙으로, 113명이 사망했다)의 희생자들도 확인해주었다.

이제 우리는 유명한 암살범인 리 하비 오즈월드의 무덤에 매장된 사람이 진짜 리 하비 오즈월드임을 확인하기 위해 법치의학을 활용하고 있었다.

법치의학이 대통령 암살범 확인에 활용된 것은 이번이 처음은 아니었다.

1865년 4월 14일 존 윌크스 부스는 링컨 대통령을 쏘고 버지니아의 어느 농장으로 도주했다가 군인들에게 사살되었다. 오즈월드의 경우처럼 19세기의 음모론자들도 그 사람은 부스가 아니라 부스와 닮은꼴이라고 주장했다. 부스의 치과 의사는 독특한 턱 모양과 자신이 치료해준 두 개의 금니를 보고 사살된 사람이 부스가 맞다고 확인해주었다.

1869년 워싱턴의 어느 군 주둔지에 매장되었던 부스의 시신이 가족에게 돌아갔다. 당시 부스의 형제가 치아 등을 꼼꼼히 살펴보고는 의심의 여지 없이 존 윌크스 부스가 맞다고 기자들에게 말했다.

부스는 볼티모어의 가족 묘지에 잠들었지만 음모론은 그렇지 못했다. 아직까지도 많은 사람들이 부스는 체포를 피해 달아났다가 오클라호마 호텔에서 무일푼으로 죽었다고 믿고 있다. 이후 그의 시신은 미라가 되어 서커스단의 구경거리가 되었다는 것이다. 우리가 리 하비 오즈월드의 무덤에서 누구를 찾아내든 음모론은 결코 죽지 않을 것이었다. 그저 변형될 뿐이지.

다행히 우리 팀에는 최고의 법치의학자가 두 명이나 있었다. 나의 볼티모어 시절 동료인 웨스트버지니아의 수석 법의학자 어빈 소퍼 박사는 치과 의사였다. 그는 매우 권위 있는 법치의학 교과서를 쓰기도 했다. 해군 치과 의사 출신인 제임스 코튼은 샌안토니오의 텍사스 대학교 건강과학센터에서 법치의학 분과를 이끌었다(나중에 그는 하와이의 '합동 전쟁포로·실종자 확인 사령부'에서 무려 9년간이나 전사자들의 신원을 확인하는 일을 하게 된다).

사람의 입안은 다양한 특색으로 가득하다. 32개의 치아는 홈, 틈, 돌출부 같은 명확하고 자연적인 특성을 지닌 다섯 개의 표면으로 구성되어 있다. 이는 치조와에서 삐뚤게 자라기도 하고 살짝 돌아가기도 한다. 살아가는 동안 이는 조금씩 손상된다. 치과 의사 또한 이를 뽑고 갈고 때우고 교정하면서 분명한 흔적을 남긴다. 법치의학자는 한 사람의 구강 전체에서뿐만 아니라 치아의 조각들에서도 명백한 유사성을 찾아낼 수 있다.

우리는 시신의 위아래 턱을 석고본으로 뜨고 사진을 찍고 엑스레이 사진을 촬영하기 위해 필요한 장비들을 이미 갖추어두었다.

소퍼와 코튼이 작업을 시작했다. 그들은 금세 시신의 치아에서 특이하고 분명한 특징들을 찾아냈다.

먼저 오즈월드의 치아는 하나도 고르지 않았다. 그에게는 100명당 세 명 이하로 나타나는 비교적 희귀한 유형의 부정교합이 있었다.

둘째, 앞니 두 개는 울타리의 널빤지처럼 나란히 자라기보다는

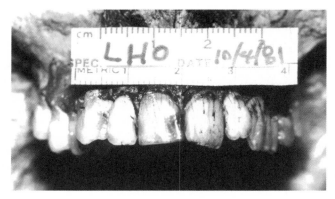

독특한 치아 특성들을 확인함으로써 리 하비 오즈월드의 무덤에 있는 시신이 소련의 스파이가 아니라 오즈월드 본인의 시신임을 확인했다. (Di Maio collection)

서로 반대쪽으로 살짝 돌아가 있었다.

셋째, 오른쪽 윗송곳니에는 평범한 이의 앞쪽에서는 보기 힘든 치아 결절이 있었다.

두 명의 법치의학자는 죽은 남자의 31개 치아를 기록했다(치아 하나는 생전에 뽑혔다). 그들이 시신의 엑스레이 사진을 오즈월드의 해병대 시절 엑스레이 사진과 비교한 결과 적어도 세 개의 이와 필링이 일치했고 네 개의 이가 아주 유사했다.

이 사람은 오즈월드를 닮은 소련인도 아니었고 오래전에 잃어버린 쌍둥이 형제도 아니었다.

법치의학자들은 '치과 기록, 엑스레이 사진, 치과 진료 기록은 일치하는 반면 설명되지 않는 불일치는 없다는 사실에 기초하여' 그들 앞에 누워 있는 시신이 다툼의 여지나 의심의 여지 없이 리 하비 오즈월드라는 결론을 내렸다.

부검이 이루어지기까지 6년 이상 걸렸지만 실제 부검에는 다섯 시간도 걸리지 않았다. 린다 노턴 박사는 기자들에게 짧고 단호하게 말했다.

"우리는 개인으로나 팀으로나 어떠한 의심도 없이 리 하비 오즈월드라는 이름으로 로즈힐 묘지에 매장된 사람은 리 하비 오즈월드가 맞다는 결론을 내렸습니다."

오즈월드의 시신은 800달러짜리 강철관에 새로 수습되었다. 800달러는 1963년의 장례식 비용보다 많은 액수였다. 에도우즈는 재매장 비용 1,500달러뿐만 아니라 상당액의 발굴 비용도 댔다.

마리나는 주변을 서성였다. 그녀의 어깨를 짓눌렀던 엄청난 짐이 사라졌다. 다음 날 그녀는 남편의 시신을 확인한 것은 '일종의 치유'였다고 신문기자에게 말했다.

"이 주위를 걷는 동안에도 계속 미소가 지어져요. 병이 나아가는 기분이에요."

그것은 또한 새로운 삶의 시작을 알렸다. 케네스 포터라는 텍사스 사람과 재혼한 마리나가 또 다른 기자에게 말했다.

"이제는 답을 얻었어요. 그리고 이제부터는 포터 부인이고만 싶어요."

처음에 에도우즈는 자신이 완전히 틀렸다고 공개적으로 인정했다. 하지만 그는 금세 새로운 설명을 만들어냈다. 오즈월드의 치과 의사가 KGB의 사주를 받아 리와 알렉의 치과 기록을 바꿔치기했다는 것이다. 하지만 아무도 에도우즈의 말에 귀를 기울이지 않았다. 그는 JFK 미치광이들 중에서도 가장 괴짜로 여겨졌다. 그는 1992년에 사망했다. 리 하비 오즈월드의 무덤에 매장된 사람이 진짜 리 하비 오즈월드라는 사실이 확인된 순간 에도우즈의 다른 업적들도 죽어버렸다.

마리나는 오즈월드의 관이 덮이고 그가 로즈힐의 축축한 땅으로 돌아가기 전에 영안실로 돌아와 노턴 박사에게 감사의 표시로 이상한 선물을 했다. 우리가 몇 시간 전에 시신의 새끼손가락에서 빼낸 붉은색 보석반지였다. 우리 팀에 감사하는 그녀만의 방식이었다.

하지만 린다는 이 소름끼치는 선물을 눈에 띄게 싫어했다. 그녀는 마리나가 영안실에서 나가자마자 그 반지를 내 손에 몰래 쥐어주었다. 그녀는 그 반지를 원하지 않았다.

나도 마찬가지였다. 반지는 음울한 임무와 더욱 음울한 역사를 기리는 추악한 기념품이었다. 나는 그 반지…… 오즈월드…… 케네디…… 나쁜 기억들…… 그 모든 비참한 혼란이 영원히 묻히기를 바랐다.

그래서 리 하비 오즈월드의 관이 또다시 영원을 향해 봉인되기 전에 반지를 관 속에 떨어뜨리고는 어둠 속에서 샌안토니오의 집으로 차를 몰았다.

6

우리 안의 괴물들

사람들은 5,000년 동안 변하지 않았다. 여전히 돈, 섹스, 권력에 움직인다. 어떤 사람은 이해되지 않을 정도로 사악하기만 하고 어떤 사람은 이해되지 않을 정도로 선하기만 하다. 나머지 사람들은 물 위의 나뭇잎처럼 이리저리 떠다니며 바다로 가다가 선과도 마주치고 악과도 마주친다.

난 괴물들을 믿지 않는 사람들이 놀랍다. 그들은 그저 칼이 잘 드는지 보고 싶어서 자신들의 목을 베어버릴 사람들이 저 밖에 있다는 사실을 깨닫지 못한다.

1982년 8월 24일 텍사스 주 커빌.

메인 스트리트에서 한 블록밖에 떨어지지 않은 워터 스트리트에 새로운 소아과 병원이 개원했다. 커빌의 엄마들은 흥분했다. 말 그대로 과달루페 강에서 돌을 던지면 닿을 거리였다. 더구나 새로운 의사인 케이시 홀런드 박사는 여자였다. 간호사인 지닌 존스는 샌안토니오의 소아집중치료실에서 옮겨온 스타 간호사였다. 지금까지 커빌에는 소아과 의사가 한 명뿐이었기 때문에 진료를 예약하기가 너무 힘들었다. 그래서 아이들이 심하게 아프면 한 시간 거리의 대도시로 나가야 했다.

세 아이의 엄마인 페티 매클렐런에게 새로운 병원은 뜻밖의 선물이었다. 그녀는 마을 서쪽의 이동주택에서 남편, 아이들과 함께 살았다.

14개월인 막내 첼시는 미숙아로 태어나 커빌에서 샌안토니오까지 비행기로 후송되었다. 폐가 제대로 발달하지 않았던 첼시는 3주간 샌안토니오의 소아집중치료실에 입원했다. 몇 달 후에 첼시는 호흡이 멎고 얼굴이 파랗게 변하여 샌안토니오의 병원으로 다시 실려갔다. 5일간의 검사 끝에 호흡 이상이 발견되지 않자 첼시는 집으로 보내졌다. 집에서 첼시는 사소한 호흡곤란을 겪었고 평범한 코감기를 앓았다. 이제 입원할 일은 없었다. 하지만 첼시가 태어나고 섬뜩한 날들을 겪은 페티는 불안한 호흡, 딸꾹질, 아무 소리도 나지 않는 고요한 밤을 두려워했다. 페티는 비서이고 남편은 전기기술자라서 샌안토니오의 의사들을 찾아갈 돈은 고사하고 시간도 없었다. 샌안토니오까지 오가려면 거의 하루가 걸렸다. 새로운 병원은 그들에게 축복이었다.

병원이 개업한 이튿날 아침 페티 매클렐런은 병원에 예약을 했다. 첼시가 감기에 걸렸던 것이다. 그들은 오후 1시쯤 병원에 도착했다. 홀런드 박사는 그들을 곧장 진료실로 데려가 첼시의 병력에 대해 알아보았다.

그들이 이야기를 나누는 동안 금발에 푸른 눈의 첼시는 엄마의 무릎에서 꼼지락거리고 홀런드 박사의 책상에서 물건들을 집었다. 그러자 상냥한 간호사인 지닌이 첼시를 치료실로 데려가 함께 놀아주겠다고 했다. 지닌은 아이를 안고 밖으로 나갔다.

몇 분 뒤 복도에서 지닌의 목소리가 들려왔다.

"자지 마, 아가야. 첼시, 일어나!"

잠시 후에 간호사가 외쳤다.

"홀런드 박사님, 이리 와보세요."

첼시는 검사대에 축 늘어져 있었고 지닌은 첼시의 작은 얼굴에 재빨리 산소마스크를 씌웠다. 간호사는 첼시가 갑자기 쓰러지더니 의식을 잃었다고 말했다. 아이는 숨을 쉬지 않았다. 아이의 입술 주위가 푸르게 변했다. 홀런드 박사가 두피에 정맥 주삿바늘을 꽂는 동안 아이의 작은 몸이 갑자기 발작을 일으켰다. 의사는 항경련제를 처방하고는 건물의 인부들에게 구급차를 부르게 했다.

진료실로 돌아온 홀런드 박사는 페티에게 첼시가 발작을 일으켰다고 말했다. 아이에게 달려간 페티는 테이블에 뻗어 있는 아이를 보았다. 곧 구급차가 도착했다. 지닌은 아이와 함께 2분 거리인 커빌 병원 응급실로 향했다. 병원에 도착할 무렵 첼시는 다시 스스로 숨을 쉬기 시작했다.

첼시는 집중치료실에서 10일간 검사를 받았지만 호흡 발작과 경련을 일으킨 원인은 드러나지 않았다. 아이는 병원에서 금세 원기를 회복했다. 매클렐런 부부는 새로운 의사와 간호사가 어린 딸의 생명을 구했다고 믿고 주위의 부모들에게 새로운 병원을 홍보했다.

몇 주 뒤 첼시의 오빠인 세 살배기 캐머런이 독감에 걸리자 페티는 기쁜 마음으로 홀런드 박사를 찾았다. 홀런드 박사는 정기검진을 위해 첼시도 데려오게 했다. 이제 활기가 넘치는 첼시를 의사가 살펴보더라도 해로울 건 없었다.

9월 17일 10시 30분쯤 페티는 두 아이를 데리고 병원에 도착했다. 아픈 캐머런이 조용히 앉아 있는 동안 첼시가 킥킥 웃으며 아장아장 복도를 돌아다녔다. 행복한 어린 소녀는 체크무늬 면과 레이스로 만든 귀엽고 작은 드레스를 입고 있었다. 홀런드 박사는 대기실에서 첼시를 재빨리 훑어본 뒤 두 번의 정기 예방접종, 즉 홍역·볼거리·풍진 예방주사와 디프테리아·파상풍 예방주사를 권했다 ─ 첼시 또래가 일상적으로 하는 예방접종이었다. 의사는 페티에게 첼시가 주사 맞는 모습을 보지 말라고 했다. 하지만 페티는 아이의 공포와 아픔을 덜어주기 위해 아이를 안고 있기로 했다.

주사실에서는 얼굴에 웃음이 가득한 지닌이 이미 주사기들을 채우고 있었다.

페티가 첼시를 무릎에 앉혔다. 지닌은 첫 번째 주삿바늘을 첼시의 왼쪽 허벅지에 밀어 넣었다. 그런데 몇 초 만에 첼시의 호흡이 거칠어졌다. 첼시는 뭔가 말하려 했지만 말이 나오지 않았다.

페티가 소리를 질렀다.

"멈춰요. 어떻게 해봐요! 아이가 발작을 하잖아요!"

지닌은 주사가 따끔해서 그러는 거라고 페티를 달랬다. 첼시가 괜찮아지자 페티도 진정되었다.

지닌은 두 번째 주삿바늘로 첼시의 허벅지를 찔렀다. 이번에는 첼시가 호흡을 완전히 멈추고 괴로워하다가 갑자기 쓰러졌다. 또 다시 호흡 발작을 일으킨 것이었다.

구급차가 금세 도착했다. 지닌은 첼시를 구급차로 옮기고 아이의 기도에 튜브를 삽입했다. 구급차가 커빌 병원에 도착했다. 그런데 홀런드는 첼시를 큰 병원에 데려가 신경검사를 해보자고 했다. 지닌과 첼시는 다시 구급차를 타고 샌안토니오로 향했다. 홀런드 박사는 자신의 차로, 매클렐런 부부는 그들의 차로 그 뒤를 따랐다.

커빌 병원을 떠나 13킬로미터쯤 달렸을 무렵 첼시는 죽음을 앞두었다.

구급차가 갓길에 멈췄다. 홀런드 박사가 구급차에 올라 첼시의 작은 심장에 심폐소생술을 하는 동안 지닌은 첼시에게 주사를 놓았다.

하지만 첼시는 의식을 되찾지 못했다. 구급차 기사가 컴포트라는 작은 마을의 작은 병원에 차를 댔다. 첼시 매클렐런은 이미 숨을 거둔 뒤였다.

지닌은 담요로 아이의 시신을 단단히 감싼 다음 페티에게 건넸다. 페티는 상황을 받아들이지 못했다. 첼시는 그냥 자는 거야. 금방 깨어날 거야. 전에도 이겨냈잖아. 그녀는 중얼거렸다.

하지만 첼시는 깨어나지 않았다.

그들 모두 커빌 병원으로 돌아왔다. 지닌은 아이의 시신을 지하 영안실에 옮겨다놓고 홀런드 박사가 부검을 준비하는 동안 일터로 돌아갔다.

월요일 오후 첼시가 매장되었다. 분홍색 드레스를 입은 아이는 머리에 분홍색 리본을 묶고 귀에는 별 모양의 작은 귀고리를 했으며 목에는 하트 펜던트가 달린 은목걸이를 걸었다. 아이를 따뜻하게 해줄 담요와 아이가 가장 좋아했던 인형이 함께 묻혔다.

페티는 첼시가 죽었다는 사실을 믿지 못했다. 그녀는 슬픔 속에서 멍하니 서성거렸다. 딸의 시신을 담은 작고 하얀 관을 보고는 "지금 당신들이 내 아기를 죽이는 거야!"라고 소리치며 쓰러졌다.

그들은 '기억의 정원' 묘지의 아기 묘역에 첼시를 묻고 '우리의 작은 천사'라고 적힌 청동 표식을 붙였다. 몇 주 후에 부검 결과가 나왔다. 사인은 SIDS였다. 어린아이의 진짜 사인을 모르는 경우에 흔히 붙이는 말이었다. 간단히 말해 부검의는 첼시의 사인을 몰랐던 것이다.

장례식 이틀 후, 매클렌런 부부는 신문에 광고를 내고 장례식을 도와준 사람들에게 감사의 인사를 했다. 그리고 꽃과 카드를 보내거나 음식을 전했다. 첼시를 마지막까지 보살펴준 케이시 홀런드 박사와 지닌 존스에게도 '특별한 감사'를 전했다(그들은 광고에 이름이 언급된 유일한 사람들이었다).

장례식 1주일 후, 페티는 꽃을 들고 첼시의 무덤을 찾았다. 그런데 지닌 존스가 무덤 앞에 무릎을 꿇고 몸을 앞뒤로 흔들며 이름 하나를 반복해서 말하는 게 아닌가. 존스는 "첼시, 첼시, 첼시"라고 말하며 흐느끼고 있었다.

페티가 조금 떨어진 곳에서 부드럽게 물었다.

"여기서 뭐해요?"

하지만 간호사는 그녀를 알아보지 못했다. 존스는 대답도 하지 않고 몸을 일으키더니 무아지경 상태로 걸어가버렸다.

지닌의 차가 묘지를 빠져나간 뒤 페티는 묘지의 청동 표식에 작은 꽃 장식이 붙어 있는 것을 보았다. 또한 그녀는 간호사가 뭔가를 가져간 것을 알아차렸다. 바로 작고 예쁜 리본이었다.

페티는 이상한 일이라고 생각했다.

첼시 매클렐런이 죽기 18개월 전에 나는 텍사스 주 벡사의 수석 법의학자가 되었다. 샌안토니오의 사무실에서 커빌까지는 차로 한 시간 정도 걸렸다. 당시 나는 첼시 매클렐런에 대해 아무것도 몰랐지만.

그 전의 9년간 나는 댈러스의 전설적인 법의학자인 찰스 페티 박사 밑에서 일하면서 부수석 법의학자로 승진했다. 하지만 페티는 은퇴할 나이가 되어서도 그곳을 떠날 수가 없었다. 성격상 그는 그만두는 사람이 아니었다.

나는 30대였지만 볼티모어의 러셀 피셔와 페티, 그리고 아버지 같은 최고의 법의학자들에게 수사과학을 배웠다. 이제 독립하고 싫었지만 댈러스에서는 힘들었다. 1981년 3월 나는 샌안토니오에 수석 법의학자로 취임했다. 25년 전에 텍사스 최초로 문을 연 법의관실이었다.

1950년 이전에 많은 대도시와 주에서 낡은 검시관 제도를 법의학자 제도로 바꾸는 동안 텍사스는 머뭇거렸다. 1955년에야 주 의회는 인구가 25만 명 이상인 텍사스의 모든 카운티에서 검시관 제도를 없애고 법의학자 제도를 도입하는 법안을 통과시켰다. 대중의 반응은 즉각적인…… 하품이었다. 아무 일도 일어나지 않았다.

하지만 비극이 닥치면서 기류가 바뀌었다.

1955년 12월 초의 어느 날 밤, 벡사 카운티의 치안판사 집에서 네 블록 떨어진 곳에서 교통사고가 났다. 치안판사는 검시관을 겸임하는 선출직 공무원이었다. 운전자는 병원으로 옮겨지자마자 사망 선고를 받았다.

경찰은 사고가 발생한 지역을 담당하는 치안판사에게 전화했다. 하지만 그는 경찰이 시신을 옮긴 것을 문제 삼아 검시를 거부했다. 그러자 경찰은 병원이 있는 지역을 담당하는 치안판사에게 전화했다. 그는 경찰이 자신에게 먼저 전화하지 않았다며 검시를 거부했다. 세 번째 치안판사가 검시를 맡기까지 죽은 남자는 오랫동안 병원에 방치되어 있었다.

지역 신문들이 독선적인 치안판사들의 다툼을 다루면서 마침내 시민들이 깨어났다. 벡사 카운티 군정위원회는 텍사스 최초의 법의관실을 세우고 네덜란드 출신의 법의학자인 로버트 하우스만 박사를 연봉 1만 4,000달러에 고용했다. 당시 애틀랜타의 어느 병원에서 연구실 책임자로 일하던 하우스만 박사는 내 아버지와 함께 뉴욕 시 수석 법의학자인 밀턴 헬펀 박사 밑에서 한 달간 단기 교육을 받았다. 당시 열네 살이던 나는 언젠가 내가 하우스만 박사가 세운 샌안토니오의 법의관실을 책임지게 될 줄은 몰랐다.

죽음은 조금도 꾸물대지 않았다. 1956년 7월 2일 텍사스의 첫 법의학자는 취임 두 시간 만에 첫 사건을 맡으면서 법의학 역사에 한 획을 그었다(인력은 조수 한 명에 비서 한 명이 전부였다). 호텔 9층의 스위트룸에서 48세의 백인 남성이 스페인산 32구경 반자동 권총으로 자신의 심장을 쏘았던 것이다.

사건 번호 1번(공식적인 명칭)은 법의학의 관점에서 아주 단순했다 – 오전 11시에 벨보이가 잠긴 문을 두드리다가 한 발의 총성을 들었다. 하지만 인간적인 관점에서는 훨씬 복잡했다. 사건 당사자인 조지프 크롬웰은 영국의 호민관인 올리버 크롬웰의 9대손으로 근처 샌마르코스의 가족 농장에서 살았다. 그의 아버지는 오클라호마 주의 선구적인 석유 채굴자로 엄청난 부를 쌓았다. 외아들이자 유일한 상속자였던 그는 젊은 시절 명문 사관학교를 졸업하고 소위로 임관했다. 아버지의 친구였던 후버 대통령 정부의 육군장관이 힘써준 덕분이었다. 이후 그는 농장에서 벌인 화려한 파티로 유명해졌다. 그리고 최근 10년간 주지육림에 빠진 채 목적 없는 삶을 살았다. 결국 유산은 거의 모두 날아갔다.

1주일 전 조지프 크롬웰은 아무런 귀중품 없이 두어 벌의 옷만

들고 호텔에 투숙했다. 경찰은 속옷 차림에 양말만 신고 침대에 누워 있는 그를 발견했다. 며칠간 면도도 하지 않은 상태였다. 그는 침실용 탁자에 호텔 매니저, 경찰, 아들에게 보내는 유서를 남겼다.

하우스만이 맡은 첫 사건이 평범한 죽음이 아니었다는 것은 단순한 우연일까? 음, 세상에 평범한 죽음은 없다. 가장 평범한 사람의 삶 어딘가에도 평범하지 않은 이야기가 담겨 있게 마련이다.

물론 법의학자의 일은 죽음의 원인과 방법을 판단하는 것이다. 하지만 지각이 있는 사람이라면 때로 궁금해질 것이다. 더욱 깊은 이유가 말이다. 조지프 크롬웰의 가족들은 그가 자살한 진짜 이유를 말하지 않았다. 혹시 그가 자살한 이유가 알려졌더라도 지금은 잊혔을 것이다. 하우스만 박사는 이틀간 자신의 책상에 조지프 크롬웰의 유서를 올려두었다. 이후 의심스럽거나 방치된 죽음이 끝없이 이어지면서 하우스만 박사는 그 유서도 흘려보내야 했다.

우리 모두 그렇다.

내가 샌안토니오에 왔을 때는 법의관실의 누구도 사건 현장에 나가지 않았다. 나는 사건 현장에 조사관들을 보냈다(이전에는 조사관들이 전화로 보고를 받았다). 처음에는 경찰이 자신들을 불신한다는 생각에 짜증을 낼까봐 걱정되었다. 하지만 경찰을 믿지 못하는 것이 아니었다. 과학수사관들은 경찰과 다른 단서들을 찾는다. 다행히 우리 수사관들은 대개 경찰로 근무한 경력이 있었다. 우리 수사반장은 '미스터 살인'으로 유명해진 샌안토니오의 퇴직 형사였다. 현재는 그의 조카가 벡사 카운티 법의학 사무실의 수사반장으로 일하고 있다. 그 역시 살인 사건 수사관이었다.

사건 현장에 가보는 건 중요했다. 정보를 빨리 모을수록 불가사의한 죽음이 설명될 가능성도 높아진다. 나는 수사관들과 법의학자들이 많은 죽음을 조사하길 바랐다. 심지어 죽음의 원인이 분명해 보일 때조차도. 왜냐고? 분명한 것이 항상 진실은 아니기 때문이다.

당시에도 지금처럼 의심스러운 죽음이 발생하면 지역 경찰은 법의관실에 바로 연락했지만 병원들은 항상 그렇게 신속하게, 그리고 기꺼이 연락해오지 않았다. 담당 의사가 사인을 증명할 수 있는 경우 병원들은 환자의 죽음을 신고할 법적 의무가 없었다. 그렇게 수상쩍은 죽음들이 법의 회색 지대로 밀려났다. 병원들은 나쁜 평판, 소송, 불편한 질문들을 피하기 위해 수많은 죽음을 자연스러운 죽음으로 위장했다. 주치의들은 법이 요구하는 확실성이 없어도 다른 누군가가 자신의 의견에 이의를 제기하는 것이 싫어서 사망진단서에 서명해버리는 일이 흔하다.

죽음을 그렇게 다루어서는 안 된다.

샌안토니오에 수석 법의학자로 부임한 첫해, 수상한 죽음을 신고하지 않는 병원들 때문에 점점 좌절감이 커졌다. 특히 카운티 소속의 벡사 카운티 병원이 심했다(이 병원은 텍사스 대학교 건강과학센터의 교육 시설로 쓰였다). 1982년 가을, 나는 더 이상 입을 다물지 않기로 했다. 나는 원인 불명의 죽음들이 법의관실에 신고되지 않고 있음을 알았고, 병원들이 책임을 다하도록 최대한 몰아붙였다. 항의의 의미로 건강과학센터의 교수진에서 물러났지만 아무도 신경 쓰지 않았

ME blasts hospital on death reporting

DiMaio: Suspicious cases not reported

By MARJORIE CLAPP
MEDICAL WRITER

Bexar County Medical Examiner Dr. Vincent DiMaio charged that The University of Texas Health Science Center and the Bexar County Hospital District are "putting themselves above the law" by failing to report suspicious deaths.

The medical examiner's comments to The News came in the wake of reports about his resignation from the faculty of The University of Texas Health Science Center.

DiMaio has been a key figure in a Bexar County Grand Jury investigation of suspicious infant deaths in the pediatric intensive care unit at Medical Center Hospital from 1978 to 1982.

The medical examiner said Monday night he resigned his post as professor of pathology at the school because of repeated failures on the part of the school and hospital to report suspicious deaths, as well as accidents and suicides, to his office.

DiMaio said "all the other hospitals in town have been cooperative in reporting medical examiner cases."

The only hospital that has consistently not reported deaths to the medical examiner has been the county hospital, he said.

"One almost feels that they consider themselves above the law. The ultimate manifestation of this policy may be the alleged coverup of the deaths of the children," DiMaio added.

"Does not the medical school owe a duty to citizens of Bexar County to report suspicious deaths rather than sticking its head in the sand hoping the problem will go away and possibly inflicting injury and death on other individuals in other communities?" he asked.

DiMaio's resignation at the school has no effect on his job as medical examiner.

The medical examiner said he re-

See DIMAIO, Page 4-A

샌안토니오의 벡사 카운티 병원은 사인 불명의 죽음이 있어도 법의관실에 제대로 보고하지 않았다. 결국 내 분노가 폭발하면서 지역 신문의 헤드라인을 장식했다. 이후 간호사 지닌 존스의 충격적인 연쇄살인 사건이 만천하에 드러나게 된다.(San Antonio Express-News/ZumaPress.com)

다. 나는 아무것도 하지 않는 텍사스 대학교의 책임자들을 완전히 무시해버리기로 했다. 오만하고 탐욕스럽고 이상한 벽들에 대고 소리를 질러대는 것은 바보나 하는 짓이었다.

그리고 운명인지 우연인지 어린 첼시 매클렐런의 비극적인 죽음이 귓속말로 내게 전해졌다.

1983년 1월 부법의학자인 코리 메이가 샌안토니오 병리학자들에게 강연을 한 후 의대 친구와 얘기를 나누게 되었다. 신경병리학자인 그 친구는 커빌 지방검사가 어린 소녀의 죽음을 조사하고 있다고 알려주었다. 지방검사는 최근까지 벡사 카운티 병원에서 함께 일했던 의사와 간호사를 의심하고 있었다.

코리 메이의 친구에 따르면 벡사 카운티 병원에 입원했던 몇몇 아기가 수상하게 죽었다. 병원 측은 벌써 몇 년째 조용히 자체 조사를 하고 있었다.

나는 코리 메이에게 그 이야기를 듣고 충격을 받았다. 화도 났다. 나는 몇 달간 그 병원에서 보고하지 않은 죽음에 대해 떠들어댔는데 이제 내 의심을 뒷받침하는 증거까지 나온 것이다. 현실은 내가 상상한 것보다 훨씬 더 심각했다.

다음 날 아침 나는 지방검사실을 찾아갔다. 벡사 카운티 병원에서 누군가가 아기들을 죽이고 있을지도 모른다는 끔찍한 소문을 전하기 위해서였다.

정말로 벡사 카운티 병원은 걱정하고 있었다. 적어도 한 명의 간호사가 의심을 털어놓았다. 적어도 한 명의 의사가 아기의 죽음에 대해 꺼림칙함을 표현했다. 소아집중치료실의 사망률이 이상하게 높았다. 이례적인 것이든 의도적인 것이든 세상에 알려지면 엄청난 파장이 일어날 것이었다.

두 번의 자체 조사는 어떤 결론도 내주지 않았지만 공통점이 표면에 떠올랐다. 간호사 지닌 존스의 이름이 계속 나왔던 것이다. 어두운 초상화가 그려지기 시작했다.

1950년 샌안토니오에서 태어난 지닌 존스는 출생 즉시 입양되었다. 작고 통통한 아이였던 그녀는 자신이 못생겼다고 느꼈다. 계속 거짓말을 하고 소리를 지르고 호들갑을 떨어대고 옆에 있으면 불쾌한 사람이었기 때문에 친구도 거의 없었다. 그녀는 어린 시절 성적·신체적 학대를 받았다는 이야기를 하곤 했다. 하지만 그녀의 고백이 조금 불분명한데다 그녀가 끊임없이 거짓말을 늘어놓은 탓에 아무도 그녀의 말을 믿지 않았다. 그녀는 관심을 끌기 위해 꾀병도 부렸다.

그녀가 열여섯 살일 때는 남동생이 죽었다. 사제 파이프 폭탄이 얼굴에 터졌던 것이다. 1년 후에는 아버지가 암으로 죽었다. 지인들은 그녀가 엄청난 충격을 받았다고 말한다. 지닌이 가족들 중 누구도 자신을 원하거나 사랑하지 않았다고 말하기는 했지만. 지닌의 양어머니가 유일한 지지자였다.

고등학교를 졸업한 지닌은 임신을 위장하여 남자친구와 결혼했다. 그런데 몇 달 후 그는 해군에 입대해버렸다. 지닌은 미용학교에 다니면서 유부남들과 연달아 사귀었다.

남편이 전역하고 그들은 아이를 가졌다. 하지만 그들은 결혼 4년 만에 이혼하고 말았다. 그녀는 진짜로 아이를 갖게 되자 미용사보다 수입이 나은 직업을 찾기 시작했다(그녀는 미용실의 화학약품 때문에 암에 걸릴지도 모른다는 이상한 두려움을 품고 있었다).

그녀는 한때 병원의 미용실에서 일하면서 의사들에게 특별한 호감을 갖게 되었다. 마침내 그녀는 진로를 정했다. 지닌은 아들을 어머니에게 맡기고 공부를 시작했다. 1977년 그녀는 간호사 자격증을 따자마자 또다시 아이를 갖게 되었다. 이번에도 그녀는 아이를 어머니에게 맡기고 간호사로 일하기 시작했다.

놀랍게도 지닌은 아주 훌륭한 간호사였다. 다만 그녀는 자신이 10대 자원봉사자에게만 지시를 내릴 수 있다는 사실에 불만을 품었다. 자신이 중요한 일을 맡아야 한다고 생각한 그녀는 사람들을 진단하는 일에 사로잡혔다. 자신의 일도 아니면서.

지닌은 스물일곱 살 때 첫 직장인 샌안토니오의 감리교회 병원에서 8개월 만에 해고당했다. 성품이 너무 독단적이고 거친데다 자신의 권한을 넘어선 결정까지 내리려 했던 것이다. 그녀는 다음 직장인 샌안토니오의 작은 개인병원도 금방 그만두었다.

1978년 그녀는 벡사 카운티 병원의 소아집중치료실에서 일하게 되었다. 미국에서 열다섯 번째로 큰 도시에서 주로 가난한 시민들을 진료하는 곳이었다. 출발은 순조롭지 않았다. 지위가 가장 낮고 경험이 가장 없는데도 사람들에게 지시를 내리려는 성향이 문제였다. 그녀는 습관적으로 의사들의 지시를 비판하고 따르지 않았다. 또한 자신의 성적 경험을 야하고 자세하게 떠벌리는 것을 좋아했다. 남자 의사들을 노골적으로 유혹하기도 했다.

그녀는 담당 환자가 처음 죽었을 때 기이할 정도로 슬퍼해서 다른 간호사들을 놀라게 했다. 그녀는 병실로 의자를 끌고 가 오랫동안 시신을 들여다보았다. 때로는 아기의 시신을 병원 영안실까지 자신이 직접 옮기겠다고 고집을 부렸다. 노래를 부르면서……. 그런데 그녀는 다음에 어떤 아이가 죽을지 돈을 걸고 내기를 했다. 일종의 '데드 풀' 게임이었다.

지닌은 병상의 환자를 돌보는 일을 했는데 점차 주사를 놓는 일에도 재미를 느꼈다. 또한 이상할 정도로 다양한 약과 그 효능에 관심을 가졌다. 물론 이 모든 것이 간호사에겐 자연스럽고, 심지어 칭

찬할 만한 일로 보인다.

1981년 크리스마스 직후 롤런도 산토스(생후 4주)가 폐렴으로 소아집중치료실에 입원했다. 아이는 입원 즉시 인공호흡기를 달았다.

사흘 만에 아이는 원인 불명의 발작을 일으켰다. 다시 이틀 만에 아이는 몸에 생긴 몇 개의 바늘구멍으로 피를 흘렸고 심장까지 잠시 멈췄다. 며칠 후 또다시 출혈이 시작되자 여러 검사가 실시되었다. 그 결과 심장질환자에게 사용되는 항응혈제인 헤파린이 아이의 몸에서 검출되었다.

얼마 후에 아이는 다시 출혈을 시작했다. 롤런도의 주치의가 헤파린을 중화시키는 해독제를 주사하자 출혈이 멈췄다. 롤런도의 주치의는 아직도 많이 아픈 아이를 집중치료실 밖으로 내보냈다. 집중치료실은 그 아이에게 너무 위험했던 것이다.

4일 만에 건강을 회복한 롤런도 산토스는 병원에서 퇴원했다.

병원 측은 누군가가 아이에게 필요하지도 않은 헤파린을 과잉 투여했다는 확실한 증거를 확보했다. 의대 학장에게는 '목적이 있는 간호상의 사고'라는 내용의 보고서가 올라갔다. 학장은 사인 불명의 죽음과 치명적인 사고가 이어지는 소아집중치료실을 계속 감시하겠다고 약속했다.

지닌 존스는 집중치료실에서 사람들을 불안하게 했지만 롤런도 산토스 사건 같은 수상한 일들의 용의자로 의심받지는 않았다. 소아집중치료실에서 보낸 4년간 그녀는 분란을 일으키는 사람임이 증명되었지만 결코 해고당하지는 않았다. 몇몇 동료가 사인 불명의 비극들에 대해 경고를 했는데도 말이다.

비극은 너무 자주 벌어졌다. 존스가 그 병원에 재직하는 동안 42명의 아이가 죽었다. 그중 34명(그 병원에서 죽은 다섯 명의 아기 중 네 명꼴)은 존스가 근무 중일 때 죽었다. 다른 간호사들은 존스가 근무하는 3시부터 11시까지를 '죽음의 시간'이라고 불렀다. 존스는 자신이 '죽음의 간호사'로 알려지는 것에 대해 불평했다. 아마 이유가 있었을 것이다. 그녀가 근무하는 동안 병원의 유아 사망률은 거의 세 배로 치솟았다.

그런데도 병원 측은 카운티의 법의학자인 내게 아무것도 알리지 않았다.

1982년 병원 측은 아무것도 증명할 수가 없었고 세상에 사건을 공개하고 싶지도 않았다. 그래서 병원 측은 대대적인 홍보전을 펼치면서 사망자 수를 축소 발표했다. 그러고는 경험이 풍부한 등록 간호사들을 소아집중치료실에 배치하겠다고 약속했다. 한편으로 병원 측은 조용히 두 명의 간호사를 내보냈다. 바로 지닌 존스와, 지닌 존스를 의심한 간호사였다.

상사들에게 훌륭한 추천서를 받은 지닌은 벡사 카운티 병원에서 레지던트 과정을 마치고 텍사스 커빌에서 소아과를 개업하려는 케이시 홀런드에게 금세 채용되었다.

그리고 몇 달 후에 샌안토니오 병원의 전직 간호사(그리고 그곳에서 수련을 받은 의사)가 커빌에서 벌어진 사망 사건에 휘말리게 되었고 샌안토니오 지방검사가 다른 죽음들에 대해서도 조사를 시작했으며 나는 병원 측에 더욱 투명하게 자료를 공개하라고 압력을 넣었다. 가장 파괴적인 폭풍이 몰아치기 직전이었다.

첼시 매클렐런이 죽은 후에도 홀런드 박사의 병원에서는 아이들이 계속 원인 불명의 발작과 호흡부전과 의식불명에 시달렸다. 놀랍게도 첼시가 죽은 날에도 또 다른 아이가 존스에게 주사를 맞고 비슷한 발작을 일으켰다. 당시 홀런드 박사는 첼시를 부검하느라 바빴고 병원에는 지닌뿐이었다.

아이는 급히 커빌 병원으로 옮겨졌다. 그곳 마취과 의사는 늘어진 아이를 보자 숙시닐콜린이 주사되었음을 알아차렸다. 숙시닐콜린은 온몸의 근육을 마비시키는 속효성 약물이었다. 그는 이런 의심을 병원 측에 알렸고 병원 측은 커빌 지방검사인 론 서턴에게 알렸다.

갑자기 케이시 홀런드 박사와 그녀의 간호사 지닌 존스와 숙시닐콜린에 의심의 눈길이 쏠렸다.

숙시닐콜린은 1950년대 이후 목 근육을 이완시키고 호흡 튜브를 삽입하기 위해 종종 사용되었던 마비용 약물이다. 몇 초 안에 효과가 나타나 몇 분간 지속된다. 발버둥치는 환자에게 관을 삽입하기에는 충분한 시간이다.

인체는 숙시닐콜린을 체내에서 통상적으로 발견되는 자연적인 부산물로 재빨리 분해한다. 따라서 일상적인 부검으로는 숙시닐콜린을 놓치게 된다. 1980년대 초반까지만 해도 혈액에서 조금 이상한 성분이 나와도 쉽게 간과되었다. 그리고 숙시닐콜린의 사용이 의심되어도 살인죄를 뒷받침할 분명한 증거는 남지 않았다. 그리하여 유명한 변호사인 F. 리 베일리는 별다른 흔적을 남기지 않고 사라지는 숙시닐콜린을 '완벽한 살인 무기'라고 부르기도 했다.

숙시닐콜린 과다 투여로 사망하는 것은 정말 괴로운 일이다. 불운한 희생자는 의식이 명료한 가운데 심장과 횡격막을 포함한 온몸의 근육이 마비되어간다. 그러면 호흡이 멈추고 질식하게 된다.

수사 초기 홀런드 박사에 대한 의심은 사라졌다. 홀런드 박사는 검찰이 지닌 존스의 혐의를 밝히도록 돕고 있었다.

홀런드 박사의 병원에는 숙시닐콜린이 두 병 있었다(지닌 존스가 약품을 관리하고 주문했다). 그런데 첼시가 죽은 직후 그중 한 병이 잠깐 사라졌다. 나중에 지닌 존스가 그 병을 다시 찾았을 때는 병이 열려 있고 고무마개에 두 개의 바늘 자국이 나 있었다. 그러나 병은 가득 채워져 있었다.

홀런드 박사는 숙시닐콜린 사건 이후 존스를 바로 해고했다. 한 번도 숙시닐콜린을 처방한 적이 없는데 약병에 바늘 자국이 나 있었기 때문이다. 나중에 분석해본 결과 개봉된 숙시닐콜린 병에는 식염수가 섞여 있었다.

한편 벡사 카운티 병원은 지닌 존스가 간호사로 근무하던 시절 이례적으로 높았던 소아집중치료실의 사망률에 대해 세 번째 조사를 실시했다. 샌안토니오 대배심도 지닌이 일한 1978년부터 1982년 초까지 소아집중치료실에서 벌어진 120건 이상의 사망 기록을 하나하나 검토했다.

결국 대배심은 10여 명의 의심스러운 죽음에 초점을 맞췄다. 모두 지닌 존스가 맡은 환자였고 그중 단 한 명의 죽음만 법의관실에 신고되었다. 의대생들이 부검했고 참관인이 있었던 것으로 기록되었다. 당연히 숙시닐콜린은커녕 어떤 의심스러운 증거도 나오지 않았다.

그런데 1983년경 우리에게 새로운 도구가 생겼다. 스웨덴 독물학자인 보 홀름스테트 박사(왕립과학아카데미에서 노벨상 수상자 선정에 참여했다)가 시체에서 숙시닐콜린을 검출하는 새로운 방법을 개발했던 것이다. 문제는 그의 방법이 아직 어느 법정에서도 검증되지 않았다는 것이었다.

우리는 홀름스테트 박사에게 연락했고 그는 돕고 싶어 했다. 하지만 그는 조건 하나를 내걸었다. 텍사스 주가 지닌 존스에게 사형 판결을 내리지 않을 경우에만 증언을 하겠다는 것이었다.

살인 용의자를 풀어줄지, 아니면 가벼운 형벌을 줄지에 직면한 지방검사 서턴은 후자를 선택했다. 그는 홀름스테트의 조건을 받아들였다. 지닌 존스는 기소되어도 사형 판결은 면하게 되었다.

하지만 아직 커다란 문제 하나가 남아 있었다. 무덤 안의 어린 소녀가 우리에게 어떤 이야기라도 들려줄 수 있을까?

고요하고 청명한 1983년 5월 7일 토요일 아침, 우리는 첼시 매클렐런을 무덤에서 꺼냈다.

우선 공동묘지 밖에 모여 있는 구경꾼들과 기자들의 시선을 차단하기 위해 무덤 주위에 텐트로 임시 영안실을 세웠다. 그런 다음 약 90센티미터 아래에 묻힌 작은 관을 파내기 시작했다. 아이의 부모는 발굴을 허락했지만 작업 과정을 지켜보지는 않았다. 그들은 아이를 다시 꺼낸다는 생각만 해도 속이 뒤틀린다고 했다. 하지만 그것만이 첼시를 위해 정의를 세울 유일한 기회였다.

사실 우리가 그날 그곳에 서 있어서는 안 되는 거였다. 첫 번째 부검은 법의학자가 아니라 사설 병리실험실과 텍사스 의대 의사(코리 메이에게 이 사건에 대해 처음 알려주었을 뿐만 아니라 지난 존스와도 개인적인 친분이 있었던 신경병리학자)가 실시했다. 하지만 그들은 아무것도 발견하지 못했고 조직 샘플도 제대로 보관되지 않았다. 그래서 우리는 아이의 무덤을 파헤칠 수밖에 없었다.

나는 이런 사실들을 알았다. 우선 첼시 매클렐런의 사인은 SIDS가 아니었다. 첼시는 SIDS로 죽기에는 나이가 많았고 상황도 맞지 않았다. 일반적으로 SIDS는 한 살이 되지 않은 아기들의 유아 돌연사를 설명하는 용어였다. SIDS는 대개 아이가 잠자는 동안 발생한다. 당시 15개월이었던 첼시는 병원에서 활발하게 움직이다가 죽었다. 주사를 맞은 후에. 간호사의 품에서.

이제 아이는 8개월 전의 모습 그대로 관에 누워 있었다. 관에는 담요와 장난감이 들어 있고 아이는 예쁜 분홍색 드레스를 입고 있었다. 금발에 분홍색 리본을 묶은 아이는 섬세한 사기 인형 같아서 우리는 아이를 건드리기가 미안했다.

그냥 껍데기일 뿐이야. 나는 스스로에게 되새겼다.

장의사는 이 아이가 첼시임을 확인해주었다. 나는 아이의 옷을 벗기고 다리에서 바늘 자국을 찾았지만 놀랍게도 아무것도 나오지 않았다. 숙시닐콜린이 투여되었을 양쪽 허벅지에서 근육을 조금 떼어냈다. 그리고 양쪽 신장, 간, 방광, 담낭을 떼어낸 다음 시신을 수습했다. 장의사가 아이에게 다시 옷을 입히고 조심스럽게 관에 눕혔다. 아이는 다시 인형을 안고 담요에 싸였다. 그동안 나는 아이의 영혼을 위해 짧게 기도했다.

그냥 껍데기일 뿐이야.

한 시간도 걸리지 않았다.

나는 샘플들을 얼렸다. 독물학자가 8,000킬로미터 이상 떨어진 스톡홀름의 홀름스테트 박사에게 증거물을 전달했다. 11일 만에 우리는 홀름스테트 박사의 보고서를 받았다. 그는 첼시의 조직에서 숙시닐콜린이 검출되었다고 했다.

이제 지닌 존스에게 초점이 맞춰졌다. 5월 25일 커빌의 대배심은 그녀를 한 건의 살인과 일곱 건의 상해(첼시를 포함해 병원에서 사망에 이를 뻔했던 사건들) 혐의로 기소했다. 지닌 존스가 숙시닐콜린 같은 약물을 아이에게 주사했다는 것이었다. 비록 그 동기는 알려지지 않았지만.

재혼한 남편과 함께 친척들을 방문 중이던 존스는 오데사에서 체포되었다. 그녀는 범행을 부인했고 판사는 국선변호인을 배정하기 전에 22만 5,000달러의 보석금을 부과했다. 2주 뒤에 그녀는 보석금을 내고 석방되었다. 재판은 불구속으로 진행될 예정이었다.

유죄판결이 나면 그녀는 여덟 건의 혐의에 대해 각각 5년형부터 종신형까지 선고받게 된다.

이제 진짜 싸움이 시작되었다.

첼시 매클렐런이 죽고 거의 1년 6개월이 지난 1984년 1월 19일, 일곱 명의 여자와 다섯 명의 남자가 텍사스 주 조지타운의 배심원석에 앉았다. 그들은 간호사 지닌 존스가 냉혹한 아기 살인자인지, 아니면 풋내기 의사들 때문에 누명을 뒤집어쓴 희생자인지 결정할 것이었다. 첼시 매클렐런은 살해되었을까, 아니면 자연적인 원인으로 죽었을까?

〈뉴욕 타임스〉를 비롯한 미국 전역의 언론사 기자들이 오스틴 교외로 몰려들었다. 미국인들은 거의 1년간 언론을 통해 역겹고 충격적인 사건을 접하게 되었다. 그들이 알고 싶은 것은 단순히 불쾌한 유아 살해의 세부 사항이 아니었다. 그들은 어떻게 인간이 아기를 죽일 수 있는지 의아했던 것이다.

커빌 지방검사인 론 서턴에게는 대체로 정황증거밖에 없었다. 그는 아주 짧은 모두진술에서 이렇게 말했다.

"엄청나게 많은 정황증거가 있습니다."

그는 '이상하고 복잡한' 퍼즐 조각들을 모두 들려주겠다고 배심원들에게 약속했다.

첫 주에 등장한 검찰 측 증인들은 첼시의 이야기를 사실적으로 들려주었다. 홀런드 박사의 진료실에서 이송된 첼시를 돌보았던 커빌 병원의 응급실 간호사, 아이의 어설픈 움직임이 숙시닐콜린에서 회복되는 모습과 비슷하다고 생각했던 마취 전문의, 지닌 존스가 어린 소녀에게 주사를 놓기 전까지는 모든 것이 괜찮았다고 증언한 구급차 기사, 숙시닐콜린에 대해 듣기 전까지는 어린 소녀의 사인을 전혀 몰랐다고 공개적으로 인정한 최초의 부검 병리학자.

재판 첫날, 나는 증인석에서 12년 전의 마사 우즈 사건을 회상했다. 또다시 우리는 SIDS와 아이의 죽음(이 아이도 마사 우즈만큼이나 많은 아이들의 죽음을 목격한 또 다른 여인의 손에서 죽어갔다)에 대해 논쟁하고 있었다. 역사는 반복된다.

나는 배심원단에 말했다.

"아이는 (SIDS로 죽기에는) 나이가 많습니다. 우리는 아이의 사인을 모르는 경우 SIDS라고 그럴듯하게 말합니다."

내가 순화된 말로 재부검에 대해 묘사하는 동안 배심원들은 무표정하게 앉아 있었다. 그들은 내가 이야기하는 동안 부검을 지켜보는 듯했다. 섬뜩하지만 필수적인 과정이었다.

그다음으로 첼시의 엄마인 28세의 페티 매클렐런이 증인석에 섰다. 처음부터 긴장과 슬픔에 빠진 그녀는 첼시가 태어나서 죽을 때까지 단 15개월간의 짧은 삶을 묘사했다. 때로 그녀의 목소리가 너무 작아서 배심원은 그녀에게 몇 번이나 크게 말해달라고 했다.

그녀가 홀런드 박사의 진료실에서 첼시가 처음으로 호흡 발작을 일으킨 순간을 묘사하는 동안 법정은 쥐 죽은 듯이 고요했다. 그녀의 증언에 따르면 지닌 존스는 아이가 '단지 주사를 무서워하는 것일 뿐'이라고 말했다. 하지만 첼시는 공포가 가득한 눈으로 약하게 훌쩍였다고 한다.

"지닌 존스는 그렇게 말하고 무엇을 했죠?"

서턴이 페티에게 물었다.

"또 주사를 놓았어요."

"그러고는요?"

"아이가 헝겊인형처럼 축 늘어졌어요. 헝겊인형 같았어요."

페티가 울었다.

페티는 그날 홀런드의 진료실에 들렀다가 뜻밖에도 구급차로 필사의 질주를 벌이게 되었다고 증언했다. 하지만 그들의 질주는 작은 병원 주차장에서 끝났다. 그 주차장에서 그녀의 남편은 구급차 운전사와 이야기를 나누고는 그녀에게 마음을 단단히 먹으라고 말했다.

그녀가 고통스럽게 말했다.

"난 첼시가 절대 죽을 리가 없다고 말했어요. 그럴 리가 없었어요. 아이는 아프지 않았어요. 아프지 않았다고요!"

변호사는 반대신문 중에 첼시가 조산아였고 다른 건강상의 문제가 있었음을 누누이 강조했다. 하지만 페티는 강경했다. 네, 첼시는 허약하게 태어났지만 그날 아침에는 완벽하게 건강했어요. 그녀가 말했다. 그날 첼시는 병원에 갈 일도 없었어요.

페티는 검찰 측의 감정적 면을 대변했다. 하지만 모든 것은 홀름 스테트에게 달려 있었다. 유일한 문제는 그의 새로운 방법이 생사가 걸린 범죄 사건에 활용되기는커녕 세상에 발표된 적도 없다는 것이었다. 검찰 측과 변호인 측은 홀름스테트의 결론을 받아들일 수 있는지에 대해 다툼을 벌였다.

기나긴 하루가 끝나갈 무렵 배심원들은 홀름스테트의 증언을 허용하기로 했다. 그리하여 이웃집 할아버지 같은 홀름스테트가 강한 스웨덴 악센트가 섞인 말투로 지닌 존스에게 가장 불리한 증거를 내놓았다. 그는 첼시의 조직에서 숙시닐콜린의 흔적을 찾았다고 말했다.

검사가 자기주장을 펴는 내내 간호사는 피고인석에 냉정하게, 심지어 지루한 듯이 앉아 있었다. 그녀는 멍하니 앉아 있다가 가끔 글자를 쓰고 뭔가를 끼적이고 껌을 씹었다. 그녀는 자신의 변호사와 달리 자신이 무혐의로 풀려날 거라고 확신했다. 어느 순간 그녀는 스티븐 킹의 호러 소설인 『애완동물 공동묘지』를 법정에 가져다 달라고 했다. 변호사들이 배심원들에게 나쁜 인상을 준다면서 그녀를 만류했다.

검찰 측의 마지막 증인들 중에는 그녀의 옛 상사이자 친구인 케이시 홀런드 박사도 있었다. 한때 용의자였던 홀런드 박사는 이제 검찰 측의 강력한 증인이 되었고…… 간호사에겐 최악의 악몽이 되었다.

며칠에 걸쳐 홀런드는 자신이 지닌을 어떻게 고용하게 되었는지, 그들이 어떻게 일했는지를 진술했다. 그녀는 첼시와 다른 아이들의 갑작스러운 발작에 대해 말했다. 숙시닐콜린 병에서 찾아낸 바늘 자국에 대해서도 증언했다. 그 병은 가득 채워져 있었지만 분석 결과 식염수가 섞여 있었다고 했다. 그녀는 지닌 존스가 어설프게 자살을 시도하면서 '당신에게, 그리고 내가 삶을 바꿔버린 일곱 사람에게' 사과하는 메모를 남겼음을 회상했다. 법정은 망연자실해졌다. 그것은 분명한 자백으로 보였기 때문이다.

지닌의 태도가 바뀌었다. 그녀는 화를 내면서 홀런드가 거짓말을 하고 있으며 자신을 배신했다고 주장했다. 변호사의 반대신문 중에 홀런드는 자신이 첼시의 죽음에 대한 견해를 바꿨음을 인정했다. 하지만 그것으로 충분했을까?

마사 우즈 사건처럼 판사는 '이전의 악행'이 지닌의 '범행'을 증명해주는지를 결정해야 했다. 결국 판사는 지닌 존스와 마주쳤던 다른 아이들에 대해서도 증언을 들었다. 서턴이 약속했듯이 모든 퍼즐 조각이 제자리에 맞춰졌다.

검찰 측이 내세운 44명의 증인과 64건의 증거물은 모두 지닌 존스의 유죄를 증명했다.

변호사는 지방검사의 증거를 논박하기 위해 주로 의료 전문가들을 동원하여 활발하게 변론을 펼쳤다. 그들은 지닌에게 증언하지 말라고 조언했다. 지닌이 입을 열면 독선적인 거짓말쟁이라는 사실이 금세 드러날 것임을 알기 때문이었다. 하지만 지닌은 소아집중치료실에서 의사들의 지시를 무시했던 것처럼 변호사들의 조언을 무시했다. 그녀는 증인석에서 검사 측의 모든 증언에 이의를 제기했다.

재판 한 달 만에 '텍사스 주 대 지닌 존스' 사건은 종반으로 다가

갔다. 이제는 최후진술만 남았다.

샌안토니오의 지방검사보 닉 로스는 두 시간 분량의 감동적인 최후진술로 검찰 측의 주장을 요약했다(롤런도 산토스 사건도 함께 심리 중이었기 때문에 닉 로스가 서턴을 돕고 있었다).

로스가 말문을 열었다.

"우리는 원래 주제로 돌아가야 합니다. 어린 소녀가 죽었습니다. 바로 이 소녀죠."

그는 첼시 매클렐런의 사진을 들었다.

그는 병원에 갔다가 결국 죽음을 맞거나 생명을 위협받았던 아이들을 다시 상기시켰다. 그는 배심원단에 이젤에 붙인 커다란 달력을 봐달라고 했다. 달력에는 홀런드 박사의 병원에서 아이들이 발작을 일으켰던 날마다 작은 헝겊인형이 붙어 있었다.

"달력 전체에 인형들이 붙어 있습니다."

로스가 말했다. 그리고 그는 달력에 인형이 붙어 있지 않은 1주일을 가리켰다. 그날들은 비어 있었다. 왜?

"지닌 존스가 병원을 비운 주입니다. 간호사가 없었기 때문에 헝겊인형이 붙지 않은 것입니다."

침묵.

변호인 측은 사건을 이렇게 요약했다. 첼시는 자연적인 원인으로 사망했다. 지닌 존스는 무고한 희생양이다. 그리고 홀런드 박사가 오히려 수상쩍다.

존스의 변호사가 말했다.

"그들은 진실을 은폐하기 위해 최선을 다했습니다. 그렇게 여러분을 혼란과 공황에 빠뜨리고 협박을 해서 유죄판결을 이끌어내기 위해서죠."

지방검사 서턴이 잠깐 동안 변호사를 반박했다. 그 후 판사는 배심원단에 사건을 넘겼다. 1984년 2월 15일 2시가 조금 지난 시각이었다.

"책이라도 읽고 있어야겠어요."

판사는 길고 힘든 숙의가 이어질 것으로 예상하고 서기에게 그렇게 말했다.

하지만 그의 예상은 빗나갔다. 배심원단은 세 시간도 지나기 전에 평결을 냈다. 지역 방송국이 방송 중간에 배심원단의 평결을 속보로 내보냈다.

유죄였다.

법정 밖에서 슬로건을 들고 있던 소규모의 시위자들이 환호성을 질렀다. 존스에게 희생된 아이들의 가족은 법정에서 포옹을 하고 울음을 터뜨렸다. 매클렐런 부부에게 평결은 달콤씁쓸했다. 평결로 딸이 돌아오지는 못하지만 살인자는 여생을 교도소에서 보낼 것이다.

첼시의 할머니가 기자에게 말했다.

"이제 아이를 묻을 수 있어요. 그리고 더 이상 아이를 파내는 일은 없겠죠."

자신이 풀려날 것이라고 확신했던 존스는 실망으로 눈물을 흘리며 교도관들에게 끌려갔다. 그렇게 그녀는 경찰차를 타고 교도소로 향했다.

며칠 후 그녀는 첼시 매클렐런에게 치명적인 약물을 주사한 혐의로 99년형을 선고받았다. 몇 달 뒤 그녀는 롤런도 산토스에게 고의로 상해를 입힌 혐의에 대해 유죄판결을 받고 6년형을 선고받았다. 정의는 이루어졌다. [당시 샌안토니오 지방검사는 〈워싱턴 포스트〉 기자에게 이렇게 말했다. "지닌 존스를 추가 기소하지는 않을 겁니다. 별 쓸모가 없기 때문이죠. (그녀는) 여생을 교도소에서 보낼 것입니다."]

하지만 당시에는 아무도 형벌에 숨겨진 함정을 몰랐다. 그 함정은 몇십 년 뒤에야 정체를 드러냈다.

그리고 그 함정이 드러나는 순간 우리는 어린 소녀를 또다시 무덤에서 파내는 기분이 들었다.

그녀는 왜 그랬을까?

아무도 모른다. 마사 우즈처럼 대리인에 의한 뮌하우젠 증후군일 가능성이 있다. 검찰에 따르면 지닌 존스에게는 영웅 콤플렉스가 있었다. 그녀는 (그녀 때문에 죽음이 임박한) 아이를 구하고는 사람들의 관심을 받았다. 그녀는 그런 관심을 병적으로 갈구했다. 검찰은 그녀에게 아이를 죽일 의도는 없었을지도 모른다고 말했다. 그저 아이들을 죽음 직전으로 몰고 갔다가 구하려고 했을 가능성이 높다는 것이다. 다른 사람들의 증언에 따르면 그녀는 생사의 드라마에서 주인공으로 권력을 누리고 싶어 했다. 어쩌면 그녀는 흥분을 즐겼을지도 모른다. 또는 자신이 반신반인처럼 존경하던 의사들에게 칭찬을 받고 싶었을지도 모른다. 아니면 자신이 어린 시절에 당했다는 아동학대를 다른 아이들에게 직접 실행했던 것일지 모른다.

우리는 아무것도 모르고 그녀는 아무 말도 하지 않는다.

마사 우즈의 경우처럼 지닌 존스의 동기도 이성적으로 이해하기에는 너무 복잡할지 모르겠다. 나는 지닌 존스가 아니라 첼시 매클렐런을 비롯하여 지닌 존스의 품에서 생을 마친 아이들에게 의무가 있다.

이 비극적인 이야기에는 두 악당이 등장한다. 첫 번째 악당은 여전히 몇 명을 죽였는지 밝혀지지 않은 사이코패스 연쇄살인범 지닌 존스다. 두 번째 악당은 진실과 마주하기보다 치부를 덮기에 급급했던 정치적인 병원 문화다.

지닌 존스는 자신이 돌본 46명의 유아와 어린이를 죽였을지도 모른다. 하지만 피해자의 숫자는 정확히 밝혀지지 않았다. 재판 이후 벡사 카운티 병원이 존스가 근무했던 시절의 병원 기록을 거의 30톤이나 파쇄하면서 그녀에게 불리한 증거들도 함께 사라졌기 때문이다. 병원은 일상적인 문서 파기였다고 주장했다. 검찰 측은 법적 책임과 언론의 비난을 피하기 위한 조치였을 것으로 추측했다.

선량한 부모들이 아이를 잃었다. 선량한 사람들이 일자리를 잃었다. 하지만 정치인, 변호사, 의사들은 항상 그랬던 것처럼 아무런 책임도 지지 않고 빠져나갔다.

우리는 순진한 아이들을 살해한 지닌 존스의 사건에서 아무것도 배우지 못했다.

아무것도.

2014년 텍사스 가석방심의위원회는 아홉 번째로 지닌 존스의 가석방을 기각했다. 초반에는 그녀의 석방에 반대하는 사람들이 항상 있었다. 시간이 지나면서 반대하는 사람들은 점점 줄어들고 점점 조용해졌다. 이제 64세인 존스는 자신이 신장병 4단계로 죽어가고 있다면서 연민을 바랐다. 그녀가 첼시 매클렐런을 살해한 혐의로 교도소에 들어간 지도 30년이 지났다. 그녀의 머그샷(범인 식별용 얼굴 사진 - 옮긴이)에는 냉정한 30대가 아니라 시무룩하고 촌스러운 여자(연쇄살인범이라기보다는 학교 급식 아주머니 같다)가 등장한다.

하지만 지닌 존스는 여전히 위험하다.

1980년대에 그녀가 99년형을 선고받을 당시 텍사스에는 붐비는 교도소를 개선하기 위한 의무적인 석방법이 있었다. 그에 따라 아무리 사악하고 폭력적인 수감자라도 모범적으로 하루를 보내면 3일을 복역한 것으로 인정해주었다. 1977년과 1987년 사이 텍사스에 수감된 1,000명 이상의 수감자가 여전히 교도소에 있다. 그들은 의무적인 석방법의 적용 대상이며 그중 수백 명이 살인자다. 법은 나중에 개정되었지만 존스에게는 개정 이전의 법이 적용된다.

지닌 존스는 30년 이상 나쁜 짓을 하지 않았다. 그래서 교도소에서 죽는 대신 2018년 3월 1일 석방될 것이다. 자유인이 되는 것이다.(검찰은 지닌 존스의 석방을 막기 위해 2017년 새로운 살인 혐의로 추가 기소했다 – 옮긴이)

샌안토니오(적어도 이곳에 있는 한 병원에서 존스는 수십 명의 아기를 죽였을지도 모른다) 지방검사실은 그녀 곁에서 죽은 수많은 아기들 중에서 살인 증거를 찾고 있다.

우리는 살해 피해자일지도 모를 작은 시신들을 파낼 생각이지만 확실한 과학적 증거가 나올 가능성은 낮다. 존스가 검출하기 힘든 숙시닐콜린을 주사했거나 단순히 질식사시켰다면 시신에 분명한 단서가 남아 있지 않을 것이다.

최근에 1983년의 대배심 기록이 공개되었다. 거기에는 새로 기소하기에 충분한, 오래된 병원 문서들이 들어 있을지도 모른다. 지닌 존스를 교도소에 가둬두기 위해 필사적으로 노력하는 사람들에게는 이 기록이 마지막 희망일지 모른다. 이런 필사적인 노력이 효과가 있을지는 시간이 지나면 알게 될 것이다.

무슨 일이 벌어지지 않는다면, 그리고 지닌 존스가 그때까지 살아 있다면 2018년 그녀는 자유인으로 텍사스 교도소에서 걸어 나올 것이다. 그러면 미국 역사상 최초로 구금되어 있던 연쇄살인마를 알면서도 의도적으로 사회에 풀어주는 것이다.

그녀에게 희생된 이들을 보살펴주기에는 너무 늦었다. 하지만 살아 있는 사람들은 지켜줘야 하지 않을까.

7

비밀과 퍼즐

우리 모두는 인생의 퍼즐에 얽혀든다. 우리는 우리가 대답할 수 없는 미스터리가 있다는 사실을 인정하면서도 답을 찾아 헤맨다. 그래서 우리는 퍼즐 조각을 끊임없이 맞추고 끊임없이 흩뜨린다. 지금까지 항상 그랬고 앞으로도 항상 그럴 것이다. 물론 죽음도 많은 퍼즐 조각을 던져준다. 하지만 죽음의 미스터리는 숨겨진 것이 아니라 드러난 것에 답이 있다. 미스터리를 들여다보고 궁금해하는 것이 부자연스러운 것이 아니다……. 외면하고 떠나버리는 것이 부자연스러운 것이다.

1984년 7월 5일 와이오밍 주 휘틀랜드.
마틴 프리아스는 몸도 마음도 아파서 하루 종일 혼자 지냈다.
며칠째 여자친구와의 말다툼이 계속되었다. 그녀는 그의 곁에 있고 싶지도 않은지 그날 오후 아이들을 데리고 공원으로 갔다. 덕분에 그녀는 그의 헛소리를 견디지 않아도 되었다. 그는 반은 미안하고 반은 짜증스러웠다.

마틴은 1979년에 일자리를 찾아 멕시코에서 미국으로 밀입국했다. 그는 와이오밍까지 흘러들었다. 와이오밍에는 일자리가 많고 남자가 숨어 있기에도 좋았다. 1981년 그는 어니스틴 진 페리를 만났다. 이혼녀인 그녀는 네 살배기 딸을 키우고 있었다. 그들은 20대 초반이었고 안전하게 정착할 곳을 찾고 있었다.

와이오밍 주 휘틀랜드는 프레리 농장 지대였다. 그들은 휘틀랜드 남서쪽의 불모지에 흰색과 초록색의 작은 트레일러를 임대했다. 철로 반대편의 흙길이었다. 마틴은 채석장에서 좋은 일자리를 찾았다. 그는 목소리가 부드럽고 진지하고 성실한 사람이었다. 키는 175센티미터 정도이지만 체격이 탄탄했다. 소년 시절 멕시코에서 장래가 촉망되는 야구 선수(투수)였다.

마틴의 고용주는 그를 마음에 들어 했다. 그가 일할 때는, 그러니까 돈이 들어올 때는 인생이 괜찮았다.

하지만 마틴의 오른팔이 암석분쇄기에 거의 잘릴 뻔한 이후 두어 달 동안은 일이 풀리지 않았다. 첫 번째 수술이 제대로 되지 않아 두 번째 수술을 받아야 했다. 회복되는 동안 산재보상금을 받고 있었다.

그의 오른팔은 부목 속에서 제 역할을 못했고 돈은 없었다. 그는 어니스틴이 아직 학교에 다니지 않는 세 아이를 돌보는 동안 하루 종일 트레일러에 앉아 싸구려 맥주를 마시고 TV를 보았다. 그는 술을 마시는 어니스틴에게 잔소리를 했다. 그녀가 내놓은 요리에 잔소리를 했다. 그녀의 친구들에 대해 잔소리를 했다. 그녀는 화를 내며 그에게 똑같이 갚아주었다. 그녀는 전남편을 스크루드라이버로 찔렀던 것처럼 종종 마틴에게 발끈했다. 어니스틴은 아이들을 데리고 이사할 거라고 어머니에게 말했다. 그녀는 이미 샤이엔에 있는 어머니의 오두막에 자신의 짐을 일부 옮겨놓았다.

7월 4일 이후 여전히 분노가 식지 않았던 어니스틴은 아이들을 데리고 마을 공원으로 나가 친구들을 만났다. 누군가가 맥주를 잔뜩 가져왔다. 그녀는 술을 마시면서 분노를 누그러뜨렸고 괴로움도 잊어버렸다. 그녀는 잔디밭에서 젊은 남자들과 시시덕거리면서 자유를 느끼고 마틴도 잊어버렸다. 그러다 집으로 돌아갈 때가 되자 그녀는 큰 말다툼이 있었다고 친구들에게 농담 삼아 말했다.

어니스틴은 마틴이 자신을 따라와 트럭에서 지켜보는 것을 몰랐다. 그는 그녀가 남자들과 노닥거리는 모습에 분노했다. 그는 그곳을 빠져나와 술을 마셨다.

그날 밤 9시 30분쯤 마틴은 어두운 트레일러로 돌아왔고 어니스틴과 아이들은 그보다 늦게 돌아왔다. 마틴은 아이들을 다른 방에 재웠다. 어니스틴은 지난 며칠간 그랬던 것처럼 혼자 침실로 들어가 문을 닫았다.

마틴의 길고 슬펐던 날은 조용히 끝났다. 그는 불을 끄고 소파 겸 침대에 누웠다. 침실에서 쫓겨난 이후 계속 여기서 잠을 잤다. 그는 어니스틴과 결판을 내지 못한 불편한 하루를 마치고 뒤척거리다가 결국 잠이 들었다.

하지만 그는 오래 자지 못했다. 밖에서 누군가가 트레일러를 차는 것처럼 쿵 소리가 들려왔다. 아마 바람에 날아온 뭔가가 트레일러에 부딪혔거나 들개가 어슬렁거리는 소리일 것이다. 그는 일어나 아이들의 방을 들여다보고 어두운 바깥을 내다보았다. 아무것도 없었다. 다시 소파에 누워 잠시 귀를 기울였지만 아무 소리도 들리지 않았다. 그는 다시 잠이 들었다.

두어 시간 후인 1시쯤 마틴은 아이의 울음소리에 다시 깼다.

숙취로 몽롱했던 마틴은 어둠 속에서 울음소리가 들리는 곳으로 어기적거렸다. 울음소리는 어니스틴의 방에서 나는 듯했다.

그는 문을 열고 불을 켰다. 그는 잠시 후에야 눈앞의 광경을 이해했다. 어니스틴은 배에 생긴 커다란 상처로 피를 흘리며 바닥에 똑바로 누워 있었다. 그녀의 딸이 엄마의 머리를 잡고 심하게 흐느끼고 있었다. 피와 살점이 문 옆의 벽에 흩뿌려져 있고 마틴의 사냥용 라이플인 300구경 웨더비 매그넘이 어니스틴의 다리 사이에 놓여 있었다.

그녀는 움직이지 않았다. 숨도 쉬지 않았다.

어니스틴 페리는 죽었다. 스물여덟 번째 생일을 2주 앞두고 있었다.

공포에 질린 마틴은 아이를 안고 부엌으로 뛰어가 911에 전화했다. 영어가 서툴렀던 그는 자신의 트레일러로 오는 길을 설명할 수 없었기 때문에 카페에서 경찰을 만났다.

처음 트레일러를 찾은 경찰, 부보안관, 장의사(카운티의 검시관이기도
했다)는 비좁은 침실에서 다툼이나 침입한 흔적을 찾지 못했다. 시
신의 위치, 왼쪽 다리 옆에 놓인 라이플(부보안관이 총알이 남았는지 즉시 확
인했다), 누더기처럼 너덜너덜한 배의 상처, 벽에 흩어진 피와 내장과
뼛조각들, 어니스틴 뒤로 닫힌 문을 보고 그들은 그녀가 배를 쏘아
자살했다고 재빨리 결론 내렸다.

하지만 자세히 살펴보던 그들은 의아해지기 시작했다. 그녀의
청바지는 누군가가 벗기려고 했던 것처럼 지퍼 주위가 찢어져 있
었다. 그리고 그녀의 몸을 뒤집자 등에 새끼손가락보다 크지 않은
작은 총알구멍이 나 있었다.

그들의 생각이 순식간에 바뀌었다. 그들은 대개 총알이 들어간
자리가 나온 자리보다 작다는 것을 알고 있었다. 그래서 어니스틴
이 등에 총을 맞았다고 생각하게 되었다. 등으로 들어간 총알이 배
로 빠져나오면서 60~90센티미터 떨어진 벽에 선혈을 뿌렸다는 것
이었다.

플랫 카운티에서 5년 만에 발생한 살인 사건이었지만 부보안관
도 해결할 만한 사건이었다. 어니스틴이 다루기 힘든 사냥용 라이
플, 아니 어떤 총으로든 자신의 등을 쏘는 것은 불가능했다. 그건
분명했다.

열두 시간도 지나지 않아 와이오밍 대학교의 임상병리학자가 어

니스틴의 맨발, 통통한 몸, 그녀의 푸른 줄무늬 탱크톱과 청바지를 살펴보았다. 그녀는 길고 검은 머리카락에 키는 157센티미터이고 몸무게가 63킬로그램이었다. 그는 그녀의 왼손에 문신으로 새겨진 아르세니오라는 이름을 찾아냈다. 아마도 예전 남자친구나 전남편의 이름일 것이다. 어니스틴의 가슴에는 멍이 있었고 그녀의 혈중 알코올 수치는 0.26이었다. 당시 와이오밍의 음주 단속 기준의 두 배가 넘는 충격적인 수치였다.

어니스틴의 복부는 엉망이었지만 그는 경찰들의 생각을 재빨리 확인해주었다. 총알로 등 한가운데에 2.5센티미터의 타원형 상처가 생기면서 척수가 절단되었고 배에 10센티미터가 넘는 상처가 생기면서 조각난 장기가 밖으로 쏟아져 나왔다. 부검 보고서에 따르면 총알은 뒤에서 앞으로 지나갔다.

부검을 실시한 병리학자와 주 범죄연구소 연구원들은 어니스틴의 등으로 들어온 총알이 둘로 나뉘면서 어니스틴의 척추를 박살냈다고 결론 내렸다. 그다음 총알 파편들이 수평으로 복부를 통과하면서 대동맥, 간, 신장, 횡격막, 장, 비장을 관통했다. 두 조각의 커다란 총알 파편이 침실 벽에 박혀 있었다. 총알의 경로는 바닥과 수평이었다. 라이플이 바닥에서 50센티미터 정도의 높이에서 발사되었다는 의미였다.

전문가들은 총알의 경로와 벽까지의 거리를 고려하여 어니스틴이 총을 맞는 순간 무릎을 꿇었거나 쪼그려 앉았을 것이고 살인자의 몸도 바닥과 가까웠을 것으로 추론했다.

플랫 카운티 검시관은 어니스틴의 죽음을 살인으로 판정했다. 그는 약삭빠르고 수다스러운 장의사로, 마을에서 시신을 실을 만큼 커다란 차를 가진 사람은 자기뿐이라는 점을 내세워 검시관 선거에서 당선되었다.

마틴의 지문이 라이플의 개머리판과 탄약상자에서 나왔고 어니스틴의 지문이 라이플의 망원조준기와 총열에서 나왔다. 방아쇠, 볼트 등에서는 두 사람의 지문이 나오지 않았다. 어니스틴의 왼손과 라이플의 총열에서는 식물성 기름과 흑연 입자가 발견되었다.

하지만 총부리에서 혈흔이나 인체 조직은 나오지 않았고 주의 범죄 전문가들은 어니스틴의 셔츠에서 탄환 잔여물을 찾아내지 못했다. 적어도 90센티미터는 떨어진 곳에서 총을 쏘았다는 의미였다.

마틴은 작은 트레일러의 복도에서 잠을 잤는데도 총소리를 듣지 못했다고 했다. 경찰들은 불가능한 일이라고 생각했다. 그가 거짓말을 하는 게 분명했다. 300구경 웨더비 매그넘은 작지만 코끼리도 사냥하는 총이었다. 이 총이 발사되는 소리엔 죽은 사람도 깨어날 것이다.

친구들은 마틴과 어니스틴이 술에 찌든 험악한 관계였다고 진술했다. 어니스틴의 어머니에 따르면 어니스틴은 마틴을 떠나겠다고 협박했다. 모든 정황이 마틴의 유죄를 암시했지만 모순되는 점이 있었다.

어니스틴은 10여 차례 자살을 생각했다(부검 중에 그녀의 손목에서 몇 개의 상처가 발견되었다). 하지만 그녀는 그날 남자들과 먹고 마시고 놀면서 즐거운 시간을 보냈다. 마틴은 총이 발사되기 몇 시간 전에 그녀가 공원에서 젊은 남자들과 뒹구는 모습도 보았다. 그날 그녀를 보았던 친구들에게 그녀는 자살할 사람으로 보이지 않았다.

마틴은 어니스틴과 말다툼을 하고 며칠 전부터 소파에서 잠을 잤지만 부러진 팔로는 뻑뻑한 총에 장전을 하고 공이치기를 잡아당기고 발사를 하기가 힘들었다.

예전에도 경찰은 부부 싸움으로 대여섯 차례 출동했고 어니스틴은 마틴의 라이플을 압수해달라고 사정했다. 하지만 마틴은 강압적인 신문을 받으면서도 그녀를 죽이지 않았다고 주장했다. 그는 수사에 협조적이었고 거짓말을 하는 것 같지도 않았다.

완벽하게 논리적이지는 않지만 검찰은 어니스틴이 자살한 것이 아니라 살해되었음을 증명할 충분한 증거를 가졌다고 믿었다.

불법체류자인 마틴 프리아스는 1984년 와이오밍 주 휘틀랜드에서 어니스틴 페리를 살해한 혐의로 체포되었다.

그들의 이론은 완전히 정황적이었다.

'질투한 마틴과 만취한 어니스틴이 침실에서 싸웠다. 그는 청바지 지퍼가 뜯어지고 단추가 떨어질 만큼 거칠게 그녀를 바닥에 던졌다. 그녀가 그에게 등을 돌린 채로 몸을 일으키는 동안 그가 무릎을 꿇고 침대 밑에서 라이플을 꺼내 그녀의 등을 쏘았다. 피가 벽에 흩뿌려졌다. 어니스틴은 몸을 뒤틀며 바닥에 똑바로 쓰러졌다. 마틴은 자살처럼 보이도록 그녀의 다리 사이에 라이플을 내려놓고 경찰에 신고했다.'

어둠 속에서 한 발의 치명적인 총성이 울리고 5일이 지났다. 마틴 프리아스는 사실혼 관계인 어니스틴 페리에 대한 1급 살인죄로 체포되었고 와이오밍 주에서 그의 아이들을 데려갔다. 그에게는 비현실적인 금액인 50만 달러의 보석금을 내야 그는 불구속 재판을 받을 수 있었다.

와이오밍에서 소송까지 걸리는 시간은 길지 않았다. 사람들이 자신에 대해 무슨 말을 하는지도 거의 이해하지 못하던 마틴 프리아스는 5개월 뒤 재판에 회부되었다.

그의 국선변호인인 로버트 막슬리는 몇 년 전에 변호사 자격을 취득한 뒤 살인 사건이 거의 없는 휘틀랜드의 작고 따분한 국선변호인 사무실에서 일을 시작했다. 막슬리의 조사관은 마틴이 등 뒤에서 총을 쏘았을 것이라는 검찰의 이론을 들려주었다. 막슬리에게 상황은 암울해 보였다. 막슬리는 '합리적인 의심의 여지가 없는 입증'의 원칙에 모든 것을 걸었다. 마틴이 어니스틴을 살해할 계획을 세우고 방아쇠를 당겼음을 증명하는 증인이나 증거는 없었다. 그저 아주 사소한 의심만 있을 뿐이었다. 막슬리는 행운을 빌며 배심원단이 무죄를 선고하기를 바랐다.

막슬리의 오판이었다.

검찰 측에는 완전히 정황적이지만 명쾌한 논거가 있었다. 증인이 차례로 등장하면서 마틴은 분노의 살인도 저지를 만한, 질투심 많은 남자친구의 모습으로 채색되어갔다. 그날 밤 트레일러에는 마틴과 어니스틴, 그리고 세 명의 어린아이뿐이었다. 그리고 밀입국자라는 프리아스의 신분이 그를 더욱 유죄로 보이게 했다.

검찰 측 증인들은 트레일러 안에서 커다란 라이플을 쏘면 자동차 경적이나 잭 해머 소리처럼 요란하게 들린다면서 총소리를 듣지 못했다는 프리아스의 주장에 의문을 제기했다.

막슬리는 똑같은 대답으로 질문을 회피하는 수밖에 없었다. 그는 주 당국의 부검에 이의를 제기할 근거가 없었다. 게다가 예산도 없었기 때문에 부검 결과를 반박할 의료 전문가를 구할 수도 없었다. 가장 좋은 방법은 다른 곳에 책임을 돌리는 것이었다. 물론 아무 소용도 없었지만 말이다.

어니스틴의 네 살배기 딸을 치료한 치료사에 따르면 아이가 처음에는 자신이 엄마를 쏘았다고 주장했다.

"내가 뒤에서 엄마를 쐈어요. 내가 뒤에서 엄마를 쐈어요. 내가 뒤에서 엄마를 쐈어요."

아이는 치료사에게 그렇게 말했다.

"할머니한테도 말했어?"

치료사가 물었다.

"응."

"할머니가 뭐라고 하셨어?"

아이는 그냥 "쉬"라고 말했다. 그러고는 복도의 자판기에서 음료수를 사기 위해 사무실을 나가면서 이렇게 외쳤다.

"난 말할 수 없어, 난 말할 수 없어, 난 말할 수 없어, 난 말할 수 없어, 난 말할 수 없어……."

정신과 의사는 아이가 상실감과 인격분열로 아주 공격적인 상태라고 묘사했다. 검사하는 도중에 아이는 메모지 뭉치를 들고 정신과 의사의 목을 몇 번 그었다.

"당신 목을 자를 거야."

아이는 목을 그을 때마다 그렇게 말했다.

범죄 전문가는 탄환 잔여물을 검출하기 위해 마틴의 손을 탈지면으로 닦아냈다. 하지만 어찌 된 일인지 그의 유죄 여부를 증명해줄 결정적인 증거인 탈지면은 검사되지 않았다.

변호사 측 증인들은 마틴이 커다란 총을 쏘는 것은 거의 불가능하다고, 특히 무릎을 꿇고 쏘는 것은 힘들다고 증언했다. 다친 팔은 팔걸이 붕대에 걸고 있어야 하고 거의 쓸모가 없다는 것이었다. 범죄 전문가는 한 손으로 커다란 라이플의 공이치기와 방아쇠를 당겨볼 수는 있지만 실제로 총을 쏘는 것은 불가능하다고 인정했다. 검찰은 다른 의사를 증인으로 내세워 마틴이 총을 쏠 수 있었을 것이라고 주장했다.

주 범죄연구소의 전직 책임자는 유죄 또는 무죄의 증거는 나오지 않았다고 증언했다. 그 끔찍한 밤에 일어난 일을 증명해줄 (또는 부인해줄) 증거는 전혀 나오지 않았다.

결국 아무것도 막슬리를 도와주지 않았다.

7일간의 심리 끝에 일곱 명의 남자와 다섯 명의 여자로 구성된 배심원단은 2급 살인죄에 대해 유죄를 선고했다. 배심원단의 결정에는 다섯 시간도 걸리지 않았다. 1985년 크리스마스 직전 판사는 마틴에게 와이오밍 주 교도소에서 25~35년을 복역하라고 선고했다.

그는 자유와 아이들을 빼앗겼고 그의 연인은 죽었다. 마틴 프리아스는 노인이 되어서야 교도소에서 나올 것이었다. 하지만 그는 자신에게 무슨 일이 일어났는지 거의 이해하지 못했다.

미국은 그가 꿈꾸던 곳이 아니었다.

막슬리는 항소를 준비하는 동안 뜻밖의 행운을 얻었다. 범죄연구소 연구원이 막슬리의 조사관과 커피를 마시다가 어니스틴의 탱크톱을 찍은 적외선 사진들에서 뭔가가 나올지도 모른다고 말했던 것이다. 정말로 사진들은 맨눈으로 보지 못했던 것들을 보여주었다. 탱크톱 앞에 접사로 인한 거대한 탄환 잔여물이 있었던 것이다.

새로운 증거에 따르면 마틴 프리아스의 말이 진실일지도 몰랐다.

끈질긴 막슬리는 거기서 멈추지 않고 전문가들을 찾기 시작했다. 그는 저명한 혈흔 분석가인 주디스 벙커에게 증거를 봐달라고 했고 그녀는 나를 추천했다. 그가 내게 전화했다.

벡사 카운티 책임법의학자인 내게는 일상적인 전화였다. 승산 없는 사건을 맡은, 젊고 성실한 변호사. 지푸라기를 잡는 심정으로 존재하지도 않는 과학적 증거를 찾아다니는 변호사. 그의 설명을 들어보니 승소할 가능성이 거의 없는 것 같았다.

나는 그에게 유리한 과학적 증거를 찾을 가능성은 별로 없다고 말했다. 하지만 2주 안에 와이오밍 샤이엔에서 법 집행과 관련된 컨벤션이 열리니 나를 만나고 싶으면 그곳으로 찾아오라고 했다. 시간이 별로 많지는 않지만 잠깐 자료를 살펴볼 수는 있을 거라고……. 막슬리는 어찌할지 말하지도 않고 전화를 끊었다.

나는 그 불쌍한 남자에게서 다시 연락이 오리라고 생각하지 않았다.

와이오밍의 1월은 끔찍했다. 나는 샌안토니오에서 덴버로 날아가 차를 빌린 다음 거센 바람과 추위 속을 두 시간 동안 달려 샤이엔으로 갔다. 경찰들에게 총상에 대한 강연을 하기 위해서였다.

주최 측은 내가 강연할 호텔에 숙소도 잡아두었다. 하루 동안 강연장에서 식사를 하다 보니 속이 든든해지는 것을 먹고 싶었다. 그래서 호텔 레스토랑에 갔다. 그곳에는 크고 맛있는 스테이크도 있을 테니까. 난 테이블에 홀로 앉았고 웨이트리스가 주문을 받아갔다. 샐러드를 먹는 동안 웨이트리스가 지글지글 소리를 내는 크고 두툼한 스테이크를 가져왔다. 스테이크를 자르려던 나는 누군가가 내 앞에 서 있는 것을 알아차렸다. 웨이트리스가 아니었다.

"디 마이오 박사님?"

나는 고개를 들었다. 젊은 남자였다. 나이에 어울리지 않게 머리가 벗겨지고 금속 테의 안경을 썼으며 주름도 많았다. 그는 마닐라 폴더를 들고 있었다.

"그런데요."

대답이라기보다는 질문이었다.

"전 로버트 맥슬리입니다. 마틴 프리아스의 변호사죠. 통화를 했는데……."

나는 금세 그를 기억해냈다. 필사적이지만 결국 패소할 변호사. 그가 나를 찾아냈다. 나는 그의 끈기가 존경스러웠다. 물론 그 순간에는 스테이크에 더 정신이 팔렸지만.

그는 테이블 위에 마닐라 폴더를 내려놓았다.

"현장 사진입니다. 한번 보고 뭐가 있는지 얘기해주십시오. 뭐든지요."

저녁을 먹으면서?

"내가 도움이 될지 모르겠네요……."

내가 말했다.

"그냥 봐주시기만 해도 감사하겠습니다, 박사님."

나는 폴더를 들어 컬러사진들을 휙휙 넘겨보았다. 나는 그런 사진을 수천, 아니 수백만 장이나 보았다. 바닥에서 피를 흘리는 시신. 근처에 놓인 총. 상처, 옷, 손가락을 클로즈업한 사진들. 폭력적인 죽음의 색깔들.

나는 커다란 상처가 생긴 젊은 여자의 배를 한참 바라보았다.

"사냥용 라이플에 맞았어요. 그건 총알이 빠져나온 자리입니다."

맥슬리가 알려주었다.

나는 몇 초 동안 좀 더 자세히 들여다보았다. 지금껏 나는 총알구멍을 야전병원의 군의관들보다 많이 보았다. 나는 총상에 대한 교과서도 썼다. 나는 내가 보고 있는 상처에 대해 정확히 알았다.

내가 말했다.

"아뇨. 빠져나온 자리가 아니에요."

그가 흥미롭다는 듯이 나를 바라보았다.

내가 다시 말했다.

"미안합니다. 하지만 빠져나온 자리가 아니에요. 총알이 들어간 자리죠."

총알이 들어간 자리는 작고 총알이 나온 자리는 크다는 것은 수사과학의 신화다. 언론 매체가 그런 신화를 탄생시켰다. 하지만 그런 신화는 현실을 제대로 보여주지 못한다.

예를 들어 할리우드 영화에서는 누군가가 총을 맞으면 거의 뒤로 나가떨어진다. 때로는 몇 미터 뒤로, 때로는 유리창을 깨고, 때로는 벽을 뚫고 뒤로 날아간다. 하지만 현실에서 유선형의 총알은 어마어마한 운동에너지를 아주 작은 지점에 집중적으로 터뜨리기 때문에 인간의 몸을 뒤로 넘길 만한 힘이 없다. 총알은 인간의 몸을 때리는 대신 관통한다. 총알이 아주 빠른 속도로 몸을 통과하면 몸이 구겨지며 아래로 쓰러진다.

작은 입구와 커다란 출구라는 신화는 사실일 때도 있다. 일반적으로 총알이 몸에 들어갈 때는 좀 더 작은 구멍을 만든다. 그리고는 몸 안을 헤집고 조각을 내다가 몸 밖으로 빠져나올 때는 금속과 피와 조직을 분출하며 커다란 구멍을 만든다. 하지만 항상 그렇지는 않다.

총을 쏘면 총알만 나오는 것이 아니다. 섭씨 810도의 불꽃과 함께 뜨거운 가스, 그을음, 불타는 화약, 그리고 당연히 총알이 나온다. 총구로 피부를 누르면 불꽃이 피부에 화상을 입히고 그을음이 상처 가장자리에 남으며 가스도 흔적을 남긴다.

막슬리가 총알이 빠져나온 자리라고 한 사진에 그 모든 것이 있었다. 배에는 화상 자국과 그을음이 있었다. 총이 발사되는 순간 총구가 그녀의 피부에 닿았다는 의미다. 작지만 명백한 징후들은 이곳이 총알이 빠져나온 자리가 아니라 들어간 자리임을 알려주었다.

같은 이유로 등의 작은 상처에는 화상 자국도 그을음도 없었다. 총알(또는 총알 조각)이 빠져나온 자리가 분명했다.

다른 것도 있었다. 수사관들은 청바지의 찢어진 지퍼와 사라진 단추를 몸싸움의 증거라고 했다. 하지만 그렇지 않았다.

앞서 언급했듯이 총구에서는 뜨거운 가스도 나온다. 총구가 피부에 닿아 있으면 가스가 몸으로 들어가면서 일시적으로 복부가 팽창하여 바지가 찢어지고 총알구멍도 찢어진다. 총구의 가스가 6.45제곱센티미터당 약 1,360킬로그램의 힘으로 그녀의 복강을 잠깐 동안 팽창시키면서 청바지가 찢어지고 피부에 허리밴드 자국이 남았다.

형편없는 경찰 수사에 과학수사 훈련을 거의 혹은 전혀 받지 않

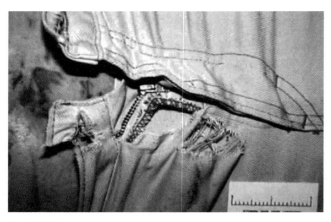

총격 희생자인 어니스틴 페리의 청바지. 청바지의 찢어진 지퍼와 사라진 단추는 몸싸움, 어쩌면 성폭행을 암시했다. (Platte County Wyoming Sheriff's Office)

은 의사의 한심한 부검이 잘못된 결론으로 이어진 것이다. 총알이 들어간 자리가 항상 총알이 나온 자리보다 작다는 잘못된 신화가 한 남자를 교도소로 보내버린 잘못된 검찰의 이론을 뒷받침했다.

이것만으로 마틴 프리아스가 어니스틴을 살해하지 않았다는 사실이 증명될까? 물론 아니다. 하지만 다른 전문가들이 다른 증거들을 살펴보고 어니스틴은 자살했다는 결론을 도출해냈다 - 수사관들이 처음에 생각했던 것처럼. 그것이 마틴의 설명과도 일치했다.

검찰 측은 등에 총을 맞은 어니스틴이 몸을 틀어 바닥에 똑바로 쓰러졌다고 했다. 하지만 혈흔 전문가인 주디 벙커는 엉망이 되어버린 척추로는 몸을 돌릴 수 없다고 생각했다. 그리고 어니스틴이 몸을 돌렸다면 피가 반원 모양으로 흩어졌어야 했다. 피는 그렇게 흩어져 있지 않았다.

화학 전문가인 로버트 랜츠 박사는 주사전자현미경으로 관찰한 결과 탄환 잔여물이 어니스틴의 앞에서 날아와 복부를 지나 등으로 나갔다고 결론 내렸다. 검찰 측은 탱크톱 앞의 탄환 잔여물이 어니스틴의 등에서 그녀의 몸을 관통하여 앞쪽까지 날아온 것이라고 주장했다.

그리고 검찰은 어니스틴 스스로 총을 쐈다면 마틴이 총소리를 듣지 못했을 리가 없다고 생각했다. 하지만 음향 전문가인 해리 홀라인 박사는 마틴이 웨더비의 우레 같은 소리를 듣지 못했을지도 모른다는 사실을 증명했다. 몇 미터 떨어진 곳에서 비슷한 종류의 라이플로 말의 사체를 쏘면 120데시벨의 소음이 났다. 록 콘서트장이나 전기톱과 맞먹는 소음이었다. 하지만 총구를 사체에 대고 쏘면 작게 쿵 소리만 났다. 누군가가 트레일러를 발로 차는 것과 비슷한 소리였다. 모든 소음은 몸에 흡수된다. 몸이 소음기 역할을 하는 것이다.

쿵.

마틴 프리아스가 어둠 속에서 들었다는 소리였다.

적어도 막슬리에게는 모든 것이 좀 더 명확해졌다. 과학적 증거는 마틴의 이야기와 일치했다. 어니스틴은 침실 바닥에 앉거나 무릎을 꿇은 채로 총을 쐈을 가능성이 높았다. 그녀는 자신의 배에 뒤집힌 웨더비의 총구를 대고 엄지로 방아쇠를 당겼을 것이다.

내가 샤이엔에서 스테이크 만찬을 방해받고 넉 달이 지났다. 로버트 막슬리는 마틴 프리아스를 자유롭게 풀어줄 진실을 찾아냈다고 확신했다. 그는 자신이 찾아낸 새로운 증거와 과학수사 전문가들의 지원을 받아 재심을 신청했다.

하지만 판사는 신청을 기각했다.

막슬리는 특이하고 강렬한 진술서와 함께 자신의 사건을 와이오밍 대법원으로 가져갔다. 그의 말에 따르면 새로운 증거는 어니스틴이 검찰의 주장대로 죽은 것이 아님을 증명하기 때문에, 그리고 담당 변호사가 형편없었기 때문에 마틴 프리아스는 새로운 재판을 받아야 한다는 것이었다.

와이오밍 대법원은 새로운 증거를 찾았다는 막슬리의 주장을 받아들이지 않았다. 왜냐고? 프리아스가 재판을 받기 전에 증거를 수집할 기회가 충분했다는 것이었다. 그가 단순히 증거를 찾지 못한 것이라면 그것은 '새로운' 증거가 아니었다.

아이러니하게도 그러한 증거를 당시에 발견하지 못했다는 사실이 마틴 프리아스의 변호사, 즉 로버트 막슬리의 무능함을 증명했다. 바로 그 이유로 와이오밍 대법원은 프리아스가 새로 재판을 받아야 한다고 결론 내렸다.

새로운 재판이 받아들여지면서 막슬리는 프리아스를 구할 마지막 기회를 갖게 되었다. 그는 다시 재판을 망치고 싶지 않았다. 이번에 그는 첫 재판에서 놓쳤던 의학적 정보를 모두 모았다.

우선 그는 어니스틴의 시신을 발굴했다. 나도 그 두 번째 부검에 참석하고 싶었지만 시간이 없었다. 변호인 측은 내 친구인 저명한 법의학자 윌리엄 에커트 박사를 두 번째 부검에 참여시켰다. 에커트도 어니스틴의 총상이 잘못 해석되었다는 내 의견에 동의했다.

뉴저지 출신인 에커트는 뉴올리언스와 캔자스에서 부검시관으로 일하다가 은퇴 후에는 수많은 사건에 자문을 해주었다. 1968년 로버트 케네디가 암살되었을 때는 로스앤젤레스 카운티의 토머스 노구치 검시관이 에커트에게 조언을 구했다. 에커트는 1963년에 벌어진 JFK 암살 사건의 사법적 쟁점들을 알고 있었다. 그는 노구치에게 사건을 워싱턴에 빼앗기지 말라고 했고 노구치는 그의 조언을 따랐다.

프리아스 사건이 다시 재판정에 오른 1985년, 에커트는 요세프 멩겔레의 시신을 확인하기 위해 브라질에 다녀온 참이었다(나치 아우슈비츠 강제수용소의 의사였던 멩겔레는 제2차 세계대전 이후 남아메리카에서 은밀히 의학 실험을 이어갔다). 그의 팀은 작은 해변 마을에 있는 볼프강 게르하르트의 무덤을 발굴하여 그 시신이 멩겔레라고 결론 내렸다(1992년 DNA 검사로 멩겔레의 신원이 명확히 확인되었다).

나중에 에커트는 여덟 명의 법의학자(모두들 새로운 범죄 파일링 기법에 매혹되었다)로 구성된 팀에 소속되어 현대사에서 가장 미스터리한 사건을 재수사했다. 1800년대 후반 런던에서 일곱 명의 매춘부가 살해되었던 잭 더 리퍼 사건이었다. 그들은 얼굴 없는 살인자가 도살업자일 것이라고 결론 내렸다.

아무도 외떨어진 와이오밍의 작은 마을에 살던, 존재감 없는 이민노동자 마틴 프리아스에 대해 들은 적도 없고, 심지어 관심도 없었다. 하지만 그의 사건은 잭 더 리퍼나 요세프 멩겔레를 찾는 것보다 훨씬 중요했다. 그들은 이미 죽었기 때문에 그들과 그들의 희생자들에게 정의를 실현해줄 방법은 없었다. 하지만 우리에게는 여전히 잘못을 바로잡고 무고한 사람이 자유롭게 여생을 살게 해줄 기회가 있었다.

에커트는 총상에 대한 엄청난 판단 착오 외에도 이전의 자살 시도로 어니스틴의 손목에 생긴 상처들이 간과되었다는 사실과 원래의 부검의가 자신의 경력을 엄청나게 과장했다는 사실에 놀랐다. 재심을 위한 심의에서 에커트는 훌륭한 법의학자들이 올바른 답을 찾기 위해 얼마나 지치지 않고 일하는지 웅변적으로 말했다.

이제 그는 폭력적인 죽음으로 한 남자를 교도소에 보내버린 젊은 여인의 무덤가에 서 있었다. 1년 전 샤이엔에 묻힌 그녀가 뭔가 새로운 이야기를 들려줄까?

1986년 서리가 내린 가을 아침, 한 무리의 의사와 변호사들이 샤이엔의 올리벗 공동묘지에 있는 어니스틴의 무덤으로 모여들었다(처음 부검을 한 병리학자, 주 정부가 고용한 전문가들, 내 오랜 동료들인 댈러스 법의관실의 찰스 페티 박사와 어빙 스톤 박사 그리고 에커트 박사, 주의 수사관들이 모였다). 어니스틴은 사망 4일 만에 그곳에 묻혔다. 신문에는 꽃을 사는 대신 범죄 예방 프로그램에 기부해달라고 부탁하는 부고가 실렸다. 영리하고 의도적으로 어니스틴이 살해되었음을 암시하는 부고였다.

장례식이 끝나고 2년 이상 지난 이날 동틀 무렵, 그녀의 관은 무덤에서 나와 서쪽으로 한 시간 거리에 있는 래러미의 와이오밍 대학교 영안실로 향했다. 관에서 뿜어 나오는 지독한 냄새 때문에 법의학자들은 구급차 차고에서 관을 열었다.

관 안의 어니스틴은 선글라스를 쓰고 있었다. 그녀는 방부 처리가 되었지만 자연스럽게 체구가 작아져 있었다. 그녀는 마치 빗속에 있었던 것 같았다. 차가운 무덤과 따뜻한 영구차 사이의 온도 차이 때문에 몸이 커다란 물방울로 덮여 있었던 것이다.

영안실에서 새로운 엑스레이 장비가 어니스틴의 시신을 모든 각도에서 찍었고 에커트는 어니스틴의 간이 잘게 조각난 것을 보았다. 주의 법의학자들은 전기톱으로 총알 맞은 척추를 잘라내어 댈러스에 있는 페티 박사의 최첨단 범죄연구소로 보냈다.

모든 작업이 끝나자 어니스틴은 샤이엔의 공동묘지로 돌아갔다. 거기서 그녀는 방해받지 않고 영면을 취할 것이다.

두 번째 부검 이후 검찰 측의 의사들은 자신들의 견해를 고수했지만 막슬리는 어니스틴이 살인이 아니라 자살로 죽었다고 더욱 확신하게 되었다.

양측은 자신들의 의견이 정확하다고 확신했다.

마틴 프리아스의 운명은 예측할 수 없었다.

마틴 프리아스가 기소된 지 거의 2년이 지난 1986년 12월 재심이 시작되었다. 이번에는 그의 변호인단이 충분히 준비되어 있었다.

7일 동안 검찰은 예전과 똑같은 이론을 밀어붙였다. 어니스틴은 침실에서 누군가와 다투다가 등에 총을 맞고 똑바로 쓰러져 죽었다. 그사이 그녀의 살해범은 자살을 위장했다. 어니스틴의 옷에 탄환 잔여물이 없는 것을 보면 총알은 최소한 90센티미터 떨어진 곳에서 발사되었다는 것이다. 질투심에 사로잡힌 마틴 프리아스가 바닥에 눕거나 웅크린 채 총을 발사한 살인자라고 그들은 주장했다.

그들은 저명한 페티 박사와 스톤 박사를 증인석에 세워 과학적으로 이 사건이 살인임을 지적했다.

그러자 막슬리의 법의학 전문가들(혈흔 전문가 주디 벙커, 법의학자 윌리엄 에케트, 음향 전문가 해리 홀라인 박사, 전자현미경 전문가 로버트 랜츠 박사 등)이 증인석에 나와 어니스틴의 죽음이 자살임을 증명하는 증거들을 제시했다.

그들에 따르면 혈흔은 어니스틴이 바닥에 누워서 배에 대고 총을 쏘는 경우와 일치했다. 또한 그들은 어니스틴의 옷에 탄환 잔여물이 남아 있었지만 검찰의 구식 기술로는 검출하지 못했을 것이라고 주장했다. 그들은 당시 상황에 대한 마틴의 시각적·청각적 설명에 모순이 없다고 말했다. 그리고 과거 어니스틴의 자살 시도들이 심각하게 다뤄졌다.

나는 그을린 상처부터 찢어진 청바지까지 젊은 엄마의 배에 있는 단서들이 어떤 진실을 들려주는지 다시 증언했다.

이번에는 수사의 허점이 더욱 두드러지게 드러났다. 수사관들은 범죄 현장에 대해 어떠한 도표도 만들지 않았고 어떠한 조치도 취하지 않았다. 일부 중요한 검사는 아예 하지도 않았다. 배심원단은 주로 범죄 현장의 사진에 기초한 재현에 의존해야 했다.

핵심 요점은, 막슬리에게 무료로 도움을 준 모든 전문가가 어니스틴이 스스로 총을 쏜 것이 거의 확실하다고 동의했다는 사실이다. 그리고 결국 작은 마을의 검시관조차 우리의 자살 이론을 믿는다고 인정했다.

이번에 배심원단은 약 세 시간 동안 숙고했다. 그들은 마틴의 총을 배심원실로 가져오게 해서 바닥에 앉아 자신을 쏠 수 있는지 실험해 보았다. 가능했다. 이제 배심원단은 모든 것을 이해하게 되었다.

배심원단이 무죄 평결을 내리는 동안 프리아스는 흐느끼며 막슬리를 끌어안았다. 그가 교도소에서 보낸 2년 10일은 가혹했다. 하지만 이제 그는 자유의 몸이 되었다.

새로운 연방 사면법에 따라 그는 시민권을 인정받고 법원에 아이들의 양육권을 신청했다. 나중에 와이오밍을 떠난 그는 재혼도 하고 아이도 낳았다. 하지만 슬프게도 어니스틴이 낳은 아이들에 대한 양육권은 되찾지 못했다. 아직도 검사들, 수사관들, 휘틀랜드 주민들은 그가 살인자라고 믿고 있다.

하지만 그는 자유다.

마틴 프리아스 사건은 처음부터 퍼즐로 여겨졌어야 한다. 때로 이런 미스터리가 미스터리로 여겨지지 못하면서 정의도 실현되지 못한다. 때로 살인은 자살, 사고는 살인, 자살은 사고의 모습을 띤다. 할리우드 영화에서나 그런 것이 아니다. 불완전한 인간은 때로 무의식이 보라고 은밀하게 속삭이는 것만 본다. 그리하여 미스터리는 종종 예상하지 못한 결론으로 이어진다.

수많은 사건에서 첫 번째 결론이 항상 최고의 결론은 아니었다.

그런 사건들을 찾아내는 것이 내가 선택한 음울한 직업의 얼마 되지 않는 보상 중 하나였다.

미국인들 중 42퍼센트가 자연사하고 38퍼센트가 사고사를 당한다. 9퍼센트는 자살하고 6퍼센트는 다른 사람에 의해 죽는다(항상 살인은 아니다). 나머지 5퍼센트는 설명되지 않는 죽음이다.

미국에서는 거의 다섯 명당 한 명이 의심스럽게 죽는다. 뭔가 시간과 장소가 맞지 않기 때문에 우리는 더욱 깊이 파고들어 답을 찾아야 한다.

프리아스 사건에서는 형편없는 수사, 조잡한 법의학, 성급한 결론이 진짜 죽음의 원인과 방법을 가렸다. 하지만 이런 사건은 처음도 아니고 마지막도 아니다. 어디서나 검시관들의 골칫거리다. 직감적 반응이 항상 정확하지는 않다. 마틴 프리아스 사건이 증명하듯, 가장 중요한 단서는 항상 명백하지는 않지만 분명 존재한다. 우리는 기꺼이 그 단서들을 보고 열린 마음으로 해석해야 한다. 심지어 그럴 때도 사람들은 자신이 원하는 결론을 지지할지 모른다. 트레이본 마틴과 마이클 브라운의 죽음에서 그랬듯이.

앞서 말했듯이 법의학자의 유일한 임무는 진실을 찾는 것이다. 경찰에 유리하게 또는 불리하게, 어느 가족에게 유리하게 또는 불리하게 하려는 것이 아니다. 나는 공정해야 하고 진실을 말해야 한다. 때로 사람들은 내 말을 듣고 싶어 하고 때로는 듣고 싶어 하지 않는다. 하지만 상관없다. 나는 언제나 진실을 말하기 때문이다.

진실이 항상 만족스럽지는 않지만.

1984년 1월 11일 수요일 샌안토니오.

뭔가가 잘못되었다.

북쪽에서 불어온 차가운 바람이 온화한 남부 텍사스의 기온을 영하권으로 뚝 떨어뜨렸다. 오늘 아침에는 나지막하고 음산한 하늘이 죽음처럼 느껴졌다.

앤 오운비는 지난밤에 잘 자지 못했다. 남편인 밥이 귀가하지 않았던 것이다. 그는 전화도 하지 않았다. 그래서 날이 밝기도 전에 그녀는 샘 휴스턴 육군기지로 갔다.

남편이 근무하는 2층 건물의 문은 잠겨 있었다. 그녀는 한동안 주위를 돌다가 다시 건물로 갔다. 하지만 그는 없었고 그녀는 집으로 돌아갔다.

얼마 후 그 건물에서 갑자기 소란이 벌어졌다. 근무시간이 시작되지도 않은 6시 40분에 출근한 직원들이 건물 뒤쪽의 아치형 계단통에서 밥을 찾아낸 것이다.

그는 층 사이에 트여 있는 차가운 공간에 매달려 있었다. 목 주위의 올가미는 위층 계단 난간에 묶여 있었다. 얼굴에는 약간의 피가 묻었고 손은 군대식 웹벨트로 등 뒤로 묶여 있었다.

오운비의 스웨터에는 모두 대문자로 입력된 으스스한 메시지가 꽂혀 있었다.

미군이 전 세계 사람들에게 저지른 죄로 체포. 포박. 유죄판결. 선고. 집행.

한 시간 만에 수사관들은 오운비의 책상에서 또 다른 불길한 메모를 찾아냈다. 오운비의 글씨였다.

84년 1월 10일 건물에서 나가다가 사람들을 보았다. 그들은 재빨리 건물 안으로 들어와 뒤쪽으로 이동했다. 그들이 누구인지 무엇을 하는지는 모른다. 그들은 나를 보고 놀란 듯했다. 나는 사무실로 돌아와 헌병들에게 전화하려고 했다. 그런데 전화가 불통이었다. 만약에 대비하여 사무실 열쇠들을 신발에 넣었다. 멀쩡한 전화기를 찾자마자 헌병들에게 전화할 것이다.

예비사령부 소장인 로버트 G. 오운비는 살해되었다. 48세인 그는 예비사령부 역사상 가장 젊은 장군으로 90예비사단 사령관이었다.

미국 본토의 육군기지에 잠입한 테러리스트들이 그를 살해했을 수도 있었다.

반미 테러리즘은 2001년 9월 11일에 시작된 것이 아니었다. 미국은 적어도 1세기 동안 혁명가들과 무정부주의자들의 공동 목표였고 미군은 그들의 가장 쉬운 표적이었다. 꾸준히 이어진 위협 공격이 1980년대 초반부터 신문의 헤드라인을 장식했다.

1981년 미군 준장인 제임스 도지어가 이탈리아에서 급진적인 극좌 테러 집단인 붉은 여단에 납치되었다. 붉은 여단은 도지어를 살해하겠다고 협박했다. 납치 42일 만에 도지어는 이탈리아 반테러 팀에 구조되었다. 그것은 시작일 뿐이었다.

오운비 소장의 시신이 발견되기 9개월 전에는 자동차를 이용한 자살 폭탄 테러범이 베이루트의 미국 대사관에 돌진하여 63명이 죽었다. 그중 18명이 미국이었다.

약 3개월 전에는 또 다른 자살테러범이 베이루트의 미 해병대 막사로 돌진해서 군인 241명이 죽고 81명이 부상을 입었다. 그리고 두 달 전에는 테러범이 그라나다 침공에 항의하여 미국 상원에서 시한폭탄을 터뜨렸다. 아무도 다치지는 않았지만 정부, 특히 펜타곤은 충격을 받았다.

악당들이 미국과 멕시코의 허술한 국경을 넘어 두 시간 만에 거대한 군사도시의 심장부로 침투하는 것도 불가능한 일은 아니었다.

그래서 이렇게 계절에 맞지 않게 추운 1월에 섬뜩한 죽음의 메시지를 가슴에 꽂은 육군 장성의 시신이 발견되었을 때 군대에 대한 테러 가능성이 조심스럽게 제기되었다. 사실 어떤 수사관들은 그 가능성을 가장 먼저 머리에 떠올렸다.

오운비 장군은 텍사스와 루이지애나를 거점으로 4,000명 이상의 예비군으로 구성된 63개의 전투부대를 지휘했다. 그의 부대는 전 세계 어디로든 파견될 준비가 되어 있었다. 그는 합동참모본부 의장은 아니었지만 샌안토니오의 중심에 위치한, 담장도 문도 없는 샘 휴스턴 기지에서 가장 쉬운 표적이었다. 현실적으로나 상징적으로나 이처럼 문이 활짝 열려 있으면 공명심에 들뜬 테러리스트는 당연히 이성장군(소장)을 살해하려 하지 않았을까?

육군은 즉시 경보를 발령하고 멕시코로 탈출하는 테러리스트를 감시해달라고 국경 수비대에 요청했다. 샘 휴스턴 기지의 다른 두 장성에게는 방탄조끼가 지급되었고 고위 장교들에게는 경계령이 내려졌다.

하지만 연방 요원들과 군 수사관들은 아직 테러 행위라고 단정하지 않았다. 시신에 남아 있던 불길한 메시지와 미지의 침입자들에 대한 메모에도 불구하고 누군가가 군 기지에 침입한 흔적은 없었다.

우선 오운비의 얼굴에 남은 작은 핏자국 외에 구타나 몸싸움을 의미하는 멍이나 상처가 없었다. 무단 침입한 흔적도 없었다. 그의 재킷은 2층 계단참에서 깔끔하게 접힌 채로 발견되었다. 그의 지갑은 그 위에 놓여 있었다. 그 옆에는 안경이 있었다.

이런 범죄가 발생하면 대개 어떤 집단이 자신들의 짓이라고 나서는데 그런 일도 일어나지 않았다.

그리고 전화가 불통이었다는 메모에도 불구하고 전날 건물 안의 전화는 제대로 작동했다.

테러리스트의 소행임을 암시하는 증거는 오운비의 스웨터에 꽂힌 메모뿐이었다.

우수한 수사관들은 어떤 가능성이든 열어둔다. 며칠 동안 그들은 다른 단서들을 찾고 모든 각도에서 증거를 보고 다른 가설들을 고민했다. 그렇다, 이 사건은 테러리스트의 처형일 수 있다는 것을 그들은 알았다……. 하지만 진짜 살인자에게서 시선을 떼어내기 위해 연출된 살인이나 자살을 위장하기 위한 정교한 계략일지도 몰랐다.

우리는 오운비 장군을 더 자세히 들여다보기 시작했다. 누가 그의 죽음을 바랄까? 그의 인생사나 마지막 행적에서 살인자의 단서를 찾을 수는 없을까?

로버트 오운비는 1935년 9월 9일 오클라호마의 듀런트에서 태어났다. 그는 공직과 많이 관련되어 있었다. 당시 우체국장이었던 그의 아버지는 제1차 세계대전 때는 이등병이었지만 제2차 세계대전 때는 대령으로 진급했다. 그의 어머니는 공립학교 교사였다.

그는 전형적인 중산층 가정에서 이웃사람과 친구들의 사랑을 받으며 조용하고 학구적인 아이로 자랐다. 그는 신문 배달을 했고 보이스카우트에 가입했다. 고등학교 우등생 단체, 학생회, 연설 클럽, 농업진흥회 회원이었던 그는 1950년대 미국 소도시의 전도유망한 총아였다.

1957년 오클라호마 주립대학교의 ROTC 후보생이었던 오운비는 축산업 학위를 받고 보병에서 2년간의 복무를 시작했다. 그는 조지아 주의 베닝 기지에서 보병학교와 낙하산학교에 다녔고 올드 가드의 소대장이 되었다. 올드 가드는 전사자들을 알링턴 국립묘지 등의 마지막 쉼터까지 호위하는 부대였다.

3년간 비현역 예비군이었던 오운비는 텍사스 주 방위군에 합류했고 1972년 예비군으로 옮겨갔다. 샘 휴스턴 기지의 90예비사단에서 그는 진급에 진급을 거듭했다. 그리고 1981년에는 예비역 사령부 역사상 최연소 소장으로 사령관이 되었다.

오운비는 군대 밖의 삶도 성공적으로 보였다. 그와 아내 앤은 세 아이를 두었고 고급 주택가의 대저택에서 살았다. 그에게는 그럴 만한 여유가 있었다. 그는 상업용 건물의 철제문과 문틀을 만드는 브리스토 사의 회장이자 CEO였다. 그는 또한 리버티 프로스트 은행의 임원이었다.

그의 삶에는 전략적인 행동이 가득했다. 1982년 그는 탄산음료 회사의 임원직을 그만두고 샌안토니오 석유회사의 부사장이 되었다. 하지만 석유 시추가 힘들어지자 몇 달 만에 석유회사 부사장도 그만두었다.

그렇다면 아주 성실한 지역사회의 유지이자 세 아이의 모범적인 아버지가 왜 죽어야 했을까? 부검 결과 사인은 질식사였다. 그런데 살인일까, 자살일까?

관료적·사법적 혼선 탓에 오운비가 발견되고 아홉 시간이 지나서야 벡사 카운티 법의관실이 조사하기 시작했다. 그래서 정확한 사망 시간을 추정하는 것은 불가능했다.

사망 시간은 단순하고 재빠르고 확실하게 결정된다? 그것은 할리우드의 또 다른 신화일 뿐이다.

내가 젊은 시절, TV나 영화를 보면 법의학자나 검시관은 항상 작은 의료가방을 들고 살해 현장에 나타나는 유령 같은 존재였다. 그를 그냥 박사라고 부르자. 진짜 법의학자들은 현장에서 시신에 손을 대지 못하게 되어 있으므로 내 생각에 '박사'의 가방에는 그의 점심이 들어 있었을 것이다.

경찰은 항상 '박사'에게 사망 시간을 묻고 '박사'는 항상 정확한 답을 안다. 그는 진지하게 말할 것이다.

"아, 오늘 새벽 1시에서 1시 반 사이입니다."

현실에서 그렇게 정확히 사망 시간을 아는 사람은 살인자뿐이므로 형사들은 즉시 그를 체포할 수도 있을 것이다. 사망 시간 추정은 대개 합리적인 추측일 뿐이다. 많은 요소가 시신의 자연적인 부패 과정을 늦추거나 촉진한다. 따라서 사망 시간은 훌륭한 수사 도구이지만 정확한 과학은 아니다.

나는 피해자가 생전에 마지막으로 목격된 시간과 시신이 발견된 시간 사이를 사망 시간으로 정하라고 배웠다. 그래서 법정에서는 대개 "그는 죽은 지 열두 시간 정도 지났습니다. 앞뒤로 여섯 시간 정도의 차이가 있을 수 있습니다"라고 증언한다.

따라서 우리는 소장의 사망 시간을 정확히 확정할 수 없었지만 무엇이 그를 죽였는지는 확실히 말할 수 있었다. 바로 목매달음에 의한 질식.

오운비의 목은 부러지지 않았다. 그는 교살로 죽었다. 또 다른 할리우드 신화에 따르면, 목을 매달면 반드시 목이 부러진다. 사실 때로 목이 부러진다. 하지만 대부분은 법 집행, 즉 사형을 집행할 때나 목이 부러진다. 또한 심각한 골다공증이 있는 연로한 자살자들의 목이 부러지곤 한다.

사형 집행 이외에 목을 매달아 죽거나 죽이는 경우 대개는 기도 압박으로 사망하는 것이 아니다. 뇌로 혈액을 운반하는 동맥이 눌

려서 사망하게 된다. 목을 매달린 사람은 10~12초면 의식을 잃고 잠깐 경련하다가 3분 안에 뇌사 상태가 된다.

어떻게 아느냐고? 슬프게도 디지털 시대로 접어들면서 우리는 아주 많은 것을 알게 되었다. 많은 사람들이 스마트폰, 웹캠, 고화질 비디오카메라로 자신의 자살을 기록하기 때문이다. 덕분에 법의학은 암울하고 사소한 죽음의 순간들을 고화질 영상으로 영원히 잡아둘 수 있게 되었다.

장군에게서는 약물도 알코올도 검출되지 않았다. 물리적 공격에 의한 부상도 없었다. 낯선 사람의 지문, 머리카락, 섬유도 없었다. 오운비의 사무실에서 발견된 메모는 분명 그의 필체였다(그의 옷에 꽂힌 쪽지는 오운비의 사무실이나 집에 있던 타자기로 작성된 것은 아니었지만). 얼굴의 피는 격투의 결정적 증거가 아니었다. 목을 매면 대개 코와 입에서 약간의 피가 나온다.

오운비는 살기 위해 발버둥을 쳤다. 시신과 가장 가까운 계단 벽과 금속 손잡이에 검은 군화 자국이 수없이 찍혀 있었다. 그는 몇 초 동안 미친 듯이 움직였을 것이다. 가파르게 기울어진 매끄러운 난간에 필사적으로 몸을 지탱하고 올가미에 가해지는 무게를 줄이기 위해서. 하지만 그의 발은 계속 미끄러졌다. 어쩌면 그는 의식을 잃은 후에 격렬하게 발작했을지도 모른다. 벽은 얼룩이 심해서 나중에 두 번이나 페인트칠을 해야 했다.

더 큰 문제들이 우리를 괴롭혔다. 어떻게 그는 자신의 손목을 등 뒤로 묶었을까? 공격자들이 그를 매단 것이 아니라면 어떻게 그는 손을 묶은 채로 스스로를 매달았을까? 테러리스트의 쪽지는 어디서 타이핑했을까?

우리는 현장에서 가능성 있는 시나리오들을 재연하며 답을 찾았다. 퍼즐 조각들이 서서히 자리를 찾아갔다.

오운비가 죽고 3일 후에 삼위일체 침례교회에서 장례식이 치러졌다. 그가 죽은 건물에서 가까운 곳이었다. 약 3,000명의 조문객이 장례식에 참석했다.

유명한 전도자이자 오운비 가족의 친구인 버크너 패닝 목사가 가슴 아픈 추도사를 했다. 그의 추도사는 언론의 추측성 기사를 진정시키려는 의도도 있었다.

패닝이 수많은 사람에게 말했다.

"우리가 이 자리에 모인 것은 밥 오운비가 죽었기 때문이 아닙니다. 한때 그가 우리와 함께 살았기 때문에 이 자리에 모인 것입니다. 이제 세상 사람들은 그의 죽음에 대해 미친 듯이 질문을 퍼붓고 있습니다. 하지만 우리에게는 그의 삶, 믿음, 가족애 등 질문의 여지가 없는 사실들이 있습니다. 제대로 질문을 하는 것이 중요합니다. (하지만) 인간에게는 중요하지 않은 질문을 하는 성향이 있습니다."

시신처럼 차가운 회색 하늘 아래서 국기에 덮인 오운비의 관이 샘 휴스턴 국립묘지의 영웅과 장군 묘역으로 운구되었다. 곡사포가 정확히 8초 간격으로 열세 발의 예포를 발사했다. 소장을 위한 군대의 의식이었다.

내내 오운비의 가족과 친구들은 그가 살해되었다고 진심으로 믿었고 그가 자살했을 거라는 말에는 짜증을 냈다. 그들은 그가 우울증도 없었고 재정적으로 위기에 빠지지도 않았다고 말했다. 마지막 며칠 동안 그는 평소처럼 긍정적인 모습이었다고 한다. 그의 삶은 그들에게 완벽해 보였다. 의사인 소장의 형제는 개인 변호인을 고용해 법의학자, FBI, 미군범죄수사국CID이 찾아낸 모든 증거를 다시 살펴볼 것이라고 언론에 발표했다. 그러나 그가 계단통에서 발견되고 며칠 만에 수사 당국은 그의 삶이 겉모습만큼 편안하지 않았을지도 모른다는 징후들을 찾아냈다.

사망 당시 그의 안락한 집은 한도까지 대출이 잡혀 있었고 몇몇 대출은 만기가 도래했다. 설상가상으로 이전에 그를 고용했던 석유회사 고용주는 대출금을 갚지 않아 리버티 프로스트 은행의 모기업을 비롯해 몇몇 채권자에게 소송을 당했다. 그는 대부분의 사람이 평생 벌어들이는 돈보다 많은 200만 달러의 빚을 졌다.

오운비는 두 개의 생명보험에 가입했고 총 보험금은 75만 달러였다. 두 보험에는 '자살 조항'이 있어서 그가 자살했을 경우에는 보험금을 받지 못하지만 살해되었을 경우에는 보험금을 받게 된다. 사실 그가 자살이 아닌 다른 방법으로 죽었다면 그의 가족은 보험금을 모두 받고 임박한 재정적 재난을 피할 수 있을 것이었다.

이 기이한 사건의 내막이 점점 또렷해졌지만 아직 모든 점이 연결되지는 않았다. 우리는 테러리스트나 살인자는 없었다고 생각했지만 확실히 그렇게 말할 수는 없었다.

FBI와 함께 사건을 재연해본 우리는 오운비의 군대 동료들이 보여준 것처럼 캔버스 벨트로 쉽게 자신의 손을 묶을 수 있음을 알게 되었다.

먼저 그는 위쪽의 계단통 난간에 목맬 밧줄을 묶은 다음 2층 계단 난간에 걸터앉아 목 주위에 올가미를 걸었다. 그러고는 등 뒤에 느슨하게 매듭지은 벨트에 손을 넣고 그 끝을 난간에 대고 잡아당겼다.

그런 다음 2층 난간에서 1.8미터 아래로 몸을 미끄러뜨렸다. 1.8미터는 목이 부러지거나 중도에 자살을 포기할 수 있을 만큼 먼 거리는 아니었다. 그냥 그가 몸부림치는 동안 그를 질식시키기에 충분한 거리였다. 그가 자살을 후회해도 되돌릴 방법이 없었을 것이다.

이렇게 그가 스스로 손을 묶고 자살하는 것이 가능하다는 사실은 입증되었지만 실제로 그가 자살했음을 증명하려면 그 이상의 뭔가가 필요했다.

그때 우리는 일명 '처형' 메시지를 작성한 타자기를 찾아냈다.

장군의 개인 사무실에서. 집이나 군대 사무실이 아니라 그와 몇몇 사람만 출입하는 사무실에서.

IBM 셀렉트릭 기종인 타자기에는 타이프 볼과 교환형 리본이 장착되어 있었다. 타자를 치는 사람이 자판을 누르면 타이프 볼이 회전하여 탄소 리본을 두드린다. 그러면 각각의 자판에 해당되는 철자, 숫자, 기호가 종이에 찍힌다. 타자를 치는 사람이 눈을 깜박이기도 전에 리본이 몇 분의 1센티미터씩 움직이면서 다음 글자가 찍히게 한다.

오운비 장군은 타자기 리본에 자신이 타이프한 내용이 모두 남는다는 사실을 몰랐을 것이다. 수사관들이 브리스토에 있는 오운비 장군의 개인 사무실에서 찾아낸 타자기 리본에는 테러리스트의 메모가 고스란히 남아 있었다.

타자기에는 확인되지 않는 지문도 없었다. 또한 살인자들이 여기서 타자기로 쪽지를 작성하고 나서 다른 곳에서 장군을 죽였을 가능성도 희박했다.

오운비가 죽고 9일이 지난 후에 나는 그의 죽음을 자살로 공식 판정했다.

그가 가족에게 그의 생존과 75만 달러 중 하나를 선택하게 했다면 그의 가족은 조금도 주저하지 않고 그의 생존을 택했을 것이다. 하지만 그는 그들에게 그런 선택권을 주지 않았고 그들은 아무것도 얻지 못했다.

사람들은 여러 가지 이유로 살인을 위장한다. 오운비는 자살하면 보험금이 지급되지 않으므로 살인으로 위장했을 것이다. 또한 자살을 치욕으로, 실패를 인정하는 행위로 여겼을지도 모른다. 아마 종교적인 이유도 있었을 것이다. 아니면 자신이 영웅으로 보일 유일한 기회라고 느꼈을지도 모른다.

그 전에도, 그 후에도 그런 속임수를 많이 보았다. 샌안토니오에서 벌어진 군 장교의 위장 살인 사건은 그것만이 아니었다. 오운비 장군의 자살은 2003년 공군 정신과 의사인 필립 마이클 슈 대령의 기이한 죽음과 음산하게 닮아 있었다. 2003년 4월 아침 샌안토니오 외곽에서 슈의 차가 나무와 충돌했다.

구조대원들은 자동차에서 기이한 모습의 슈를 발견했다. 그의 속옷은 가슴부터 배꼽까지 찢겨 있고 가슴에는 수직으로 15센티미터의 자상이 있었다. 더욱 이상하게도 그의 유두는 사라졌다(그리고 발견되지 않았다). 그의 귓불과 손가락 일부도 잘려나갔다. 양 손목과 발목은 찢어진 덕트 테이프에 감싸여 있었다.

당시 벡사 카운티 법의관실에서 나와 함께 근무했고 지금은 「닥터 G」로 유명한 얀 가라바글리아 박사가 54세의 슈를 부검했다. 수사관들은 그의 정신 병력을 찾아냈다. 그는 우울증과 공황장애로 동료 정신과 의사들에게 검진을 받았다.

가라바글리아 박사는 대령의 깊은 상처 주변에서 주저흔을 발견했다. 주저흔이란 자해를 하는 사람이 보통 최후의 치명상을 입히기 전에 용기를 끌어모으려고 시도하는 얕은 상처나 찰과상을 의미한다.

혈중에서 알코올은 검출되지 않았지만 마취제인 리도카인이 나왔다. 10일 전에 슈 대령이 처방받은 것이었다. 리도카인은 유두 주위나 가슴 한가운데에 도포되거나 주사되었을 가능성이 높았다. 그가 고문을 당했다면 고문자들이 굳이 마취제를 사용했을까?

결국 다른 사람이 그의 몸에 이상한 상처를 만들었다는 증거는 없었다. 또한 그의 사인은 교통사고에 의한 두부 손상이었다. 나의 법의관실과 대배심은 그의 죽음을 자살로 판정했다.

슈 대령의 아내는 아직도 그가 납치되어 고문당하다가 탈출 도중에 교통사고로 죽었다고 믿고 있다. 흉기도, 신체 일부도, 주사 자국도 발견되지 않았다는 것이다. 그녀는 슈가 가려움증 때문에 리도카인을 사용했을 것이라고 말한다. 그리고 덕트 테이프에서 슈의 지문이 나오지 않았고 비닐장갑도 발견되지 않았다고 주장한다.

동기는? 대령의 미망인은 전 부인이 수익자인 50만 달러의 생명보험금과 대령이 죽기 전에 받은 협박 편지에 답이 있을 것이라고 말한다. 2008년 보험금 청구 소송에서 텍사스 법원은 슈 대령의 죽음을 살인으로 판결했다. 하지만 살인 혐의에 대한 기소는 없었고 용의자도 나오지 않았다.

당시 발견된 물적 증거는 미망인의 시나리오를 뒷받침하지 않았고 새로운 증거도 나오지 않았다. 스스로에게 물어보자. 당신이 고문을 받다가 달아났다면 어디를 찾아갈 것인가? 아마도 경찰서나 병원일 것이다. 아니면 자신을 도와줄 누군가가 있을 만한 공공장소. 하지만 슈는 도심과 병원에서 멀어지고 있었다. 그는 자신의 집으로 이어지는 세 개의 고속도로 출구를 그냥 지나쳤다. 심지어 그의 차에는 멀쩡한 휴대전화도 있었다. 잔인하고 냉혹한 공격자에게서 도망치는 사람의 이야기로 들리는가?

미망인의 반응은 정상적이고, 심지어 이성적이다. 하지만 사건에 대한 견해는 사랑으로 왜곡되었다. 안타깝게도 수많은 가족이 사랑하는 사람의 자살을 받아들이지 못한다. 정신질환에 대해 많은 사실이 알려진 현대에도 수많은 가족이 그런 결론을 의심하거나 거부하는 것이 일반적이다. 죄책감과 당혹감 때문일 것이다.

하지만 모든 도구를 활용해 정확하게 죽음의 원인과 방법을 찾는 것이 내게는 가장 중요한 일이다. 이 사건의 경우 살인의 구체적인 증거가 전혀 나오지 않았고 자살을 암시하는 증거만 수없이 나왔다.

비슷한 시기에 내 곁에도 죽음이 찾아왔다.

2003년 어느 월요일에 어머니가 돌아가셨다. 91세였다. 부모님은 63년간 결혼 관계를 유지하고 멋진 삶을 공유했다. 두 분은 자신들이 함께하지 않았던 때를 잊은 듯했다.

바이올렛 디 마이오는 91세에 자연사했지만 내 아버지는 이 죽음을 받아들이지 못했다. 6일 후인 일요일에 아버지도 돌아가셨다. 자신의 심장을 모두 바쳐서 어머니를 사랑했던 아버지는 아마 상심이 깊어 돌아가셨을 것이다.

브루클린의 집에 모인 여동생과 나는 부모님에게 작별 인사를 하고 그린우드 공동묘지에 함께 묻어드렸다. 그곳에는 아버지가 오랫동안 법의학자로 일하면서 부검했던 사람들이 묻혀 있었다. 조직폭력배들과 정비공들, 엄마들과 교사들, 일부 유명한 사람들과 대부분의 유명하지 않은 사람들.

나는 울지 않았다. 비통하지 않은 것이 아니었다. 비통했다. 어머니는 사람들 앞에서 눈물을 흘리는 건 품위 없는 행동이라고 싫어했을 것이다. 난 어머니를 너무 사랑했기에 어머니의 규칙을 깨뜨릴 수가 없었다.

난 이런 죽음들의 진짜 이유를 모른다. 우리의 지식을 넘어서기 때문이다. 최첨단 도구들은 어떤 사건이 남긴 미세한 잔여물들을 분석해준다. 하지만 그런 일을 일으킨 공포, 악몽, 내면의 악마들을 간파해주는 과학은 아직 나오지 않았다. 인간의 심장은 하드 드라이브가 아니다. 그래서 우리는 심장을 열고 그 삶의 키가 두드린 은밀한 흔적 하나하나를 모두 살펴볼 수가 없다. 오운비 장군과 슈 대령의 가족은 나보다 훨씬 더 궁금할 것이다.

증거가 되는 흔적이 전혀 없을 때도 사람들은 상심하곤 한다.

때로는 죽음이 죽음과 함께 살아가는 것보다 낫다.

2010년 2월 5일 금요일 네바다 주 스파크스.

말라카이 딘은 끝없는 호기심과 폭풍 같은 에너지를 지닌 평범한 두 살배기였다. 말라카이는 마음이 따뜻하고 미소가 환한 아이였다. 그는 이웃들의 꽃을 꺾어 작은 꽃다발을 만든 다음 그들의 포치에 가져다주곤 했다. 어떤 면에서 그는 모든 이웃의 아이였다. 그 마을의 아이였다.

마을 사람들 모두 말라카이를 알고 있었다. 엄마 카네시아는 열여섯 살에 말라카이를 임신했다. 당시 카네시아는 자신의 엄마와 함께 살았고 아기의 아버지는 교도소에 있었다. 할머니의 소란한 집에는 다른 아이도 많았다. 그중 몇 명은 그녀의 첫 손자인 말라카이보다 몇 살밖에 많지 않았다. 카네시아와 그녀의 아들은 붐비는 작은 집의 차고에서 살았다. 삶은 끝없는 소란과 격변으로 채워졌다.

말라카이의 삶은 출발이 좋지 않았지만 점점 나아지고 있었다.

이제 열아홉 살인 카네시아는 새로운 남자를 만났다. 케빈 헌트는 장래가 밝은 책임감 있는 남자였다. 잘생긴 해병대원으로 경찰이 되기 위해 대학도 다녔다. 친구가 두 사람을 소개해주었다. 이제 케빈은 리노에서 카네시아, 말라카이와 함께 자유 시간을 보냈다.

그와 카네시아는 결혼을 진지하게 생각하고 있었다. 케빈은 말라카이를 아들로 여기고 결혼하면 입양할 계획이었다. 그는 말라카이의 기저귀를 갈아주고 밤에 책을 읽어주고 극장에 데려갔다. 말라카이는 그를 아빠라고 불렀다. 그는 말라카이에게 첫 자전거를 사주었다. 그리고 카네시아와 보내는 시간만큼이나 많은 시간을 아이와 함께 보냈다. 아, 아이의 할머니와는 약간의 갈등이 있었다. 하지만 카네시아는 자신의 어머니가 신중한 것일 뿐이라고 생각했다. 아이의 할머니는 자신의 자식과 손자가 좋은 사람을 만나기를 바랐다. 카네시아는 자신이 예전에는 나쁜 선택을 했지만 이번에는 옳은 선택을 했다고 생각했다.

그리고 이제 카네시아는 다시 아이를 가졌다. 5개월이었다. 생각이 현실이 되어갔다.

하지만 오늘 그들의 세계는 평소보다 더 소란스러웠다. 임신한 카네시아(그리고 집 안의 다른 사람들)는 배탈이 났다. 말라카이가 예정일보다 6주 일찍 태어나 3주간 값비싼 치료를 받아야 했기 때문에 카네시아는 태아에게 문제가 생길까 걱정되었다. 다시 배가 아파오자 그녀는 병원에 가기로 했다. 케빈이 그녀를 병원에 데려가 정맥주사를 맞게 했다. 그리고 말라카이는 할머니가 자신의 미용실로 데려갔다.

말라카이는 평소처럼 병 속의 터빈같이 미용실 안을 뛰어다녔다. 아이는 잡지에 낙서를 하고 미용사들과 장난을 치고 의자에서 뛰었다. 결국 할머니는 케빈에게 전화해 아이를 데려가라고 했다.

케빈은 4시 21분에 말라카이를 데려갔다. 그는 이런저런 튜브와 전선을 달고 병실에 누워 있는 엄마의 모습을 말라카이에게 보여주고 싶지 않았다. 시에라 고원 지역은 평소답지 않게 따뜻했기 때문에 그는 말라카이를 근처의 작은 공원으로 데려갔다. 그리고 카네시아가 전화할 때까지 말라카이를 맘껏 뛰놀게 했다.

한적한 공원은 말라카이에게 천국처럼 느껴졌다. 아이는 터널에 들어가고 사다리에 오르고 그네에 매달리고 징검다리를 건너고 미끄럼틀에 뛰어올랐다.

그러다 말라카이가 떨어졌다.

어린 소년은 미끄럼틀을 기어오르다 발을 헛디디는 바람에 난간 너머 1.2~1.5미터 아래의 모래 바닥으로 떨어졌다. 아이가 울음을 터뜨렸다. 케빈은 아이의 얼굴에서 모래를 털어주고 아이를 달랬다. 오른쪽 얼굴에 조금 긁힌 상처가 있었지만 1,000개의 놀이터에서 1,000명의 아이에게 하루에 1,000번쯤은 벌어지는 일이었다. 얼마 지나지 않아 말라카이는 다시 활기 넘치는 아이로 돌아갔다.

하지만 10분간의 놀이는 끝났다. 4시 30분에 카네시아가 케빈에게 전화했던 것이다.

몇 분 후 병원 밖의 인도에 설치된 보안카메라에는 웃는 얼굴의 말라카이가 거의 달리다시피 걸으면서 케빈의 손을 잡는 장면이 담겼다.

6개월 이상 케빈 앤서니 헌트는 말라카이에게 삶의 일부였다. 여자들과 아이들이 가득한 집에서 케빈은 소년의 삶에 아버지 같은 역할을 했다. 케빈은 정말 어떤 사람이었을까?

당시 24세였던 케빈은 7남매의 장남이었다. 아버지는 연방 공무원이고 어머니는 아동보호시설에서 일했다. 부모는 케빈을 절대적으로 신뢰하여 가끔 동생들을 맡겼다. 케빈에게는 어떤 문제도 없었다.

그는 주로 보스턴 교외에서 자랐다. 고등학생 때는 육상과 미식축구 선수로 유명했고 성적은 평균 3.4점이었다. 음악캠프에서 피아노를 배웠고 스페인어와 포르투갈어에 능숙했다. 그는 가족과 교회에 다녔다. 졸업 후에는 연방 법집행관이나 수사관이 되기 위해 뉴욕 시립대학교 존 제이 응용범죄대학에 입학했다.

거기서 그는 여자친구를 만났고 그녀는 곧 아이를 가졌다. 그는 자신의 가족을 부양하기 위해 2006년 대학을 그만두고 1년간 교도관으로 일하다가 아내와 두 어린 아들과 헤어졌다. 그는 2007년 해병대에 입대했지만 아직도 경찰이 되고 싶어 했다.

기초 훈련과 교육을 마친 그는 캘리포니아 주 브리지포트에 있는 해병대 산악전 훈련센터에 배치되었다. 브리지포트는 리노에서 남쪽으로 두 시간 30분 거리에 있는 작은 마을이었다. 그는 자유 시간에는 항상 번화한 리노로 나갔고, 거기서 19세의 카네시아 딘을 소개받았다. 그는 미혼모인 카네시아에게 반했지만 그녀의 두 살배기 아들인 말라카이에게도 푹 빠졌다.

두 사람이 사귀자마자 카네시아는 다시 아이를 가졌다. 그는 의무감에서 결혼을 하려는 것이 아니라 카네시아와 말라카이를 진심으로 사랑했고 가족을 간절히 원했다. 그는 무거운 의무감이 아니라 미래에 대한 희망으로 자신과 결혼해달라고 했다.

케빈과 말라카이는 병원 밖에서 카네시아를 만나 가장 좋아하는 멕시코 식당으로 저녁을 먹으러 갔다. 그런데 그들이 의자에 앉기도 전에 말라카이가 무기력해지고 얌전해졌다. 그러더니 구토를 시작했다. 아이는 계속 토했다. 케빈과 카네시아는 아픈 아이를 안고 집으로 달려갔다.

집에서 아이의 상태는 더 나빠졌다. 카네시아는 1주일 내내 온 가족이 배탈에 시달린 것을 떠올리고는 말라카이도 배탈이 났다고 생각했다. 그녀는 아이가 배탈을 이겨내길 바라며 자신의 침대에 아이를 눕혔다. 하지만 구토는 멈추지 않았다. 아이의 상태가 좋지 않아 침대 시트를 여러 번 갈아야 했고 아이의 잠옷도 갈아입혀야 했다.

케빈과 카네시아는 말라카이 옆에 누웠다.

밤 11시 20분, 카네시아는 본능적으로 손을 뻗어 말라카이를 만져보았다. 아이는 숨을 쉬지 않았다.

그녀는 어둠 속에서 비명을 질렀다. 케빈이 벌떡 일어나 아이에게 심폐소생술을 시작했다. 그사이 카네시아는 미친 듯이 911에 전화했다.

곧 할머니가 달려왔다. 그녀는 케빈을 거칠게 밀쳤다. 그녀는 숨을 쉬지 않는 말라카이 곁에 앉아서 사랑하는 손자를 살리기 위해 미친 듯이 가슴을 때리고 숨을 불어넣었다.

몇 분 만에 구조대가 왔지만 너무 늦었다.

말라카이는 죽었다.

다음 날 말라카이는 지저분한 잠옷 차림으로 부검대에 눕혀졌다. 그사이 수사관들은 무슨 일이 있었는지 조사했다.

할머니는 케빈 헌트를 몰아붙였다. 그녀는 말라카이가 케빈 앞에서 늘 기가 죽어 있었다고 말했다. 그는 아이가 여자들 틈에서 자라 버릇이 없다고 생각했다는 것이다. 그러면서 전날 미용실에서도 아이가 케빈을 따라가고 싶어 하지 않았다고 했다. 그녀는 아이의 상처도 미끄럼틀에서 떨어져서 생긴 게 아니라 케빈에게 맞아서 생긴 거라고 말했다.

영안실에서 피오트르 쿠비첵 박사가 아이를 검시했다. 두 명의 수사관과 지방검사보가 자세히 지켜보았다. 그들은 이 사건이 살인이 아닐까 의심하고 있었다.

쿠비첵 박사는 말라카이의 오른쪽 관자놀이와 뺨에서 멍과 찰과상을 보았다. 그는 사후에 나타난 일정한 형태의 멍을 알아보았다. 어른에게 맞은 것처럼 손가락 넓이의 평행한 멍들이 있었던 것이다. 아이의 기저귀는 분홍색 소변으로 얼룩졌다. 방광에 출혈이 있었다는 의미였다. 아이의 가슴과 등에서도 멍이 발견되었다.

쿠비첵은 몸 안에서 더 많은 손상을 찾아냈다. 췌장, 비장, 복벽이 손상되어 거의 0.47리터의 혈액이 복부로 스며들었다. 신장, 방광, 장에는 멍이 있었다. 폐동맥에서는 자줏빛이 도는 회색 색전이 나왔다. 와인 코르크 마개보다 두꺼운 혈전이었다. 하지만 죽음과 관련되어 보이지는 않았다. 쿠비첵은 그 혈전이 어떻게 생겼는지 조사하지 않았다.

나중에 쿠비첵 박사는 말라카이의 내상이 고층에서 추락하거나 과속 차량에 부딪혔을 때의 상처와 비슷하다고 증언했다. 그는 상처들이 사망하기 몇 분 전에, 또는 몇 시간 전에 발생했을 거라고 했다. 그러면서 상처를 입은 즉시 아이는 고통을 느끼고 장기들은 기능을 상실했을 것이라고도 했다.

쿠비첵 박사는 주요 신체기관이 심하게 파열되어 혈액이 스며들면서 말라카이 딘이 죽음에 이르렀다고 결론 내렸다.

'말라카이 딘의 사인은 둔한 충격에 의한 다발성 복부 손상이다. 죽음의 방법은 살인이다.'

쿠비첵 박사는 부검 보고서에 그렇게 썼다.

3주 후 케빈 앤서니 헌트는 아동학대치사로 체포되었다. 기소된 다면 평생을 교도소에서 보낼 수도 있었다.

두 차례에 걸친 경찰의 기나긴 취조에서 아무런 전과도 없는 케빈은 같은 이야기를 되풀이했다. 그가 말라카이와 단둘이 보낸 시간은 40분도 되지 않았다. 말라카이는 미끄럼틀에서 떨어졌지만 심하게 다친 것으로 보이지는 않았다. 변호인인 데이비드 휴스턴은 케빈이 최고의 거짓말쟁이가 아니라면 진실을 말하는 것이라고 생각했다. 하지만 경찰과 검찰은 생각이 달랐다. 말라카이와 단둘이 보낸 40분 동안 케빈은 아이의 장기가 치명적으로 손상되고 얼굴에 멍이 들도록 아이를 때렸다. 그러고는 아이가 미끄럼틀에서 떨어졌다고 거짓말을 한다는 것이었다. 그들은 학대가 한동안 계속되었을 것이라고 믿었다.

아이가 죽으면 가족은 끔찍한 감정적 고통을 견뎌야 한다. 가족이 아닌 사람들도 멀쩡할 수는 없다. 피의자도, 경찰도, 법의학자도, 검사도, 변호사도, 판사도. 그리고 공동체도.

인종이 개입되면 분노는 증폭된다. 인종은 괜히 서로를 의심하게 한다.

주로 백인이 거주하는 리노에서 케빈은 흑인이었다.

말라카이의 죽음에 대한 주민들의 반응은 신속했다. 어떤 사람은 흐느끼고 어떤 사람은 응징을 요구했다. 지역 언론과 블로그에는 과도한 격분과 노골적인 인종주의까지 아주 짧지만 집중적인 공격들이 담겨 있었다. 인터넷 트롤(인터넷에서 파괴적 행동을 일삼는 해커, 악플러, 키보드 워리어 등을 통칭하는 말 - 옮긴이)들은 린치를 선동했다.

워싱턴 DC 출신으로 리노 법조계에서 활동하는 휴스턴이 이 사건에 끼어들었다. 그는 케빈이 부당하게 기소되었다고 생각했다. 그는 할리우드의 대형 의뢰인들을 확보하고 있기 때문에 이렇게 돈이 되지 않는 소송도 맡을 수 있었다.

　지역의 법의학자가 쿠비첵의 검시에서 여러 실수를 찾아내자 휴스턴이 내게 전화했다. 그는 부검 보고서, 사진들, 수사 보고서, 슬라이드(말라카이 딘의 조직 샘플이 들어 있었다) 등을 내게 보냈다.

　미국은 재미있는 곳이다. 미국에서는 원칙적으로 '유죄가 입증되기 전까지는 무죄'로 추정된다. 하지만 아동 사망 사건에서는 피고인이 암암리에 유죄로 여겨지기 때문에 피고인 측이 무죄를 입증해야 한다. 그런 사건에서 배심원들은 종종 뇌가 아니라 심장으로 생각한다. 당연히 우리는 무고한 사람을 위해 정의가 실현되기를 원한다. 하지만 그 때문에 눈이 멀어서는 안 된다.

　내가 맡았던 사건들 중에는 아동 사망 사건이 많았다. 하지만 사적으로 그런 사건에 자문해준 적은 없었다. 그래도 부정의 앞에서 고개를 돌릴 수는 없었다. 가끔은 다른 사람들이 간과한 단서들이 너무 뻔히 눈에 보이기도 했고.

　그것이 내가 케빈 헌트 사건을 맡은 이유였다.

　2년 후에 재판이 시작되었다. 법의학의 마지막 결전을 위한 무대였다. 한쪽에는 처음 부검을 했던 법의학자가 있었다. 그는 수많은 실수를 이미 바로잡았다. 반대편에는 나를 포함해 두어 명의 법의학자가 있었다. 우리는 부검의가 보지 못한 것을 보았다. 검찰은 아직도 아이 살해자를 응징하고 싶어 했다. 주로 정황증거뿐인데도 검찰은 케빈에게 심한 적대감을 품고 있었다.

　케빈이 와쇼 카운티 교도소에 수감되어 있는 동안 카네시아가 아들 제이든을 낳았다.

2012년 5월 초에 재판이 열렸다. 카네시아를 포함한 말라카이의 가족은 케빈이 아이를 죽도록 때렸다고 증언했다. 그들은 소년이 죽기까지 어떤 일들이 있었는지 이야기했다. 케빈의 아버지는 매일 법정을 찾았다. 가끔은 군복 차림인 케빈의 해병대 전우들이 법정에 앉아 있기도 했다.

쿠비첵 박사는 케빈 헌트가 말라카이를 죽였다고 증언했다. 소년의 얼굴과 머리에 있는 멍과 찰과상들. 찢어진 장기들. 복부에 고인 혈액. 배심원들에게는 무섭도록 논리적으로 들렸다.

하지만 나는 다른 증언을 했다.

우선 말라카이의 얼굴과 머리에 있는 찰과상과 멍은 놀이터에서 흔히 생기는 상처였다. 놀이기구에서 떨어지면 공통적으로 생기는 상처였다. 대도시의 법의관실에서는 일상적으로 그런 상처를 본다. 그런 상처들의 가장 중요한 특징은 추락이나 가격 같은 충격에 의해 발생한다는 것이다. 수사관들이 구타의 증거라고 생각했던 손가락 넓이의 평행한 멍들은 내가 보기에 소년의 얼굴에 산소마스크나 튜브를 붙였던 테이프 자국이었다.

나는 구타의 흔적을 전혀 찾지 못했다.

물론 말라카이가 장기에 입은 상처들은 심각했다. 그렇다고 그 때문에 아이가 죽도록 피를 흘린 건 아니었다. 말라카이는 전체 혈액 중 28~29퍼센트를 잃었다. 하지만 그보다 두 배나 많은 혈액을 잃었더라도 아이는 살았을 것이다.

이런 장기 손상은 아이가 케빈 헌트와 단둘이 있던 일곱 시간 전에 발생한 것이 아니었다.

어떻게 아느냐고? 그런 손상들은 아주 고통스러워서 거의 바로 쇼크를 일으킨다. 그런데 말라카이는 공원을 방문한 직후 쇼크의 징후(땀, 현기증, 무력감, 갈증, 얕은 호흡, 푸른 입술이나 손톱, 축축한 피부 등)를 보이지 않았다. 다소 늦더라도 밤 8시 이전에는 쇼크의 징후가 뚜렷했어야 했다. 하지만 그런 징후는 나타나지 않았다.

또 다른 사실도 있다. 쿠비책은 무게가 115그램이었던 말라카이의 심장에서 특별한 점을 찾지 못했다. 그런데 두 살인 말라카이의 심장은 아홉 살 된 아이의 심장과 맞먹을 만큼 아주 비대해져 있었다. 정상적인 두 살배기의 심장은 그 절반 크기여야 했다.

그래서? 말라카이는 생존했더라도 점차 심각한 건강상의 문제에 시달렸을 것이다. 비대한 심장은 몸, 특히 다리에 제대로 혈액을 공급하지 못했을 것이다. 즉 다리에 혈전이 형성되었을 것이다.

나는 그런 혈전 하나가 혈관에서 떨어져 나와 말라카이의 심장으로 흘러들었을 것이라고 생각한다. 몇 시간이 아닌, 며칠 또는 몇 달에 걸쳐 형성되었을 커다란 혈전 말이다. 거기서 혈전은 심장에서 폐로 혈액을 운반하는 폐동맥을 막았다. 결국 혈액이 부족해진 폐가 기능을 멈추면서 아이는 죽었다.

일곱 시간 전에 맞았다고 혈전이 생기는 것은 아니다. 그렇게 커다란 혈전은 빨리 만들어지지 않는다. 그런 혈전은 복부에서 만들어질 수도 없다. 복부에는 혈전을 그대로 실어 보낼 만큼 커다란 혈관 하나만 있기 때문이다. 실제로도 배에서 혈전이 만들어졌다는 증거는 나오지 않았다.

그런데 결정타가 있었다. 찢어진 기관들에 염증이 없다는 것이었다.

구조적인 것이든 화학적인 것이든 전염성의 것이든 염증은 트라우마를 방어하려는 인체의 반응이다. 어떻게든 조직이 손상되면 세포는 두 종류의 화합물을 방출한다. 하나는 혈관을 확장시켜 해로운 액체를 빠져나가게 한다. 다른 하나는 상처 부위로 백혈구를 끌어들여 이물질을 파괴하고 부상한 세포들을 먹어치우고 재생 과정을 시작하게 한다.

복부에서는 이런 과정이 거의 즉시 일어난다. 다시 말해 복부를 다치면 두세 시간 안에 염증이 생긴다.

말라카이 딘의 경우 감염은 없었다. 검찰 측이 주장하는 치명적인 손상을 입고 일곱 시간 후에도 복부의 감염은 없었다.

어떻게 그런 일이 가능했을까? 한 가지 가능성뿐이었다. 이런 손상을 야기한 트라우마는 사망 시간 즈음에 일어났을 것이다. 아마 아이가 죽은 후에.

말라카이는 케빈 헌트나 다른 누군가의 구타로 장기가 손상된 것이 아니었다. 폭행치사가 아니었다.

내 생각에 말라카이 딘은 비대한 심장 탓에 혈액순환이 순조롭지 못했고, 이로 인한 혈전으로 폐 기능이 멈추면서 자연사했다.

경찰과 검찰은 폭력적인 예비 아빠의 구타가 장기 손상의 원인이라고 주장했지만 사실은 할머니의 서툴고 필사적인 심폐소생술이 장기 손상의 원인이었다. 할머니가 푹신한 침대 위에서 심폐소생술을 실시한 것이 문제였다(구조대원들은 단단한 바닥에서 심폐소생술을 실시해야 한다고 배운다). 카네시아가 말라카이의 호흡이 멈춘 것을 알아차렸을 때 말라카이는 이미 죽어 있었다. 다행히도 그는 심폐소생술로 심한 고통을 받지는 않았을 것이다. 이미 죽은 후였으니까.

하지만 이런 사건들은 결코 쉽지 않다.

결국 배심원단은 6 대 6으로 평결에 이르지 못했다. 팽팽한 긴장감이 감도는 사건의 특성과 아동학대범에 대한 자연스러운 편견을 고려하면 케빈 헌트의 승리였다.

검찰은 곤경에 처했다. 법의학자가 저지른 수십 가지 실수에 새로 드러난 의학적 증거들이 더해져서 두 번째 재판은 승리를 장담하기 어려웠다. 그래서 주 정부는 케빈에게 거래를 제안했다. 고의적인 살인에 대해 유죄를 인정하면 4~10년형을 구형하겠다는 것이었다. 이미 교도소에서 보낸 4년 가까운 시간도 복역 기간으로 인정해주겠다고 했다.

변호인 측 역시 곤경에 처해 있었다. 부정적인 여론, 여전한 분노, 간신히 은폐된 인종주의 때문에 무죄 선고가 나올지는 확실하지 않았다. 불완전한 스토리를 가진 흑인 남자와 대도시의 사법체계 사이에서 선택을 해야 한다면 배심원은 분열될 것이다. 변호인 측이 완전한 승리를 거둘 가능성은 없어 보였다. 만일 패배하면 케빈 앤서니 헌트는 평생을 교도소에서 보내야 할 것이었다.

케빈의 선택은 고통스러웠다. 지금껏 그랬던 것처럼 계속 무죄를 주장할 것인가. 아니면 한때 자신을 '아빠'라고 불렀던 아이를 죽였다고 '자백'함으로써 평생을 교도소에서 보낼 위험을 피하고 4년간의 소송을 끝내며 새로운 삶을 시작할 것인가. 운이 좋다면 몇 달 안에 풀려날지도 모르는 일이었다.

케빈은 거래를 받아들였다. 2013년 11월 4일, 그는 카슨시티에 있는 네바다 웜스프링스 교정센터로 보내졌다.

내가 이 글을 쓰는 지금도 그는 그곳에 있다.

경찰이 되겠다던 그의 꿈은 날아갔다. 아직은 어떤 꿈도 그 자리를 채우지 못했다.

2015년 케빈이 내게 편지를 보내왔다.

'아이들에게 최고의 아빠가 되고 싶었어요. 영원만큼이나 오랫동안 그런 날을 기다리고 있어요.'

가끔은 수사과학이 아직 완벽하지 않다는 생각이 든다. 그럴 때마다 나는 정의 역시 그러하다는 사실을 떠올린다.

8

죽음, 정의, 그리고 유명인들

문명사회에서는 어떤 사람들이나 그들의 행적이 이상화하거나 신화화하는 경향이 있다……. 그리고 문명을 구성하는 요소들도. 우리는 유명인들이 평범함을 넘어선다고, 그들은 문명을 고양시키고 우리를 이끌어준다고 생각하고 싶어 한다. 하지만 문명은 극히 얇은 합판일 뿐이다. 현대인과 2,000~4,000년 전의 고대인 사이에는 차이가 없다. 우리는 그저 더 많은 법을 만들고 더 첨단의 도구를 가졌을 뿐이다. 그렇게 우리는 우리의 폭력성을 우아하고 교묘하게 숨긴다.

2003년 2월 3일 월요일 캘리포니아 주 앨햄브라.

해가 지자 필 스펙터가 재즈 시대의 외로운 저택에서 걸어 나왔다. 작고 연약한 그는 음악계의 실력자이자 천재였다. 그는 가발로 대머리를 감추고 하이힐로 단신을 숨기고는 무심한 로스앤젤레스의 불빛 속에서 누군가, 아니 아무나라도 찾고 있었다.

스펙터는 혼자 있는 것을 싫어했다. 언덕에 있는 자신의 성에서만이 아니라 자신의 삶에서도. 때로 그는 혼자인 것에 분노했다. 그래서 사람들을 자신의 궤도에 잡아두기 위해 무슨 짓이든 했다. 65세인 그는 라이처스 브라더스부터 비틀스와 라몬즈에 이르기까지 두 세대에 걸친 음악인들의 음반을 프로듀싱하고 부를 쌓았다. 그는 '월 오브 사운드' 기술로 유명해졌고 많은 사람들과 친해졌다. 로큰롤 명예의 전당에도 헌정되었다. 그는 재거, 딜런, 보노, 스프링스틴, 레넌, 셰어 등과 파티를 했다. 그는 친구가 없었음에도 돈과 권력으로 많은 사람을 곁에 불러들였다. 두어 명의 아내와 수많은 연인과, 심지어 몇몇 자식도 있었다. 하지만 누구도 그의 곁에 오래 머물지 않았다.

기사가 딸린 검은 메르세데스가 화려한 뒤쪽 테라스 아래의 연못 옆에 대기 중이었다. 자동차의 뒷거울 아래에는 작고 빨간 악마 모양의 방향제가 대롱거렸고 자동차 앞뒤로는 'I♥PHIL'이라는 정식 번호판이 붙어 있었다. 고향인 브라질에서는 컴퓨터 기사였지만 로스앤젤레스에서는 운전기사로 일하고 있는 아드리아노가 뒷문을 열어주었다. 스펙터는 록스타 스타일의 길고 풍성한 머리카락에 하얀 바지와 하얀 셔츠를 입고 그 위에 여성용 디너 재킷을 걸치고 있었다. 그는 반은 개츠비이고 반은 골룸 같았다.

아드리아노가 스펙터를 스튜디오시티로 데려갔다. 거기서 스펙터의 옛 친구를 태우고 비벌리힐스의 더그릴온더앨리로 가서 함께 저녁을 먹을 계획이었다. 로맨틱한 관계는 아니었다. 스펙터가 다이키리를 주문하자 옛 친구는 조금 걱정스러워졌다. 스펙터는 지난 10년간 거의 술을 마시지 않았기 때문이다. 게다가 그는 양극성 장애, 발작, 불면증으로 여러 약을 먹고 있었다. 하지만 그녀는 아무 말도 하지 않았다. 그녀는 스펙터가 웨이트리스들에게 추근거릴 때도 가만히 있었다. 필은 자신의 궤도로 끌어들일 새로운 위성을 끊임없이 찾았으니까.

몇 시간 후에 아드리아노와 스펙터는 스펙터의 친구를 집에 데려다주고 11시쯤 다시 더그릴온더앨리로 돌아왔다. 시내에서 함께 밤을 보낼 웨이트리스를 데려가기 위해서였다. 그들은 트레이더 빅스라는 나이트클럽으로 갔고 거기서 스펙터는 75도의 데킬라와 다이키리를 마셨다. 댄타나로 자리를 옮긴 스펙터는 평소 자신이 앉던 자리에서 술을 좀 더 마셨다. 새벽 1시 30분 이후 스펙터는 술값 55달러와 팁 500달러를 남기고 근처의 또 다른 클럽인 선셋 블루바드의 하우스 오브 블루스로 향했다.

만취한 스펙터와 인기인에게 반한 웨이트리스는 할리우드의 유명인들이 파티를 열곤 하는 파운틴 룸으로 곧장 갔다. 하지만 키가 크고 눈부시게 아름다운 금발의 라나 클락슨이 문 앞에서 그를 막아섰다. 그녀는 하우스 오브 블루스에서 일한 지 한 달밖에 되지 않았다.

"실례합니다, 부인. 당신은 들어갈 수 없습니다."

그녀가 말했다. 그러자 매니저가 그녀를 옆으로 밀어내며 저 사람은 여자가 아니라고 속삭였다. 그는 수백만 장의 음반을 판매한 음악 프로듀서이자 백만장자인 필 스펙터라고. 그는 팁을 엄청나게 주니까 빌어먹을 댄 애크로이드처럼 깍듯이 대해줘. 매니저가 말했다.

클락슨은 얼굴을 붉히고는 스펙터와 그의 데이트 상대를 가장 좋은 자리로 데려갔다.

문간에서 당황스러운 순간을 겪었는데도 스펙터는 다시 기분이 들떴다. 문을 닫을 시간인 2시 무렵 스펙터의 데이트 상대는 물만 주문했다. 그러자 그는 운전기사에게 그녀를 집에 데려다주게 했다. 그는 바카디 151을 주문하고는 또 다른 웨이트리스에게 추근거리며 클락슨에게서 눈을 떼지 않았다. 그녀는 술집 안을 돌아다니면서 물건들을 정리하고 손님에게 의자를 빼주고 빈 잔을 치우고 얘기를 나누었다.

그가 새로운 웨이트리스에게 말했다.

"잠시도 가만히 있지 않는군. 빌어먹을 찰리 채플린 같아."

아마 그녀에게는 이 일자리가 절실히 필요했을 것이다. 40세의 배우인 클락슨은 너무 오랫동안 좋은 배역을 맡지 못했다. 180센티미터의 키에 여전히 아름다운 그녀는 여기 할리우드 사람들 사이에서도 눈에 띄었다. 특히 사람들이 빠져나간 뒤에는 더욱 그러했다. 한때 그녀는 로저 코먼의 「바바리안 퀸」에서 주연을 맡으며 적어도 B급 컬트 영화계에서는 잘나갔다. 하지만 그것도 거의 20년 전의 일이었다. 몇 년 전에 그녀는 양쪽 손목이 부러졌고 좋은 배역이 끊겼으며 우울증에 걸렸다. 가끔 광고가 들어오고 작은 코믹콘에서 팬들을 만나는 것이 고작이었다. 당시 그녀는 월세 1,200달러를 내는 42제곱미터 넓이의 방갈로에 살고 있었다. 그녀는 시간당 9달러를 벌어 월세를 내고 옷과 진통제 등을 샀다.

스펙터는 웨이트리스에게 함께 집에 가자고 했지만 그녀는 아침 일찍 약속이 있다고 둘러댔다. 그는 자신의 빈 성으로 함께 가줄 누군가가 필요했다. 그래서 그는 클락슨을 테이블로 불러 함께 술을 마시자고 했다. 그녀는 근무가 끝난 후에 매니저의 허락을 받아(손님과의 대화는 상관없지만 함께 술을 마시는 것은 허용되지 않았다) 이 이상한 남자와 합석했다.

스펙터는 그녀에게 자신의 성을 보고 싶으냐고 물었다. 그녀는 보고 싶다고 했다. 하지만 손님과 너무 친해져서 일자리를 잃고 싶지는 않았다. 그녀는 자신의 차까지만 차로 데려다달라고 했다. 그는 13달러 50센트의 술값과 450달러의 팁을 남기고는 자신의 운전기사를 불렀다.

직원 주차장에서 스펙터는 클락슨에게 계속 아이처럼 사정했다. 한잔만! 내 성에 같이 가자! 마침내 그녀가 그의 메르세데스에 올라탔다. 조금 무안했던 그녀는 아드리아노에게 그냥 술이나 한잔할 거라고 말했지만 스펙터는 "기사에게 말하지 마! 기사에게 말하지 마!"라고 소리쳤다.

피레네 성이라 불리는 스펙터의 호화로운 저택(23개의 방이 있는 저택과 나무가 우거진 사유지는 1920년대에 앨라배마의 구불구불한 길들 사이에 조성되어 단조로운 로스앤젤레스 교외의 명물이 되었다)까지 가는 30분 동안 그들은 리무진 뒷좌석에서 지미 캐그니의 오래된 영화 「키스 투모로 굿바이」를 보며 서로를 쓰다듬고 킥킥거렸다.

새벽 3시경 스펙터와 클락슨은 집으로 들어갔다. 아드리아노가 분수 근처에 주차하고 차 안에서 기다렸다. 나중에 클락슨을 집에 데려다주기 위해서였다.

두 시간 후인 새벽 5시경에 아드리아노는 탕 소리를 들었다. 뭔가 폭발하는 소리도 아니었고 그리 요란한 소리도 아니었다. 숨죽인 듯한 탕 소리였다. 그는 차에서 내려 주위를 둘러보았다. 아무것도 보이지 않자 그는 차로 돌아갔다.

곧이어 스펙터가 뒷문을 열고 나왔다. 아드리아노는 클락슨을 집에 데려다주기 위해 차 밖으로 나갔다. 스펙터는 멍한 표정을 짓고 있었고 손에는 리볼버를 들고 있었다.

"내가 사람을 죽인 것 같아."

스펙터가 말했다.

아드리아노는 스펙터 뒤로 곧게 뻗은 여자의 다리를 보았다. 뒷문으로 다가간 그는 긴 다리를 뻗은 채 의자에 늘어져 있는 클락슨을 보았다. 그녀의 얼굴에서 피가 흘러내리고 있었다.

"무슨 일이에요?"

얼이 빠진 아드리아노가 물었다. 스펙터는 어깨를 으쓱이며 아무 말도 하지 않았다.

아드리아노는 기겁했다. 그는 차에 올라 대문으로 향하면서 자신의 휴대전화를 찾았다. 그는 스펙터의 주소도 전화번호도 몰랐다. 버튼을 누르는 그의 손가락이 떨렸다. 그는 전화번호가 저장되어 있는 스펙터의 비서에게 전화했다. 그녀가 전화를 받지 않자 그는 메시지를 남긴 뒤 911에 전화했다.

5시 2분, 통신지령계가 전화를 받았다.

"내 주인이 사람을 죽인 것 같아요."

왜 살인이라고 생각하죠? 통신지령계가 물었다.

"바닥에…… 여자가 있고. 그리고 손에…… 총을 들고 있었어요."

동요한 아드리아노의 말이 자꾸 끊겼다.

경찰이 스펙터의 집을 둘러보았다. 클락슨은 루이 14세풍 의자에 늘어져 있었다. 그녀는 다리를 앞으로 뻗고 왼팔은 옆구리에 붙이고 오른팔은 의자 팔걸이에 걸치고 있었다. 표범무늬 핸드백이 오른쪽 어깨에 걸쳐져 있고 핸드백 끈은 의자 팔걸이 주위에 꼬여 있었다. 입과 코에서 폭포처럼 쏟아진 피가 짧은 검정색 드레스를 적셨다.

그녀의 왼쪽 종아리 아래 바닥에는 피 묻은 38구경 콜트 코브라 6연발 리볼버가 있었다. 총알은 한 발이 발사되고 다섯 발이 남아 있었다. 총의 나무 손잡이와 방아쇠울과 총신에 피가 엉겨 있었다. 총 전체에 묻었던 피를 일부 닦아낸 것으로 보였다. 클락슨의 앞니, 사실은 씌운 이의 일부가 총의 가늠쇠에 박혀 있고 나머지 치아 조

배우인 라나 클락슨은 음악 프로듀서인 필 스펙터의 대저택에서 입에 총을 맞고 사망했다.(그녀의 머리는 피가 튄 오른쪽 어깨를 향하고 있었지만 나중에 수사관들이 왼쪽으로 돌려놓았다)〔Alhambra California Police Department〕

각은 바닥에 흩어져 있었다.

그녀 옆에는 서랍이 열린 화려한 책상이 있었다. 서랍 안에는 콜트 코브라에 맞는 홀스터가 들어 있었다.

근처의 똑같은 루이 14세풍 의자에는 스펙터의 가죽 가방이 놓여 있었다. 가방에서 세 알씩 포장된 비아그라가 나왔다. 비아그라는 한 알만 남아 있었다.

실내에는 아직도 부드럽고 낭만적인 음악이 흐르고 있었다. 옆에 붙은 거실에는 벽난로 선반 위의 초들만 켜져 있었다. 한쪽 벽에는 피카소 그림이, 다른 벽에는 존 레넌 그림이 걸려 있었다. 거의 비어버린 데킬라 병과 술이 담긴 브랜디 잔이 커피 테이블에 놓여 있었다.

경찰들은 근처 욕실에서 또 다른 브랜디 잔을 발견했다. 변기 수조 위에는 한 쌍의 가짜 속눈썹이 놓여 있고 바닥에는 피와 물에 젖은 수건이 떨어져 있었다.

위층의 침실에서는 스펙터의 흰 재킷이 나왔다. 흰 재킷은 두어 군데 피가 얼룩진 채로 벽장 바닥에 구겨져 있었다.

충격이 있고 열두 시간 이상이 지난 오후 5시 30분경 로스앤젤레스의 부검시관이 도착했다. 죽은 여인의 귀와 가슴에 엉겨 붙은 핏덩이에 이미 파리들이 알을 낳은 후였다.

꼭두새벽에. 유명인의 저택에서. 입안에 총이 발사되어. 죽은 여배우.

수많은 변호사와 기자가 몰려들었다. 하지만 검시관 사무실은 이렇게 대중의 관심이 높은 사건을 어떻게 다루어야 하는지 알고 있었다. 이미 이런 사건을 많이 다루어보았기 때문이다.

다음 날 아침 부검시관인 루이스 페나 박사가 부검을 시작했다. 라나 클락슨은 머리와 목에 한 발의 총상을 입고 사망했다. 입으로 들어온 38구경 총알이 혀를 헤집고 목구멍을 찢고 뇌간에서 척수를 완전히 분리한 다음 두개골에 박혔다.

뇌와 척수가 바로 끊겼다는 것은 클락슨이 즉사했다는 의미다. 그 순간 심장박동과 호흡이 멈추고 모든 신경이 죽고 모든 근육이 무기력해졌다. 뇌는 이미 받아들인 산소를 모두 소진할 만큼 살아 있었겠지만 의식은 없었을 것이다.

총알은 살짝 위를 향하고 있었다. 리볼버의 반동으로 최근에 씌운 앞니 두 개가 산산이 부서졌다. 페나 박사는 클락슨의 혀 왼쪽에서 멍을 찾아냈다. 입에 강제로 총구가 밀어 넣어지면서 멍이 생긴 듯했다. 손과 손목과 팔뚝에도 반항의 흔적인 멍이 있었다.

그녀의 몸에서는 알코올이 검출되었다. 강력한 진통제인 하이드로코돈과 항히스타민제도 검출되었다. 그녀의 지갑에는 감기약과 헤르페스 치료제를 포함해 다량의 비처방 약품과 처방 약품이 들어 있었다.

충격적이고 혼란스러운 범죄 현장에는 더 많은 증거가 있었다.

경찰은 바닥에서 그녀의 오른손 엄지에서 떨어진 아크릴 손톱을 찾아냈다.

범죄학자들은 사방에서 스펙터와 클락슨의 DNA를 찾아냈다. 욕실의 가짜 속눈썹에서, 브랜디 잔에서, 뒷문 손잡이와 걸쇠에서, 클락슨의 양쪽 손목에서.

클락슨의 피는 계단 난간과 2층 욕실의 수건(몇몇 부분은 물에 희석되었다)에서도 나왔다. 재킷의 왼쪽 소매, 왼쪽 팔꿈치, 주머니, 오른쪽 바깥쪽, 왼쪽 안쪽에서 비산혈과 혈흔이 조금 나왔다. 모두 클락슨의 피였다.

스펙터의 DNA가 클락슨의 왼쪽 유두에서 검출되었지만 그녀의 질에서는 나오지 않았다. 한편 스펙터의 음낭에서는 클락슨의 DNA가 검출되었다. 그녀가 그와 오럴섹스를 했다는 의미였다. 그녀의 손톱에서는 스펙터의 DNA가 나오지 않았다.

가장 흥미롭고 혼란스러운 점은 총에서 클락슨의 DNA만 검출되었고 그녀의 손에만 탄환 잔여물이 있었다는 것이다. 그것도 많이. 스펙터의 손과 옷에서는 탄환 잔여물이 전혀 나오지 않았다. 재킷의 혈흔을 제외하면 스펙터의 피부, 머리카락, 옷에는 다른 사람의 DNA가 없었다. 총에서는 누구의 지문도 나오지 않았다.

그날 아침 경찰들은 스펙터가 클락슨을 '쓰레기'라고 불렀다고 기록했다.

"빌어먹을, 그녀에게 무슨 문제가 있었는지 몰라요. 어쨌든 그녀에게는 내 빌어먹을 성에 들어와 그녀의 빌어먹을 머리를 날려버릴 권리 따위는 없잖아요."

그가 진술했다.

수사관들은 스펙터가 총을 쐈다고 페나 박사에게 보고했다. 클락슨이 자살 충동을 느꼈다는 증거도 없고 유서도 나오지 않았기 때문이다. 그들은 필 스펙터가 의자에 앉아 있는 라나 클락슨을 쏘았다고 믿었다. 부검을 마친 페나 역시 살인 쪽에 무게를 두었다.

총격 사건이 벌어지고 2주 후에 라나 클락슨의 재가 로스앤젤레스 할리우드 포에버 공동묘지에 묻혔다. 그곳에는 그녀가 동경했던 수많은 대스타가 묻혔고 그중에는 그녀와 공통점이 많은 스타도 있었다. 호수 옆에 묻힌 신인 여배우 버지니아 레이프가 그러했다. 그녀는 1921년 당시 최고의 몸값을 받던 배우이자 코미디언인 패티 아버클과 음주 파티를 벌이다가 사망했다. 잔디 건너에는 유명한 영화감독인 윌리엄 데스먼드 테일러가 있었다. 그는 1922년

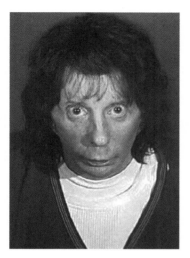

전설적인 프로듀서인 필 스펙터는 2003년 2월
배우 라나 클락슨을 살해한 혐의로 체포되었다.

집에서 살해되었지만 범인은 체포되지 않았다. 그리고 또 다른 묘지에는 조직폭력배인 벅시 시걸이 묻혀 있었다. 그는 1947년 비벌리힐스의 저택에서 얼굴에 총을 맞고 사망했다. 아무도 기소되지 않았다.

스펙터는 라나 클락슨이 사망한 날 아침에 체포되었지만 바로 100만 달러의 보석금을 내고 석방되었다. 스펙터는 즉시 로버트 샤피로 같은 최고 변호사들과 법의학 전문가들로 드림팀을 구성했다. 그는 공식적으로 기소되기 전부터 자신의 무죄를 주장하기 위해 물밑에서 언론 작업을 했다. 그는 자신을 공개적으로 변호하지 않는 '친구들'에게 격분했다. 그는 동영상을 제작하여 클락슨이 우발적으로 자살했다(그는 〈에스콰이어〉와의 인터뷰에서 "그녀가 총에 입을 맞췄어요"라고 말했다)고 주장했다.

하지만 수사관들은 스펙터와 총에 관해 수많은 이야기를 들었다. 그는 존 레넌, 데비 해리 같은 록음악의 우상들과 함께 작업하는 동안 스튜디오에서 피스톨을 휘두른 것으로 유명했다. 그와 데이트하거나 그에게 고용된 여자들은 그보다 더 어두운 이야기를 들려주었다. 술에 진탕 취한 스펙터가 그들이 자리를 뜨려고만 하면 총을 들어 위협했다는 것이다. 그는 그냥 흥분해서 그들이 가지 못하도록 막으려 했다. 이렇게 유명한 음악계의 거물이 혼자가 되거나 버려지는 것에 깊은 공포를 가진 듯했다.

살인인가, 자살인가? 로스앤젤레스 카운티 검시관실에는 쉬운 판단이 아니었다. 살인의 과학적 증거는 없었다. 마지막 판정은 과학적 증거보다 수사관들의 의견에 더욱 의존했다.

총격이 있고 7개월 만에 로스앤젤레스 카운티 검시관인 랙시매넌 새시야바기스와란 박사가 클락슨의 죽음이 살인(그녀가 자살했을 가능성도 인정했다)이라는 페나 박사의 결론을 공식적으로 인정했다. 나중에 그는 입에 총을 쏘는 것은 거의 항상 자살이라고 인정했다. 다시 말해 다른 사람의 입에 총을 쏘는 사람은 거의 없다는 의미였다.

두 달 후에 로스앤젤레스 지방검사는 필립 하비 스펙터를 살인 혐의로 기소하고 1급 살인이나 2급 살인으로 판결을 받아내려 했다. (1급 살인은 고의성이 있어야 하는 반면 2급 살인은 고의성이 필요 없다. 하지만 둘 다 종신형을 받을 수 있다.) 하지만 스펙터는 무죄를 주장했다.

로스앤젤레스의 유명인들은 교도소를 탈출하는 마법의 카드를 가진 듯했다. O. J.(미식축구 스타로 이혼한 두 번째 아내와 그 남자친구를 살해한 혐의로 기소되었지만 무죄판결을 받았다 - 옮긴이), 로버트 블레이크(영화배우로, 2001년 아내를 살해한 혐의로 체포되었지만 2005년 무죄판결을 받았다 - 옮긴이), 마이클 잭슨 등 수많은 스타가 대중의 입맛을 쓰게 했다. 권력, 망상, 병적인 자기중심주의가 추악한 기벽이 아니라 대단한 미덕으로 여겨지는 도시에서 돈, 영향력, 유력한 친구들은 정의를 재정의했다.

냉소적인 대중은 필 스펙터를 작은 괴짜라고 생각했다. 그의 과욕과 재능이 그를 부유한 미치광이 트롤로 만들었다고 생각했다. 허세와 돈으로 사들인 친구들에게 에워싸인 트롤, 언덕 위의 성에서 술에 취해 소작농들을 내려다보는 트롤, 어둠 속에서 자신의 자아와 집착을 채워줄 신선한 고기를 찾아 헤매는 트롤 말이다. 하지만 그는 부유하고 유명했기 때문에 그의 유죄를 입증하기는 쉽지 않을 것이다.

1,600킬로미터쯤 떨어진 곳에서 나 역시 그렇게 생각했다.

어느 날 친구인 린다 케니 베이든이 전화했다. 그녀는 옛 동료인 마이클 베이든의 아내였다. 그는 뉴욕 법의학 사무실에서 아버지의 직원으로 일했고 지금은 법의학자로 명성을 떨치고 있었다. 그런데 안부 전화가 아니었다. 일류 변호사인 린다는 계속 교체되는 필 스펙터의 변호인단에 합류했다. 그는 샤피로를 해고하고 거침없는 레슬리 에이브럼슨을 고용했다. 에이브럼슨은 메넨데즈 형제(두 아들이 백만장자인 부모의 유산을 빨리 상속받기 위해 부모를 총으로 잔인하게 살해했다 - 옮긴이)를 변론했다. 하지만 에이브럼슨이 갑자기 사임하자 스펙터는 브루스 커틀러를 선임했다. 건장한 체격에 대머리인 그는 조직폭력배인 존 고티를 변호했던 브루클린의 싸움꾼이었다.

린다는 총상 전문가가 필요했다.

그에게 불리한 증거들을 보고 유리한 단서들을 찾아줄 수 있을까? 그녀가 물었다. 솔직히 말하자면 난 스펙터에 대한 느낌이 좋지 않았다. 총으로 치명적인 장난도 벌일 만큼 기이하고 거만한 사람처럼 느껴졌다. 그의 유죄 논거는 그럴듯하게 들렸다. 나는 그에 대해 이상한 이야기들은 들었지만 증거를 보지는 못했다. 그래서 일단은 살펴보겠다고 했다.

나는 혼자가 아니었다. 스펙터는 이미 형사재판에 대비해 역대 최강의 법의학팀을 꾸렸다. 나는 그들 중 대부분을 알고 있었다. 베이든, 볼티모어에서 나의 상사였던 워너 스피츠, 혈흔 전문가인 헨리 리 박사, 독물학자인 로버트 미들버그 박사 등. 내 보수는 시간당 400달러였다. 나는 스펙터가 모은 전문가들의 명단을 흘긋 보고는 그가 재판 전에 50만 달러는 너끈히 쓰겠다고 생각했다.

스펙터는 유죄판결을 피하기 위해 필사적이었고 검찰은 유죄임을 밝히기 위해 마찬가지로 필사적이었다. 지방검사실은 지금껏 대중의 관심을 끄는 유명인을 기소했다가 수없이 패배했다. 이제 그들은 실패의 사슬을 끊고 싶어 했다. 그래서 그의 유죄를 입증하기 위해 비용을 아끼지 않고 주의 전문가들을 총동원하기로 했다.

나는 여기 끼어들고 싶은 것일까. 확신이 서지 않았다. 유명인의 사건은 고통스럽다. 유명인의 사건은 증거에 대한 재판이 아니라 유명 인사에 대한 재판이 되어버린다 – 그나 그녀가 피해자든 피고인이든. 예전에는 신문기자들과 방송인들뿐이었지만 이제는 블로거들, 트위터리언들, 온갖 '시민 기자들'이 대중의 관심을 끌기 위해 치열한 경쟁을 벌인다. 법정 TV는 재판을 계속 중계하고 인터넷 또한 매분 실시간으로 재판을 중계한다. 자칭 범죄 전문가들이 기껏 「CSI」나 보고는 자신의 견해를 늘어놓는다. 최종 결과는 재판이라기보다 축제였다.

하지만 나는 증거들을 살펴보기로 했다. 며칠 만에 두툼한 소포가 도착했다. 독물학, 탄도학 같은 다양한 과학적 검사의 결과들과 경찰의 조서였다. 라나 클락슨이 60페이지 분량으로 장황하게 적은 회고록도 있었다. 히피 싱글맘과 떠돌던 어린 시절, 록 페스티벌과 마약 파티를 즐기던 시절, 제트기로 미국 전역을 누비고 코카인을 흡입하며 B급 영화의 여신으로 군림하던 시절이 자세히 적혀 있었다. 하지만 음울했던 마지막 몇 년간의 기록은 없었다. 그녀는 연민이 가는 인물이었다. 특정 연령대의 여자들에게 할리우드는 힘든 곳이었다. 캐스팅 에이전트의 눈에 라나 클락슨의 유효기간은 끝났다.

수백 페이지의 자료를 읽는 동안 질문들이 이어졌다.

스펙터가 무죄(또는 유죄)임을 입증하는 구체적인 증거는 없었다. 그의 불완전한 유죄 논거에는 몇 가지 결함이 있었다. 많은 과학적 증거가 모였지만 모두 정황증거에 지나지 않았다. 아마 그는 유죄일 것이다. 하지만 검사들이 주장하듯이 그가 유죄인지는 확실하지 않았다.

나는 38년간 법의학자로 일하면서 입에 총을 맞은 수많은 시신을 보았다. 세 명을 제외한 나머지(99퍼센트)는 자살이었다.

누군가가 여자들은 총으로 자살하지 않는다고 주장했다. 그러나 사실 미국 여성들에게 총은 가장 흔한 자살 도구다.

아름다운 여배우는 결코 얼굴을 쏘지 않을 것이다? 자살에 대한 최대 규모의 법의학적 연구에 따르면 약 15퍼센트의 여성이 입을 쏘았다(여성의 아름다움은 자살에 영향을 미치는 요소가 아니었다).

그녀는 자살을 시도한 적이 없고 자살에 대해 말한 적이 없으며 유서도 남기지 않았다. 단 8퍼센트의 자살자만 이전에 자살을 시도했고 네 명당 한 명이 유서를 남겼다. 라나 클락슨은 자살을 말한 적이 없었다, 그것은 사실이다. 하지만 자살은 어떤 경고도 없는 충동적이고 절망적인 행동이다. 특히 총을 사용하는 사람들의 경우에는 더욱 그렇다. 그녀의 의학적·개인적 서류들을 살펴보면 그녀에게는 강력한 약물치료가 요구되는 우울증 병력이 있었다. 술과 하이드로코돈은 우울증을 악화시킬 수 있다. 암울한 미래, 힘겨운 재정 상태, 음주, 약물 복용이 그녀의 우울증을 증폭시켰을 수도 있다.

그 모두가 라나 클락슨의 자살을 증명하나? 아니다. 하지만 물적 증거들까지 고려하면 살인이 유일한 설명이 아닐지도 모른다.

클락슨은 65세인 스펙터보다 키가 30센티미터는 더 크고 몸무게는 13킬로그램이나 더 나간다. 그녀는 스펙터보다 강건해서 쉽게 그를 제압할 수도 있었다. 그녀가 그러지 않은 데에는 두 가지 설명이 가능하다. 자신을 겨눈 총에 겁을 먹었거나 아예 협박을 받지 않았거나.

클락슨의 입술, 혀, 이에는 강제로 총구가 밀어 넣어졌음을 암시하는 손상이 없었다. 그렇다면 그녀가 공격자에게 자발적으로 입을 벌렸다고 가정하는 것이 자연스러울까?

탄환 잔여물이 스펙터가 아니라 클락슨의 양손에서 나왔다는 것은 총이 발사되는 순간 그녀가 총을 쥐고 있었다는 의미다. 스펙터가 손을 씻었다고 해도 탄환 잔여물은 그의 피부와 옷에 남아 있어야 한다. 하지만 그의 옷에서는 두 점의 작은 입자만 나왔다. 그 정도의 입자는 공기나 수갑으로 옮겨졌거나 경찰차에서 붙었을 수도 있다.

뭉툭한 콜트 총신은 클락슨의 입으로 5센티미터쯤 들어갔다. 총이 발사되면 섭씨 760도의 가스가 6.45제곱센티미터당 2,268킬로그램의 힘으로 빠져나온다. 순간적으로 그녀의 입을 채우고 뺨으로 흘러들었다가 저항 없이 모든 통로로 빠져나온다. 일부는 비강으로 빠져나오면서 상처를 입힌다. 나머지는 비산혈, 탄환 잔여물, 가스, 살점, 치아 같은 생물학적 물질들(후방비산혈흔이라 불린다)과 함께 입 밖으로 밀고 나온다.

이번 경우에는 클락슨의 피와 앞니 조각이 그녀 앞의 계단 난간까지 3미터 이상 날아갔다. 그녀의 손등은 물론이고 재킷 어깨와 소매는 후방비산혈흔(작용한 외력과는 반대 방향으로 비행하는, 혈액으로 만들어진 혈흔 - 옮긴이)으로 덮여 있었다.

희생자와 1.2~1.8미터 이내에 서 있는 사람이 후방비산혈흔을 뒤집어쓰는 것은 당연했다. 스펙터가 그녀의 입에 총을 넣을 만큼 가까이에 서 있었다면 당연히 후방비산혈흔에 덮였을 것이다. 특히 소매가.

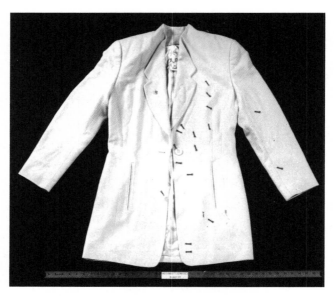

필 스펙터가 라나 클락슨을 쏘았다면 그의 하얀 재킷에는 피가 튀었어야 하지만…… 거의 피가 없었다. 범죄학자는 아주 미세한 핏방울이 발견된 지점들마다 표식을 붙여놓았다. (Alhambra California Police Department)

하지만 아무것도 없었다. 소매의 작은 핏방울 하나와 옷에 작게 흩뿌려진 핏자국은 총격이 가해지는 순간 작은 로비에 서 있다가 묻은 것일 수도 있었다. 그가 어떤 식으로든 응급조치를 취했거나 그녀를 건드렸다면 피가 묻었을 것이다. 그는 손을 씻었을지 모르지만 재킷이나 옷은 빨지 않았다.

총격이 가해지는 순간 스펙터가 총을 들고 있었다는 증거는 없었다.

하지만 총격이 가해지는 순간 클락슨이 양손에 총을 들고 있었다는 증거는 있었다. 탄환 잔여물과 후방비산혈흔이 그녀의 손 전체를 덮고 있었다. 그녀가 왼손 엄지로 방아쇠를 당기면서 아크릴 손톱이 부러진 것 같았다.

내 동료들인 베이든, 스피츠, 리도 증거들을 보고 비슷한 결론에 도달했다.

그런 사실들(그리고 이를 뒤집는 물적 증거의 부재) 때문에 나는 자살이 가능성이 희박한 주장이 아니라 배심원단 앞에서 다퉈야 하는 합리적인 논리라고 생각하게 되었다.

하지만 이건 배심원단이 결정할 문제였다.

라나 클락슨이 필 스펙터의 성에서 죽고 4년 이상 지나서야 2급 살인 혐의에 대한 재판이 시작되었다.

2007년 4월 25일 로스앤젤레스 고등법원. 검사보인 앨런 잭슨은 "모든 증거는 2003년 2월 3일 라나 클락슨의 입에 장전된 피스톨을 집어넣고 방아쇠를 당겨버린 남자에 대한 이야기를 들려줄 것입니다"라는 말로 논고를 시작했다.

그는 "적절한 환경에 처하면, 적절한 상황에 처하면 사악하고 치명적으로 변하는" 무시무시한 스펙터의 초상을 그려보겠다고 약속했다.

그는 총을 흔들어대는 스펙터에게서 빠져나온 네 여자의 진술도 들려주겠다고 약속했다. 잭슨이 말했다.

"라나 클락슨은 필 스펙터에게 괴롭힘을 당했던 수많은 여자들 중 마지막 여자였을 뿐입니다."

또한 운전기사인 아드리아노 데수자가 그날 밤의 무서운 사건에 대해, 유죄를 인정하는 듯했던 스펙터의 발언("내가 사람을 죽인 것 같아")에 대해 증언해줄 것이라고도 했다.

노쇠한 스펙터는 때로 손으로 얼굴을 받치면서 피고인석에서 차분하게 지켜보았다. 재판 첫날 그는 페이지보이 스타일의 금발 가발에 베이지색 슈트와 자주색 셔츠를 입었다. 재판이 진행되는 동안 그의 패션과 가발은 점점 대담해졌다. 그는 26세의 야심만만한 가수와 (클락슨이 죽은 바로 그 로비에서) 결혼했다. 그녀는 스펙터의 개인 비서로 일하며 매일 재판정의 첫 줄에 앉아 있었다. 그들은 세 명의 아주 건장한 흑인 보디가드와 함께 법정을 오갔다.

물론 커틀러는 배심원에게 다른 해석을 제시했다. 커틀러가 말했다.

"증거들에 따르면 경찰은 죽음의 방식은커녕 원인도 드러나기 전에 살인이라고 단정해버렸습니다. 명성과 성공은 시기와 질투를 부르거든요."

그는 라나 클락슨이 콜트 리볼버를 '성적인 도구'로 쓰다가 죽었다고 배심원들에게 말했다.

배심원단은 7개월간 비산혈, 독물학, 탄도학, 우울증, 약학, 탄환 잔여물, 해부에 대한 복잡한 법의학적 증언을 포함하여 양측의 증거들을 살펴보았다. 하지만 증인들은 공포, 협박, 권위, 명상, 불안, 꿈의 한계 같은 비과학적인 것들에 대해서도 이야기했다.

검시관인 새시야바기스와란 박사는 입에 총을 쏘는 것은 대개 자살이고 아주 드물게 살인이라는 사실에 동의했다.

"둔력에 의한 외상 없이 누군가의 입에 강제로 총을 집어넣는 것은 어렵겠지요?"

커틀러가 물었다.

새시야바기스와란은 "누군가가 자신을 쏠 것이라는 두려움에 자발적으로 입을 벌리지 않는다면" 그렇다고 인정했다.

자살 전문가로 한때 UC버클리 심리학과 교수였던 리처드 세이덴은 충동적인 자살이 전체 자살 중 40퍼센트라고 증언했다.

그는 자살을 결정하는 데는 5분도 걸리지 않을 것이라고 말했다. 우울증이 자살의 주요 요인은 아니지만 미래나 재정에 대한 절망감, 사랑하는 사람과의 이별, 경력상의 좌절, 만성적인 고통(모두 클락슨에게 해당한다)이 강한 기여 요인이다.

증인석에 앉은 클락슨의 어머니는 자신의 딸이 광고에 출연할 계획을 세우고 새로운 신발을 샀다는 이야기를 했다. 그리고 약속대로 네 여자(어떤 사람은 마지못해)가 필 스펙터의 총구 앞에서 겁을 먹었던 경험을 털어놓았다. 목격자들은 사라진 손톱이 그냥 없어진 것인지, 아니면 스펙터가 감춘 것인지 논쟁을 벌였다. 그리고 재판에서 가장 극적이었던 운전기사의 증언이 이어졌다. 그는 클락슨이 죽은 이후의 두려웠던 순간을 묘사하며 유죄를 시인하는 듯한 스펙터의 발언을 모두의 뇌리에 남겼다.

"내가 사람을 죽인 것 같아."

하지만 커틀러는 클락슨이 이별로 의기소침했고 재정 문제에 시달렸으며 배우로서의 경력이 단절되는 것을 무기력하게 지켜보았다는 점을 지적했다. 그러고는 그녀가 술과 강력한 진통제의 힘으로 그냥 스펙터의 콜트를 들고 자살했다고 주장했다.

클락슨의 친구들은 그녀가 자살했다는 주장을 격렬하게 부정했다. 라나는 때로 감정에 휩쓸렸지만 자기 파괴적이지는 않았다는 것이다. 그녀는 며칠, 또는 몇 주간의 계획을 세웠다. 이게 어떻게 자살할 사람의 행동인가?

결국 아주 딴판인 두 남자의 초상화가 그려졌다. 두 남자 모두 스펙터의 내면에 있었다. 한 명은 구식의 재미있고 정중한 신사였다. 그의 데이트 상대는 장미꽃을 받고 낭만적인 저녁을 보내고 뺨에 작별 키스를 받았다. 하지만 다른 한 명은 데이트 상대가 가겠다고 하면 때로 얼굴에 총을 들이미는 무례하고 폭력적인 주정뱅이였다.

실사판 지킬 박사와 하이드 씨의 이야기가 TV로 생중계되었고 시청률은 미친 듯이 뛰어올랐다.

마침내 배심원단은 숙의에 들어갔다. 네 명은 유죄, 다섯 명은 무죄로 기울었고 세 명은 결정하지 못했다. 다음 15일간 그들은 증거를 검토하고 증언을 듣고 토론을 하며 속이 뒤틀리는 나날을 보냈다.

결국 두 명의 배심원은 합리적인 의심의 여지 없이 스펙터가 클락슨을 쏘았다고 확신하지 못했다. 배심원단은 유죄 10 대 무죄 2로 만장일치에 이르지 못했다.

판사는 재판 무효를 선언했다.

검사 측은 포기하지 않았다. 1주일 후에 잭슨 검사보는 스펙터를 재심하겠다고 발표했고 1년 후에 새로운 재판이 진행되었다.

커틀러는 변론을 포기했고 스펙터는 네 번째 변호사를 고용했다. 다음 5개월 동안 우리는 이전의 과정을 반복했다. 똑같은 증거, 똑같은 증인, 똑같은 논쟁. 이번에는 언론도 그렇게 흥미를 보이지 않았고 스펙터의 옷과 머리도 차분해졌으며 법정의 긴장감도 크게 완화되었다. 하지만 모든 것이 증거와 그에 대한 해석으로 요약되었다.

다시 배심원단은 숙의에 들어갔고 모의 표결에서 의견이 갈렸다. 하지만 30시간의 토론 끝에 합리적인 의심의 여지가 줄어들고 열두 명은 평결에 도달했다. 필 스펙터는 유죄였다.

라나 클락슨이 죽고 6년 이상 지난 2009년 5월 29일 판사는 69세의 스펙터에게 19년형에서 종신형에 이르는 판결을 내렸다. 그는 88세가 되는 2028년에야 가석방을 신청할 수 있다.

판사는 스펙터에게 클락슨의 장례식 비용을 지불하라고 명령했다. 스펙터의 변호사는 왜소한 음악 거물이자 유죄 선고를 받은 살인자가 교도소에 가기 전에 클락슨의 어머니에게 1만 7,000달러를 건넸다.

스펙터의 변호인 측은 항소했다. 과거 스펙터가 총을 들이댔다는 다섯 여자의 일관성 없고 편견 어린 증언도 항소 이유에 들어 있었다. 변호인 측은 그렇게 오래된 일은 라나 클락슨의 죽음에 대해 아무것도 증명해주지 못한다고 주장했다.

캘리포니아 대법원은 30년 전의 연방 법원 판결(연방 정부 대 마사 우

ㅈ)을 인용하며 항소 청구를 기각했다. 판결문에 따르면 '이전의 악행'은 배심원의 유무죄 판단에 활용될 수 있다. 마사 우즈의 보살핌을 받다가 죽거나 병든 아이들이 폴 우즈 살해 기소에 영향을 미친 것처럼 다섯 여자의 이야기가 스펙터의 유죄 결정에 영향을 주었다.

죽음과 정의는 이상한 방식으로 세대를 뛰어넘어 파문을 만들어낸다.

미국 전역에 중계된 필 스펙터의 재판에 필 스펙터만 있었던 것은 아니다.

전문가 증인들도 있었다.

앨런 잭슨 지방검사보는 나를 포함한 모든 전문가 증인이 40만 달러 이상을 받고 스펙터에게 유리하게 증언한 용병이라고 주장했다. (이상하게도 그는 주 검찰이 그들의 전문가들에게 얼마를 지불했는지는 밝히지 않았다.)

재심에서 잭슨이 배심원들에게 물었다.

"살인이 어떻게 자살이 될까요? 고액의 수표를 잔뜩 쓰는 거죠. 과학을 바꿀 수가 없다면 과학자들을 사버려라."

재판에서 이런 일이 일어난다. 한쪽이 전문가들에게 아주 기술적이거나 이해하기 힘든 뭔가를 설명해달라고 하면 반대쪽에서는 그들을 거짓말쟁이, 사기꾼, 멍청이, 용병이라고 부른다. 양측은 전문가 증인들을 필요로 하면서도 그들을 폄하한다. 스펙터(그리고 다른 사람들)의 재판 중에 나는 법정 안팎에서 수많은 이름으로 불렸다. 그중 어떤 것도 듣기 좋지는 않았다. 왜냐고? 내 법의학적 견해가 이미 판단을 내린 구경꾼들의 인식에는 어긋났기 때문이다.

처음은 아니었다. 1848년에도 존경받는 법률학자인 존 피트 테일러가 배심원들은 (노예, 여자, 외국인뿐만 아니라) '전문가 증인들'을 믿지 말아야 한다고 썼기 때문이다.

전문가 증인은 계단의 넓이에서부터 뇌의 기능에 이르기까지 인간에게 알려진 모든 주제에 대해 들려준다. 그들은 필수 불가결하다. 갈수록 복잡해지고 전문화되는 세상(디지털 시대에 접어들어 더욱 복잡해졌다)에서 르네상스적인 인간은 마차 제조업자나 정직한 정치인만큼이나 드물다. 이런 시대에 전문가 없이는 재판이 불가능해 보인다. 이제 배심원과 판사는 전문가의 설명 없이도 생사의 결정을 내릴 수 있을 만큼 넓고 깊은 지식을 갖추지 못했다.

재판의 열쇠는 유의미하고 유용한 방식으로 정보를 전달하는 것이다. 전문가는 그 주제에 대해 지식을 갖추어야 할 뿐만 아니라 그 지식을 쉽게 설명할 수 있어야 한다. 영화 「필라델피아」의 조 밀러 변호사(덴젤 워싱턴 분)는 이렇게 말했다.

"내가 여섯 살짜리 아이인 것처럼 내게 설명해봐요."

하지만 자신의 지식을 쉽게 설명해내는 전문가는 많지 않다. 아무리 아는 것이 많은 전문가라도 자신의 지식을 쉽게 전달하지 못하면 전혀 쓸모가 없다. 최고의 전문가는 교사이기도 하다. 다행히도 이런 능력은 연습으로 향상시킬 수 있다. 그래서 법정에서 자주 증언하는 전문가들이 최고의 전문가다.

물론 전문가 증인이 모든 질문에 해답을 갖고 있지는 않다. 그들이 항상 옳지는 않다. 정의는 그들의 지식 위에서 비틀거리지 않는다. '그들은 전문가'라는 말이 모든 논란을 끝내주지는 않는다.

전문가 증인의 말은 모든 배심원에게 정당하게 평가받고 존중받아야 한다.

많은 전문가들이 적대적인 법정에서는 결코 증언하지 않을 것이다. 무엇 때문에 과도한 검증, 혼란스러운 법적 용어, 상사나 동료와의 갈등, 상대편 법조인이나 언론이나 여론의 욕설에 스스로를 맡기겠는가!

훌륭한 전문가들이 이런저런 이유로 재판을 피하면 정의는 패배한다.

전문가 증인은 거짓말쟁이가 아니다. 그들은 자신이 발견한 진실을 말한다. 우리 모두는 진실이 여러 방식으로 해석된다는 사실을 이미 알고 있다. 스펙터 사건은 하나의 사실이 다른 방식으로 해석될 수도 있음을 보여주었다. 그것을 제외하면 아무것도 증명되지 않았다.

(내가 자신 있게 말할 수 있는 분야인) 법의병리학에도 용병이 있나? 그렇다. 하지만 많지는 않다. 그들은 대개 서툴고 미숙해서 쉽게 들통나버린다. 자신을 신참 경찰관으로 생각하고 모든 악당을 때려잡으려 하는 사람이 더 많다. 그들은 무의식적으로 자신을 경찰이나 검사와 동일시하고는 유죄의 증거를 찾으려 한다. 돈과

는 상관이 없고 맹목적인 정의감도 아니다.

전문가가 항상 한쪽을 위해 증언하는 경우 '그쪽의 개'라는 꼬리표를 단다. 그래서 어떤 전문가는 양측을 위해 증언함으로써 이런 비난을 둔화시키려고 한다. 그래봤자 돈만 주면 누구 편에나 서는 개라는 꼬리표가 붙을 뿐이다. 어떻게 해도 승산이 없는 상황이다.

대중은 전문가 증인이 몇 번이나 변호사의 제안을 거절했는지 모른다. 재판에 도움이 되지 않는다는 이유로 그의 의견이 몇 번이나 거부당했는지도 모른다. 나 역시 수많은 사건에 증인으로 서달라는 제안을 거절했다. 또한 내 법의학적 결론이 변호사들의 전략에 도움이 되지 않는다는 말도 수없이 들었다.

전문가가 열린 마음으로 사건에 접근했다면 그가 어느 쪽을 위해 얼마나 증언했는지는 중요한 문제가 아니다.

법의학자이자 과학수사 자문으로서 나는 검찰 측과 변호인 측을 위해, 원고와 피고를 위해 크든 작든 형사재판과 민사재판에서 증언해왔다. 내 결론은 돈에 흔들리지 않는다. 경찰을 돕기 위해서도 아니고 경찰에 맞서기 위해서도 아니다. 어떤 가족을 돕기 위해서도 아니고 그 가족을 괴롭히기 위해서도 아니다. 나는 불편부당하게 진실을 말해야 한다.

마지막으로 물어보겠다. 당신의 인생이 걸린 재판에서 배심원단에 복잡한 증거를 밝혀야 한다면 가장 믿음직하고 박식한 사람에게 증인이 되어달라고 부탁하지 않을까? 아마 법의학 교과서를 집필한 전문가를 구할 수는 없겠지만, 그래도 당신이 설명하지 못하는 내용을 설명해줄 누군가를 데려올 권리는 있다.

어쩔 수가 없다. 전문가 증인들은 대개 교육받은 전문가다. 배심원은 그들에게 자격이 있는지, 그들의 비용이 합리적인지, 그들의 결론이 믿을 만한지에 무게를 둬야 한다.

결국 유능하고 노련한 전문가들이 특별한 지식을 활용해 까다롭고 기술적인 쟁점들을 배심원단에 설명해주지 않는다면 어떻게 합리적인 의심의 여지가 없는 사실들을 확정짓겠는가. 배심원단은 전문가의 설명을 받아들이거나 무시할 수 있다. 그래도 일단 설명은 들어야 한다.

배심원단이 전문가의 설명을 듣지 않는다면 무슨 일이 벌어질까?

와이오밍 주 휘틀랜드에서 벌어진 어니스틴 페리의 죽음이 단적인 예다. 이제 웨스트멤피스라는 작은 마을에서 벌어진 일에 대해서 들려주겠다.

9

웨스트멤피스의 유령

부정의. 정의가 실현되지 않았다는 느낌만큼 인간에게 크게 영향을 미치는 것도 없다. 한 사람에 대한 평범한 모욕이든 수백만 명에 대한 전 세계의 묵인이든 우리는 지독히도 잘못된 일이 벌어졌다고 느끼면 순식간에 일어선다. 잘못을 바로잡는 직업인 경찰, 판사, 변호사, 법의학자는 더욱 강렬하게 그런 감정을 느낀다. 다른 사람들이 대수롭지 않게 "원래 그런 거야"라고 말할 때도. 그러나 '잘못을 바로잡고 싶어 한다'는 것이 '올바르게 행동한다'와 같은 의미는 아니다. 우리는 완벽함이 아니라 용기를 바라야 한다. 우리가 바랄 수 있는 최선은 우리의 잘못을 바로잡을 시간과 지혜다. 거기에 하나를 덧붙인다면 최대한 올바르게 행동하는 것이다. 그것은 과거의 잘못을 바로잡는 것만이 아니라 우리의 미래도 바로잡는 것을 의미한다.

1993년 5월 5일 아칸소 주 웨스트멤피스.

여름방학이 한 달도 남지 않은 따뜻한 봄날 오후였다. 아직 자연이 남아 있는 작은 시골 마을에서 소년들은 소년답게 자란다.

스티비 브랜치, 마이클 무어, 크리스토퍼 바이어스는 가장 친한 친구들이었다. 웨버 초등학교 2학년 같은 반이고 같은 컵스카우트 회원이었다. 다른 여덟 살배기 소년들처럼 그들은 자전거를 타다가 서로를 만나면 부모가 정해준 곳까지 또는 도시 경계까지 돌아다녔다. 때로는 더 멀리도 갔다.

하지만 별일은 없었다. 한때 B. B. 킹과 하울링 울프 같은 블루스의 전설들이 살았던 아칸소 주 웨스트멤피스에서는 아무 일도 일어나지 않았다. 주민들은 미국에서 위험한 도시로 손꼽히는 강 건너 테네시 주 멤피스의 끊임없는 폭력과 일상적인 타락이 자신들과 상관없는 일이라고 느꼈다. 그 작은 도시는 1,000여 개의 다른 작은 미국의 마을처럼 하나의 강과 주 사이를 잇는 고속도로에 그것들이 마치 생명줄인 양 겨우 붙어 있었다. 그리고 어떤 면에서는 그것들이 생명줄이기도 했다.

어린 소년들은 햇빛을 그냥 흘려보내지 않았다. 방과 후에 종종 그랬듯이 스티비, 마이클, 크리스는 자석에 끌린 것처럼 서로를 찾아냈다. 그들은 '로빈 후드 언덕'이라 불리는 늪이 많고 잡목이 우거진 숲으로 갔다. 스티비와 마이클은 자전거를 탔고 크리스는 스케이트보드를 탔다. 거기서는 거북을 잡거나 좁은 오솔길에서 자전거 경주를 하거나 걸쭉한 배수로에서 놀 수 있었다. 배수로 건너

(하수관이나 늘어진 밧줄을 이용해 건너갈 수 있었다)에는 '악마의 굴'이라 불리는 더욱 어두운 숲이 있었다. 그곳에는 여행자, 마약중독자, 파티 중인 10대들이 종종 출몰했다.

웨스트멤피스의 부모들은 아이들에게 그 숲에 들어가지 말라고 경고했다. 하지만 그런 경고 덕분에 그 숲은 더욱 유혹적이고 흥미진진해 보였다.

마이클은 나이가 가장 많지는 않으나 무리의 대장이었다. 그는 컵스카우트를 너무 좋아해서 어디에서나 컵스카우트 모자와 단복을 착용했다.

몇 주 후면 아홉 번째 생일을 맞는 크리스는 잠시도 가만있지 못하는 탓에 구충제라는 별명을 얻었다. 크리스는 그날 오후 집안의 규칙을 어기고 계부에게 야단을 맞았는데도 허락 없이 친구들과 집 밖에 나와 있었다.

스티비는 촌뜨기라고 불렸다. 닌자 거북이에 푹 빠진 스티비는 부스스한 금발에 푸른 눈과 환한 미소를 지닌 매력적인 아이였다.

이제 그들은 영화 「스탠드 바이 미」처럼 다음 모험을 시작했다. 그들은 비밀을 찾아 숲으로 뛰어들었다. 그들은 오후 6시 조금 전에 이웃의 잔디밭을 가로질렀고 몇 분 후에는 마이클의 집을 지나갔다. 그리고 6시 30분이 조금 지났을 무렵에는 자전거를 끌고 숲으로 들어갔다. 작은 마을에 사는 사람들은 그런 것들도 알아차린다.

하지만 그들이 모든 것을 보는 것은 아니다.

소년들은 결코 숲 밖으로 나오지 않았다.

그날 밤 아이들의 부모는 경찰서에 신고했고 자정 이후에 수색이 시작되었다. 하지만 너무 어두워서 아무것도 보이지 않았다.

다음 날 오후 1시 45분경 55번 주간고속도로에서 남쪽으로 45미터 떨어진 지저분한 시내에서 테니스화가 발견되었다.

한 수사관이 나뭇잎과 나뭇가지가 두툼하게 깔린 배수로 둑을 따라 걷고 있었다. 그는 누군가가 그곳을 청소한 것을 알아차렸다. 매끄럽고 축축한 흙 아래로 찬찬히 쓸어낸 흔적이 있었던 것이다.

문득 그는 시냇물에 떠 있는 테니스화를 발견하고는 무릎 깊이의 탁한 물로 걸어 들어갔다. 신발로 손을 뻗던 그는 불투명한 수면 아래에서 흔들리는 뭔가를 느꼈다. 크고 부드러운, 고정되지 않은…….

바로 시신.

마이클 무어였다.

작은 소년은 옷이 벗겨져 있었다. 그는 손목에서 발목까지 검은 신발 끈으로 묶인 채 수면 아래에 떠 있었다. 머리, 얼굴, 가슴의 상처에서 피가 새어나왔다.

잠시 후에는 몇 미터 떨어진 하류에서 물에 잠겨 있는 크리스 바이어스와 스티비 브랜치의 시신이 발견되었다. 그들 역시 신발 끈으로 묶인 채 벌거벗겨져 있었고 심하게 구타당한 흔적이 있었다. 아이들 모두 온몸에 이상한 구멍들이 있었다. 그리고 크리스의 성기는 잘려 있었다.

살인 흉기는 나오지 않았다. 두 벌의 속옷은 사라졌다. 나머지 옷과 자전거는 물속에 있어서 살인자(또는 살인자들)가 남긴 미세 증거는 모두 사라져버렸다. 소년들의 몸에 정액이 있었더라도 역시 사라졌을 것이다.

작은 마을의 경찰들은 전율했다. 그들은 얕은 시내에서 컵스카우트 모자, 세 짝의 테니스화, 두꺼운 막대(진흙 속에 박혀 있었다)를 감싼 소년의 셔츠를 찾아냈다. 그들은 물에서 마이클 무어의 시신을 건져내면서 막대 하나를 더 찾아냈다. 자전거들은 하수관 근처 수로에서 나왔다.

혈흔은 시신들이 발견된 탁한 물속과 그들을 잠시 눕혀두었던 둑에 남아 있을 뿐이었다. 그런데 2주 후에 루미놀 검사가 실시되자 누군가가 청소한 흔적이 있는 강둑에서 엄청난 혈흔이 나왔다.

하지만 범죄 현장은 실종자 수색과 시신 이송 등으로 훼손되었다. 지역 검시관은 두 시간 동안 현장에 나타나지 않았다. 살인 도구였을지도 모르는 막대 등은 증거로 분류되지도 않고 아무렇게나 방치되었다.

소년들의 시신을 수습한 수사관들은 최악의 상황을 걱정했다. 몇 시간 만에 온 마을이 아동 강간, 신체 절단, 살인의 소문으로 흉흉해졌다. 어떤 사악한 인간이 귀여운 아이들에게 그런 짓을 했을까? 아이들을 쫓던 치한? 현장을 들킨 마약상? 깨끗한 피에 굶주린 사탄 숭배자들?

경찰이 이론을 만들어내기 시작했다.

아칸소 주 범죄연구소의 베테랑 검시관인 프랭크 페레티 박사가 소년들을 검시했다. 강렬한 검시실의 불빛 아래에서 아이들의 상처와 신체 훼손은 더욱 두드러지게 드러났다.

그는 살해된 소년들이 약 열일곱 시간 동안 물속에 잠겨 있었을 것이라고 막연하게 추정했다. 아이들 모두 표모피 현상이 일어나 있었다. 표모피 현상이란 피부가 물을 잔뜩 빨아들여 쭈글쭈글해 지고 하얘지고 부드러워지는 것이다.

부검대에는 소년들에게서 떨어진 낙엽과 연못 쓰레기가 쌓였다. 소년들의 손목과 발목은 여전히 묶여 있었다. 아직 신발 끈과 매듭에 대한 조사가 이루어지지 않았기 때문이다.

마이클 무어는 목, 가슴, 복부에 톱날칼에 베인 듯한 상처가 있었다. 두피의 찰과상들은 묵직한 막대에 의해 생긴 것으로 보였다. 팽창된 항문 내부의 부드럽고 축축한 조직은 붉은색을 띠었다. 페레티 박사는 뭔가가 항문에 밀어 넣어졌을 것이라고 생각했다. 입안의 멍과 상처는 마이클이 오럴섹스를 강요당했음을 암시했다. 폐에서 물이 나온 것을 보면 마이클은 물에 던져질 당시 살아 있었을 것이다. 마이클은 익사했다.

스티비 브랜치의 시신 역시 생식기와 항문에 상처들이 있었다. 페레티는 자주색인 스티비의 생식기는 오럴섹스의 증거일 수도 있다고 생각했다. 얼굴 왼쪽에는 이상한 구멍들이 있고 출혈이 심했다. 찢어진 뺨을 통해 이가 보였다. 머리, 가슴, 팔, 다리, 등의 불규칙적인 구멍들은 칼에 찔리는 동안 아이가 움직였음을 암시한다.

훼손된 어린 소년들의 시신이 아칸소 주 웨스트멤피스 근처의 숲속에서 발견되었고 세 명의 10대가 즉시 용의자로 지목되었다.

스티비 역시 익사했다.

크리스 바이어스는 가장 끔찍한 폭행을 당한 것으로 보였다.

이 아이의 시신에도 남자에게 오럴섹스를 강요당한 흔적이 있었다. 생식기는 피부가 벗겨지고 음낭과 고환은 사라졌다. 항문 주위의 유혈이 낭자한 자상은 아이가 살아 있는 동안 생긴 것이었다.

머리에도 끔찍한 자상과 찰과상이 있었다. 피부는 일부가 잘려나갔고 한쪽 눈은 멍이 들었다. 뒤쪽 두개골은 빗자루 크기의 묵직한 무기에 맞아 금이 갔다. 허벅지 안쪽은 사선으로 칼자국들이 나 있었다. 페레티는 주로 톱날칼이 사용되었을 것이라고 생각했다.

스티비나 마이클과 달리 크리스는 익사하지 않았다. 크리스는 물에 던져지기 전에 이미 출혈 과다로 사망했다.

며칠 후 한 기자가 비탄에 빠진 크리스 바이어스의 아버지를 인터뷰했다. 그는 웨스트멤피스의 공포를 이렇게 표현했다.

"아직도 산타클로스와 부활절 토끼를 믿는 순진한 아이들이 그렇게나 끔찍하게 죽어야 했던 이유를 모르겠습니다."

웨스트멤피스의 선량한 주민들은 소년들의 장례식 비용을 모으고 2학년 교실에 아이들을 추모하는 공간을 만들었다. 그사이 경찰은 분주하게 수사를 이어갔다. 사디스트적인 아동 살해범은 아직도 그들 사이에 있을 것이었다.

많은 사람들이 소년들은 악마 숭배 의식에서 죽임을 당했을 것이라고 생각했다.

1980년대 후반과 1990년대 초반에 작은 시골 마을의 경찰은 세가지 유령과 상대해야 했다. 전염병처럼 번지는 싸구려 메타암페타민, 시골로 흘러드는 도시의 갱들, 악마 숭배. 메타암페타민은 실존하지만 갱과 악마 숭배자들은 그렇지 않았다. 악마적인 괴롭힘과 희생은 동화 속에나 나오는 것이었다. 하지만 작은 시골 마을의 경찰서장은 세 가지 모두에 우선순위를 두었다.

어린 소년들에 대한 고문, 강간, 살해는 마약상이나 갱스터의 짓으로 여겨지지 않았다. 경찰은 사탄 숭배라고 예감했다.

소년들의 시신이 발견된 다음 날, 한 수사관이 카운티의 청소년 보호관찰관에게 사탄 숭배 이론에 대해 이야기해주었다. 아, 사탄 숭배요? 한 아이가 떠오르네요. 그 아이라면 그런 짓도 저지를 만하죠. 청소년 보호관찰관이 말했다.

그 아이의 이름은 대미언 에콜스였다.

18세인 그는 고등학교를 중퇴했고 그의 집안은 가난했다. 기물

파손, 들치기, 빈집털이…… 경찰들도 그의 이름을 알고 있었다. 장발인 그는 영적인 것을 좇는 비주류 괴짜라는 평판을 즐겼다. 그는 어두운 시를 쓰고 자신을 마법 숭배자로 묘사했다. 소문에 따르면 그는 피를 마시고 컬트 축제에도 참가했다.

1991년부터 1993년 사이에 그는 목을 매고 약을 먹고 물에 뛰어드는 등 몇 차례 자살을 시도했다. 그는 '과대망상과 피해망상, 환청과 환각, 사고장애, 심각한 통찰력 결여, 만성적이고 무기력한 기분 변화' 등을 진단받고 몇 달간 정신병원에 입원했다.

대미언은 검은 옷만 입기 시작했다. 특히 긴 코트는 사악한 분위기를 내기에 제격이었다. 때로 그는 중세의 마법사처럼 곤봉이나 지팡이를 가지고 다녔다. 때로는 손톱을 맹금류의 발톱처럼 다듬었다. 그는 악마와 대화했고 자살과 살인에 대해 많이 생각하며 마법으로 사람들의 에너지를 훔친다고 정신병원 의사들에게 말했다. 심지어 살해된 여자의 영혼이 자신과 산다고도 주장했다.

그의 진짜 이름은 대미언이 아니라 마이클이었다. 그는 대미언이 1800년대에 한센병 환자들을 돌보았던 대미언 신부의 이름에서 유래한 것이라고 했지만 웨스트멤피스 사람들은 영화 「오멘」의 적그리스도인 어린 소년이나 「엑소시스트」의 대미언 카라스 신부의 이름을 땄을 것이라고 생각했다.

그는 기인이라는 말을 듣고 싶어서 일부러 기행을 일삼았다.

한 수사관이 웨스트멤피스의 트레일러 주차장, 그리고 이후에는 기차역에 세워진 대미언 어머니의 이동주택을 찾아가 대미언의 방에서 그를 신문했다. 수사관은 대미언 에콜스의 폴라로이드 사진을 찍고 그의 가슴에 있는 별 모양의 문신과 손가락 관절에 새겨진 악마라는 글자에 대해 적어두었다. 수사관은 이 지역의 오컬트 전문가로서 세 아이의 죽음에 대해 어떻게 생각하느냐고 대미언에게 물었다.

아마 스릴을 위한 살인이었을 거예요. 그래서 비명을 듣기 위해 신체를 훼손했을 거예요. 대미언이 대답했다. 대미언은 '어떤 남자가' 아이들을 심하게 다치게 했다는 이야기, 그리고 아이들을 물에 던져 익사시켰다는 이야기를 들었다고 주장했다. 그는 소년들 중 한 명의 부상이 유독 심했을 것이라고 말했다. 대미언은 살인자가 '병든' 주민이고 도주하지도 않을 것이라고 말했다. 그는 "희생자가 어릴수록…… 살인자는 강한 힘을 얻을 것"이라고 말했다.

당시 마을에는 소문과 억측이 무성했다. 하지만 경찰은 크리스 바이어스의 시신이 친구들의 시신보다 심하게 훼손되었다는 이야기를 하지 않았다.

갑자기 경찰은 돌파구를 찾은 듯했으나 아직 대미언 에콜스를 체포할 만큼 증거가 충분하지 않았다.

한 달 동안 경찰은 대미언에게 불리한 증거들을 찾았다. 그러다가 웨이트리스 한 명을 만나게 되었다. 그녀는 또 다른 10대인 제시 미스켈리 주니어에게서 뭔가를 알아내보겠다고 했다. 제시는 대미언의 친구이기 때문에 뭔가를 알고 있을지도 모른다는 것이었다.

그 웨이트리스는 웨스트멤피스 경찰의 비밀 정보원이 되었다.

그녀는 조금 발달이 지체된 제시를 설득해서 대미언을 소개받았다. 소문에 따르면 대미언은 그녀를 마녀들이 모이는 마을 외곽의 들판으로 데려갔다. 거기서는 10여 명의 벌거벗은 사람들이 어둠 속에서 노래를 부르고, 얼굴에 그림을 그리고, 서로의 몸을 더듬었다고 한다. 그녀는 자신과 대미언은 그곳에서 일찍 빠져나왔지만 제시는 남았다고 말했다.

사건 한 달 만에 웨스트멤피스 경찰은 17세의 고등학교 중퇴자인 제시 미스켈리를 찾아갔다. 그리고는 살인자 체포에 협조하면 3만 5,000달러의 보상금을 받을 것이라고 부추겼다. 제시는 경찰서에서 신문을 받기로 했다. 그리고 몇 시간 동안 충격적인 이야기를 들려주었다.

5월 5일 새벽, 학교 친구였던 16세의 제이슨 볼드윈이 미스켈리를 찾아와 아침에 로빈 후드 숲으로 자신과 대미언을 만나러 오라고 했다. 볼드윈은 16세도 되지 않은 듯한, 약해 보이는 아이였다. 그는 대미언의 친구였지만 대미언만큼 공격적이지는 않았다. 그도 검은 옷을 즐겨 입고 헤비메탈을 좋아했지만 흑마법과 관련된 것에는 참여하지 않았다. 그는 아직 학교에 다녔고 수학보다는 예술에 재능이 있었다. 그는 열한 살 때부터 두어 번 정도 법을 어겼다. 대미언이 대장이고 제이슨은 숭배자였다.

제시에 따르면 그날 오전 9시경 그들이 냇가에서 빈둥대는데 아이들이 근처에서 자전거를 탔다. 볼드윈과 에콜스가 아이들에게 소리를 지르자 아이들이 그들에게 다가왔다. (나중에 미스켈리는 정확한 시간은 모르겠다면서 정오쯤 그런 일이 있었다고 했다. 그는 아이들이 학교를 빼먹은 것 같았다고 했다.)

아이들이 다가오자 볼드윈과 에콜스가 맹렬하게 공격했다. 미스켈리는 두 소년이 볼드윈과 에콜스에게 강간당하고 오럴섹스를 강요당했다고 말했다.

한 소년(미스켈리는 마이클 무어라고 확인해주었다)이 숲 밖으로 도망치려 했지만 미스켈리가 쫓아가 잡아왔다.

미스켈리는 볼드윈이 접이칼로 소년들의 얼굴을 긋고 한 소년의 생식기를 뱄다고 말했다. 에콜스는 한 소년을 야구방망이 크기의 막대로 때리고 옷을 벗게 했다. 부상을 당한 아이들은 벌거벗은 채로 두려움에 떨며 줄에 묶였다. 미스켈리는 그 순간 달아났다고 한다.

미스켈리가 수사관들에게 말했다.

"그들은 아이들을 강간하고 칼로 뱄어요. 나는 그걸 보고는 도망쳤어요. 그들이 집으로 전화해서 왜 그냥 갔냐고 했어요. 난 있을 수가 없었다고 했어요."

미스켈리의 거짓말탐지기 검사와 진술 녹화는 네 시간 정도 이어지다가 3시 18분에 끝났다. 오후 5시경에 시작된 두 번째 신문에서 미스켈리의 진술이 바뀌기 시작했다.

이번에 그는 사건 전날 밤에 볼드윈의 전화를 받았다고 말했다. 볼드윈은 아이들을 잡을 거라고 말했다고 한다.

미스켈리는 자신과 에콜스와 볼드윈이 저녁 5시와 6시 사이에 로빈 후드 숲으로 갔다고 말했다. 그러자 수사관이 시간을 바로잡아주었다. 미스켈리는 저녁 7시나 8시에 숲에 갔을 것이라고 했다가 결국 6시에 숲에 갔다고 말했다. 그는 어두워질 무렵 소년들이 그들 앞에 나타났다고 말했다(공식적인 일몰 시간은 8시에 가까웠다).

이제 미스켈리는 강간에 대해 고통스러울 정도로 자세히 설명했다. 바이어스와 브랜치는 강간당했고 그중 한 명은 강간 중에 머리와 귀를 잡혔다고 했다.

미스켈리가 그곳에서 도망치기 전에 소년들은 갈색 밧줄에 묶였다고 한다. 그는 자신이 그곳을 떠날 무렵 크리스 바이어스는 이미 죽었을 거라고 진술했다.

수사관이 말했다.

"그들이 아이들의 손을 묶었다는 거지? 아예 달리지도 못하게 다리까지 함께 묶은 거야?"

미스켈리가 대답했다.

"달릴 수는 있었어요. 그들은 아이들을 때려눕히고 그냥 묶었어요. 아이들의 팔을 잡아 꼼짝 못하게 했고요. 한 명은 일어날 수가 없었고, 또 한 명은 두 다리를 잡혔어요."

미스켈리가 집에 돌아가고 나서 볼드윈이 전화를 했다고 한다.

"우리가 해냈어!"

그리고 나서 그는 "누가 우리를 봤으면 어떡하지?"라고 말했다. 에콜스의 목소리가 전화기 너머로 들렸다.

그가 컬트에 관여한 적이 있니? 수사관이 물었다.

네. 미스켈리가 인정했다. 지난 몇 달간 에콜스는 숲에서 다른 사

람들과 난교 파티를 벌이고 떠돌이 개를 잡아먹는 등 피의 입회식
을 열었다. 미스켈리는 에콜스가 세 소년의 사진을 보여주었다고
주장했다. 그는 에콜스가 소년들을 지켜보았다고 말했다.

그날 에콜스와 볼드윈은 어떤 옷을 입었지? 경찰관이 물었다.

볼드윈은 청바지에 끈이 달린 부츠를 신었고 해골이 그려진 메
탈리카 티셔츠를 입었어요. 미스켈리가 회상했다. 에콜스는 평소
처럼 부츠에 검은 바지와 검은 티셔츠를 입었다고 한다.

미스켈리의 증언은 혼란스러웠다. 시간과 사건들은 겹쳤고 모순
이 심했다. 우선 제이슨 볼드윈은 하루 종일 학교에 있었다. 범죄는
아침 9시, 정오, 저녁 9시 무렵에 벌어졌을까? 볼드윈은 그날 아침
이나 전날 밤에 전화를 했을까? 그날 아이들은 등교했는데 미스켈
리는 아이들이 학교를 빼먹었다고 했다. 왜 그랬을까?

하지만 미스켈리의 이상한 자백 중에 일부는 증거로 뒷받침되
었다.

소년들은 자전거를 타고 로빈 후드 숲으로 갔다. 그리고 심하게
폭행당했다. 두 명은 야구방망이나 몽둥이 둔기에 맞은 상처가 있
었다. 한 명은 얼굴에 베인 상처들이 있었다. 크리스 바이어스의 생
식기는 기괴하게 훼손되었다. 모두 상처가 있었다. 법의학자에 따
르면 세 아이 모두 강간, 오럴섹스와 일치하는 상처들이 있었다. 물
에 던져지기 전에 마이클과 스티비는 살아 있었지만 크리스는 죽
어 있었다. 숲에서 도망치기 전에 크리스가 이미 죽은 것을 보았다
는 미스켈리의 진술과 일치했다. 그리고 소년들은 갈색 밧줄은 아

니지만 신발 끈으로 묶여 있었다.

나중에 한 증인이 그날 밤 범죄 현장 근처에서 진흙투성이의 검은 바지와 셔츠를 입은 에콜스를 보았다고 말했다.

신문 도중에 미스켈리는 거짓말탐지기 검사를 받았지만 수사관에게 검사를 통과하지 못했다는 이야기를 들었다. 나중에 미스켈리가 정말로 거짓말탐지기 검사를 통과하지 못했는지에 대해서는 논란이 벌어지게 된다. 어떤 사람은 거짓말탐지기 검사에 실패했다는 말에 미스켈리가 동요했을 것이라고 주장한다. 그래서 기가 죽은 미스켈리가 경찰의 기분을 맞추기 위해 이야기를 꾸며댔다는 것이다. 하지만 어떤 사람들은 거짓말탐지기 검사에 실패했다는 말을 듣고 미스켈리가 진실을 말했을 것이라고 주장한다.

어느 쪽이든 사회 낙오자인 대미언 에콜스, 제이슨 볼드윈, 제시 미스켈리에게 초점이 맞춰졌다. 세 사람은 세 건의 1급 살인 혐의로 기소되었다. 다른 용의자들에 대한 단서들도 나왔지만 경찰은 그들이 진범이라고 확신했다.

몇 주, 아니 몇 달 동안 수사관들은 세 명의 살인자와 관련된 증거를 모았다. 제이슨 볼드윈의 집에서는 그의 어머니의 빨간 가운과 열다섯 벌의 검은 티셔츠와 한 벌의 흰 티셔츠를 찾아냈다. 대미언 에콜스의 집에서는 두 권의 공책과 옷들을 찾아냈다. 공책에는 사탄이나 오컬트와 관련된 글이 적혀 있었다. 잠수부는 볼드윈의 집 뒤에 있는 연못에서 톱날칼을 찾아냈다.

경찰은 대미언의 목걸이를 압수했다. 목걸이에는 핏자국이 있었다. 나중에 경찰은 대미언과 제이슨이 가끔 목걸이를 했다는 것을 알아냈다.

그리고 수사관들은 에콜스, 볼드윈, 미스켈리가 살인자라고 주장하는 증인들을 찾아냈다.

범죄연구소 연구원은 제이슨과 대미언의 집에서 발견된 네 가지 섬유와 비슷한 섬유를 희생자들의 옷에서 찾아냈다. 마이클의 컵스카우트 모자에 붙은 초록색 폴리에스테르 섬유는 대미언의 집에서 찾아낸 섬유 구조와 비슷했다. 그리고 현미경으로 살펴본 결과 볼드윈 엄마의 빨간 가운이 마이클 무어의 셔츠에서 나온 섬유와 비슷했다. 완전히 똑같지는 않았지만.

법의학자 페레티는 톱날칼이 살인에 사용되었다는 결론을 내렸지만 수사관들은 연못에서 나온 톱날칼을 증거에 포함시킬 수도, 배제할 수도 없었다.

목걸이에서는 별로 나온 것이 없었다. 목걸이에서는 두 가지 혈액형의 피가 나왔는데 하나는 대미언 에콜스와 일치했고 다른 하나는 제이슨 볼드윈, 스티비 브랜치, 그리고 전 인류의 11퍼센트와 일치했다.

기소된 세 명의 10대는 무죄를 주장하며 변호사를 두 명씩 선임했다. 그들은 모두 성인으로 재판을 받을 것이었다. 미스켈리의 변호사들은 경찰이 강압적으로 자백을 받아냈다고 주장했지만 그의 자백은 법정에서 증거로 채택되었다(미스켈리는 며칠 만에 자백을 철회했다고 한다). 미스켈리는 자백 때문에 에콜스, 볼드윈과는 따로 재판을 받으며 그들에게 불리한 증언을 할 수도 있었다. 하지만 그는 친구들에게 불리한 증언을 하는 것을 거부했다.

웨스트멤피스의 지저분한 시냇물에서 아이들의 시신이 발견되고 아직 열 달이 지나지 않았다. 하지만 이제 곧 피의자들은 법정에 올라 모두 사형 판결을 받을 것이다.

물적 증거는 없고 정황증거뿐이었다. 하지만 배심원단은 한 피의자의 생생하지만 혼란스럽고 모순되는 증언을 결국 받아들일 것이다.

1994년 1월 18일, 작은 농촌 마을인 아칸소 주 코닝에서 제시 미스켈리 재판의 배심원단이 선발되었다. 일곱 명의 여자와 다섯 명의 남자가 하루 만에 법정에 앉았고 검사는 경고의 말과 함께 논고를 시작했다. 검사는 이 사건의 토대인 미스켈리의 자백에 허점과 모순이 많다고 털어놓았다. 그러면서 미스켈리가 살인 사건에서 자신의 역할을 최소화하려다 보니 그런 허점과 모순이 생긴 것이라고 말했다.

그러자 변호인은 경계선급 정신지체자인 미스켈리는 경찰이 만들어낸 희생자라고 반격했다. 지난 수십 년 이래 아칸소 주 북서부에서 발생한 가장 극악무도한 살인 사건을 해결하라는 압력에 시달리던 경찰이 수사 초기부터 대미언 에콜스를 용의자로 특정하고는 다른 용의자나 시나리오는 전혀 고민하지도 않고 지능이 낮은 미스켈리에게 겁을 주어 자백을 받아냈다는 것이다.

피해자의 어머니들부터 증언을 시작했다. 그들은 아들과 보낸 마지막 순간에 대해 이야기했다. 그러고는 수색자들과 경찰이 사라진 소년들을 수색하고, 마침내 시신을 발견하기까지의 과정을 생생하게 증언했다. 그사이 배심원들은 법정 벽에 세워둔 자전거들을 흘깃 보았다.

그런 재판에서는 범행 현장과 부검 사진이 증거로 제출되는 순간이 가장 힘들다. 검찰 측은 죽은 소년들의 사진을 30장 이상 보여주었다. 핏기 없이 줄에 묶이고 칼에 베이고 이상한 자세로 굳어있는 모습들. 법의학자가 더욱 섬뜩한 부검 사진을 들고 나왔다. 피묻은 시트 위에 누운 작고 하얀 시신을 클로즈업한 사진들이었다. 누구도 괴저를 일으킨 상처들과 훼손된 신체들을 보고 싶어 하지 않았다. 배심원단의 얼굴은 창백해졌다.

검찰은 녹음된 미스켈리의 자백을 틀어주었다. 배심원단은 34분간 조용히 귀를 기울였고 제시는 어떻게 소년들이 죽었는지를 들려주었다.

검찰은 섬유 증거에 대한, 악마 숭배와 오컬트 살인에 대한 약간의 설명으로 논고를 마쳤다. 변호인 측은 계속 반론을 냈다.

미스켈리의 변호인은 '합리적 의심'의 원칙을 내세웠다.

미스켈리 측 증인들 중에는 유명한 수사관이자 거짓말탐지기 기술자도 있었다. 그는 웨스트멤피스 경찰이 거짓말탐지기로 검사하는 순간 미스켈리는 진실을 말했을 것이라고 믿었다. 그러다 거짓말탐지기가 거짓으로 판정했다는 말을 듣고는 모든 것을 포기하고 거짓으로 자백을 했다는 것이었다. 그는 수사관들이 미스켈리를 범죄 현장에 데려가지 않은 것을 비판했다.

하지만 배심원단은 그 증언을 제대로 듣지 못했다. 판사가 그 증언을 배제했던 것이다.

사회심리학자는 미스켈리가 '더 이상 힘든 조사를 받지 않아도 된다'는 이야기를 듣고 경찰에 거짓 진술을 했을 것이라고 증언했다. 물론 그는 웨스트멤피스 경찰이 미스켈리를 압박하고 거짓 자백을 강요했다는 의견을 법정에서 증언하지 못했다.

결국 미스켈리는 자신의 증인석에 서지 못했다. 변호사들은 검찰이 그를 가차 없이 추궁할까 두려웠던 것이다.

검사가 최종 논고를 했다.

"이 피고인이 추격하지 않았다면 마이클 무어는 부모님 품으로 돌아갔을 겁니다. 제시 미스켈리 주니어는 마이클 무어를 붙잡았습니다. 그는 아이를 짐승처럼 추격했습니다."

"주 정부가 무고한 시민을 죽이는 것은 한 인간이 또 다른 인간을 죽이는 것보다 더한 문제입니다."

변호사가 최종 변론에서 말했다.

1주일 이상 소름끼치는 사진들을 보고 생생한 증언을 듣고 법적 다툼을 벌인 후에야 배심원단은 제시 미스켈리에게 한 건의 1급 살인과 두 건의 2급 살인에 대해 유죄판결을 내렸다. 최후진술을 하겠느냐는 질문에 미스켈리는 "아뇨"라고 대답했다. 그는 가석방 없는 종신형에 추가로 40년형을 선고받고 교도소로 보내졌다.

며칠 후 배심원단은 '살기 위해 도망쳤지만 결국은 끌려와 죽임을 당한, 공포에 질린 여덟 살짜리 아이의 생생한 이미지가 평결에 중요한 영향을 미쳤다'고 기자들에게 밝혔다.

2주 후에 대미언 에콜스와 제이슨 볼드윈도 존스버러에서 배심원단과 마주했다.

미스켈리는 그들에게 불리한 증언을 하는 것을 거부했다. 이제 10대들을 살인 사건과 연결해주는 것이라곤 정황증거뿐이었다. 하지만 에콜스는 수사관들에게 '모든 사람은 내면에 악마 같은 힘을 지니고 있다'나 '마법 숭배자에게 3은 신성한 숫자'(그는 여덟 살짜리 아이 셋을 죽인 혐의로 기소되었다) 같은 말을 했던 호감이 가지 않는 피고인이었다. 모든 면에서 대미언 에콜스는 싹수가 없어 보였다.

검찰은 에콜스와 볼드윈의 유죄를 수사과학과 그들의 진술로 밝히겠다고 약속했다. 변호인은 검찰이 비현실적인 퍼즐에 맞게 사실을 왜곡했다고 주장했다. 그렇습니다, 대미언 에콜스는 완전히 미국적인 평범한 아이는 아닙니다, 사실 조금 이상하기는 합니다, 하지만 그가 소년을 죽였다는 증거는 없습니다, 라고 변호인은 말했다.

다시 검찰의 첫 증인은 희생자의 어머니들이었다. 형사는 에콜스가 신문 중에 신비주의와 악마에 대해 이상한 이야기를 했다고 주장했다. 전 여자친구는 에콜스가 종종 코트 안에 칼을 숨기고 다녔다고 말했다. 오컬트 전문가는 '생명력'을 지닌 피의 제의부터 사건 당일의 보름달과 어린 희생자들의 잠재적인 '생명 에너지'에 이르기까지 이번 사건의 특징인 오컬트적 요소에 대해 설명했다.

법의학자인 페레티 박사는 연못에서 나온 칼은 크리스 바이어스의 시신에 생긴 상처와 일치한다고 증언했다. 반대신문에서 다른 칼로도 그런 상처를 낼 수 있다는 사실을 인정하기는 했지만. 그는 크리스가 살아 있는 동안 생식기의 피부가 벗겨지고 음낭이 잘렸다고 말했다. 스티비와 마이클은 둔기에 맞았다고도 말했다. 물로 가득한 마이클의 폐는 물속에 던져지는 순간 그가 숨을 쉬고 있었음을 의미한다고도 말했다. 하지만 반대신문에서 그는 과학적 증거가 미스켈리의 진술과 완전히 일치하지 않는다는 점을 인정했다. 다시 말해 소년들이 목이 졸리고 강간당하고 갈색 밧줄로 팔다리가 묶였다는 구체적인 증거는 없다는 것이었다.

검찰 측 증인들은 에콜스와 볼드윈이 개인적으로 자백을 했다고 증언했다. 특히 볼드윈의 감방 동기는 볼드윈이 소년들의 몸을 '훼손'하고 '음경과 음낭에서 피를 빨았으며 입에 고환을 물었다'고 인정했다고 주장했다. 충격적인 진실인가, 아니면 소설인가? 배심원단은 결정을 내려야 했다.

결론적으로, 에콜스나 볼드윈을 범죄 현장과 연결 짓기 위해 검찰이 내놓은 물적 증거는 빈약했다. 한 소년의 셔츠에서 발견된 푸른 왁스 자국과 마이클의 컵스카우트 모자에서 나온 폴리에스테르 섬유 조직(에콜스의 집에서 나온 섬유와 '현미경 검사상 비슷했다')뿐이었다.

변호인은 강력하게 밀고 나갔다. 대미언의 어머니는 살인 사건이 벌어진 날 밤에 아들이 자신과 함께 집에 있었고 두 명의 여자친구와 통화를 했다고 증언했다. 그다음으로 증인석에 오른 대미언은 몇 시간 동안 검사와 변호인이 던지는 수십 개의 질문에 침착하게 대답했다.

무엇에 흥미를 느끼죠? 그의 변호사가 물었다.

스케이트보드, 책, 영화, 전화 통화라고 에콜스가 대답했다.

가장 좋아하는 작가는요?

"무엇이든 상관없어요. 하지만 가장 좋아하는 작가는 스티븐 킹과 딘 쿤츠와 앤 라이스입니다."

마법 숭배가 뭐죠?

그가 설명했다.

"기본적으로는 자연과 밀접한 관계를 맺는 것입니다. 난 사탄 숭배자가 아닙니다. 인신 공양 같은 건 믿지 않습니다."

조울증이 있습니까?

"네."

약을 먹지 않으면 어떤 일이 벌어지죠?

"웁니다."

방에 개의 두개골을 보관해둔 이유가 뭐죠?

"멋있다고 생각했어요."

손가락 관절에 악마라는 문신을 한 이유는요?

"그냥 멋있어 보여서요."

항상 검은 옷을 입는 이유는요?

"검은 옷을 입으면 잘생겨 보인다는 말을 들었어요. 내가 패션에 민감하거든요."

그 소년들을 알고 있었습니까?

"뉴스에서 처음 봤어요."

로빈 후드 숲에 가본 적이 있나요?

"아뇨, 없습니다."

소년들의 살인자로 기소된 기분은 어떤가요?

"때로는 화가 납니다. 때로는 슬프고요. 때로는 무섭습니다."

정신적인 문제가 있는 살인 피고인의 약간 위협적인 인상을 바꿔주려는 눈물겨운 노력이었다. 그러나 대미언은 바이블 벨트(미국 중남부에서 동남부에 걸쳐 있는 개신교, 기독교 근본주의, 복음주의 등의 종교적 지역 - 옮긴이) 주민들에게 충격을 주고 싶어 했다. 법정에서 대미언의 행동은 도움이 되지 않았다. 그는 피고인석에서 희생자들의 가족에게 키스를 날리고 혀를 음란하게 핥았다. 때로 방청석을 노려보고 사진기자들에게 으르렁거리며 작은 거울을 들여다보았다. 변호사들은 그를 사춘기의 반항아로 부각시키려고 했다. 하지만 대미언은 자신이 사람을 능수능란하게 조종하고 사람들에게 소름을 돋게 하는 으스스한 나르시시스트라는 강력한 인상을 주었다. 그리고 그는 사람들의 관심을 즐겼다.

변호인은 검사의 오컬트에 대한 주장을 반박했다. 그러고는 다른 시나리오와 용의자들(크리스 바이어스의 아버지, 그날 밤 피를 뒤집어쓰고 웨스트멤피스 식당에 출몰했던 의문의 남자를 포함해서)을 제안하는 증인들을 내세

1993년 세 명의 10대가 아칸소 주 웨스트멤피스 근처에서 어린 소년들을 끔찍하게 고문·살해했다는 혐의로 체포, 기소되어 유죄 선고를 받았다. (West Memphis Arkansas Police Department)

위 경찰 수사는 어설프고 과도하며 자포자기식이었음을 주장했다. 제이슨 볼드윈은 증인석에 서지 않았다.

최종 논고에서 검사는 대미언을 들여다보면 '영혼이 없다'고 말했다. 에콜스와 볼드윈의 변호인들은 배심원들에게 의심을 가지라고 간청했다.

여덟 명의 여자와 네 명의 남자로 구성된 배심원단은 열한 시간 동안 숙고했다. 두 사람은 세 건의 살인 모두에 대해 유죄판결을 받았다.

제이슨 볼드윈은 감형 없이 종신형을 선고받았다.

대미언 에콜스는 사형을 선고받았다.

1996년 아칸소 대법원은 판결을 유지하고 정의가 실현된 것에 만족했다. 이제 웨스트멤피스 3인조로 알려진 에콜스, 미스켈리, 볼드윈은 그들의 마지막 집인 교도소로 보내졌다.

하지만 모든 사람이 만족한 건 아니었다.

같은 해에 HBO는 「파라다이스 로스트 : 로빈 후드 숲의 어린이 살인 사건」이라는 다큐멘터리를 방영했다. 이 다큐멘터리는 '사탄 광기'에 사로잡힌 작은 마을에서 세 명의 괴짜 10대가 경찰의 부당한 수사로 잘못 기소되어 시골 무지렁이들이 배심원인 우스꽝스러운 재판에서 유죄판결을 받은 사건을 생생하게 그려냈다. 다큐멘터리는 유명인들을 포함해서 많은 사람들을 설득했다. 공식 웹사이트가 개설되고 속편이 제작되었으며 더 많은 유명인이 목소리를 냈다. 어떤 사람들은 다른 용의자를 지목하기도 했다.

그리고 2003년 마라 레버릿이 『데빌스 노트 : 웨스트멤피스 3인조의 진실』이라는 책에서 1994년의 재판에 심각한 결함이 있었다고 주장했다. (2012년 오스카상 수상 감독인 피터 잭슨이 제작비를 대고 에이미 버그가 감독한 다큐멘터리 「멤피스의 서쪽」이 오랜 논란에 새로 기름을 부었다.)

2003년 미스켈리와 에콜스를 따라 마녀들의 모임에 갔다고 주장했던 웨이트리스가 자신의 거짓말을 인정하면서 사법 당국은 더욱 불리한 상황에 몰렸다.

자극적인 살인 사건에 대한 인디영화계의 탐험은 웨스트멤피스 3인조를 석방시키자는 대대적인 운동으로 꽃을 피웠다. 배우 조니 뎁, 밴드 펄 잼의 에디 베더, 음악계의 철학자 헨리 롤린스, 디시 칙스의 나탈리 메인스 등이 목소리와 돈뿐만이 아니라 도덕적 지원까지 아끼지 않았다. 값비싼 변호사들과 법률 전문가들도 참여했다.

크리스 바이어스의 아버지와 스티비 브랜치의 어머니도 웨스트 멤피스 3인조가 잘못 기소되었다고 확신했다.

2007년, 충격적인 사실이 드러났다. 범죄 현장에서 나온 DNA가 에콜스, 볼드윈, 미스켈리의 DNA와 일치하지 않았던 것이다. 매듭에서 나온 머리카락은 스티비 브랜치의 계부인 테리 홉스의 것으로 드러났다.

살인자가 묶은 매듭에 엉켜 있던 머리카락은 3인조의 것이 아니었다. 그 머리카락은 검찰 측에 엄청난 장애물이 되었다.

대미언 에콜스의 변호사들이 재심을 청구하기 위해 내게 연락해 왔다. 그들은 내가 소년들의 상처와 페레티 박사의 부검 보고서를 살펴보고 법의병리학자, 경찰, 변호사, 판사가 놓쳤을지도 모를 뭔가를 찾아주길 바랐다. 나는 그러기로 했다.

나는 그 사건이 익숙했다. 전에 말했듯이 법의학계는 좁고 언론 매체는 구석구석까지 뻗어 있다. 이제 나는 25년간 일했던 벡사 카운티 법의관실에서 은퇴하고 다양한 사건에 조언을 해주고 있었다. 많은 사람들이 이 소름끼치는 사건을 알고 있었고 나도 다른 법의학자들과 이 사건에 대해 얘기를 나누었다. 나는 페레티 박사와 잘 아는 사이였고 그를 훌륭한 법의학자라고 생각했다. 그래서 면밀히 조사된 이 사건에서 모든 것을 바꿀 증거는 고사하고 새로운 뭐라도 발견하게 될지 의심스러웠다.

며칠 안에 우리 집으로 택배가 왔다. 수백 페이지에 달하는 부검 보고서, 증언, 다른 전문가들의 결론, 법률적 견해 등이 들어 있었다. 무엇보다 범죄 현장과 부검 장면을 찍은 거의 2,000장에 달하는 고해상도 컬러사진이 바인더와 CD에 들어 있었다.

와이오밍 사건 때처럼 나는 금세 문제를 파악했다.

크리스 바이어스의 생식기를 끔찍하게 훼손한 것은 인간이 아니었다. 사후에 동물들이 부드러운 조직을 갉아먹은 것이었다. 강제적인 오럴섹스의 증거로 여겨졌던 입안의 멍과 상처도 동물의 짓이었다. 칼로 고문한 듯한 피부의 상처들은? 동물들이 뜯어먹고 씹은 흔적이었다. 스티비 브랜치의 왼쪽 얼굴에 있는 유혈이 낭자한 부분은? 역시 동물의 짓이었다.

마찬가지로 페레티 박사가 시신에서 보았던 상처들은 칼날이 아니라 동물의 이빨과 발톱에 의해 생긴 것이었다.

어떤 동물이냐고? 로빈 후드 숲에는 무는 거북, 주머니쥐, 도둑고양이, 여우, 라쿤, 다람쥐, 들개, 때로는 코요테가 살았다. 이런 포식동물이 신선한 피 냄새를 따라 시신들에 접근했다가 가장 부드러운 부분을 뜯어먹었을 수도 있다. 이런 부위들은 시신에서 가장 쉽게 떨어져나간다. 내가 보기에 거북의 이빨 자국 같았다.

2012년 다큐멘터리 「멤피스의 서쪽」 제작자들이 그 이론을 시험해보았다. 그들은 웨스트멤피스에 서식하는, 무는 거북을 돼지 사체 근처에 풀었다. 잠깐 동안에 거북들은 내가 부검 사진에서 보았던 상처와 거의 똑같은 상처들을 만들어냈다. 하지만 경찰과 검찰

오스카상을 수상한 영화감독 피터 잭슨은 다큐멘터리 「멤피스의 서쪽」을 제작했다. 나도 이 다큐멘터리에 출연했다.〔Di Maio collection〕

은 그 상처들이 오컬트 의식에서 톱날칼에 의해 만들어진 것이라고 생각했다.

불쾌한 현실이기는 하다. 죽음의 순간 인간의 몸은 먹이가 된다. 박테리아, 곤충, 동물이 죽은 근육, 지방, 액체 등을 그들의 삶을 유지해줄 영양분으로 재활용한다. 그들은 비탄, 명상, 냉각의 시간을 주지 않는다. 박테리아는 이미 몸 안(주로 내장)에 있고 숙주가 죽어도 죽지 않는다. 곤충과 야생동물은 몇 분 만에 버려진 시신을 찾아낸다.

배심원단에 제시되었던 증거가 보이는 그대로가 아니었음을 알려주는 사실이 또 있었다.

원래 법의학자는 소년들의 팽창한 항문을 음경이나 다른 물건에 의한 강제적인 동성애의 증거로 해석했다. 하지만 항문 팽창은 사후에 나타나는 정상적인 현상이다. 사후 근육의 긴장이 풀리고 조임근 역시 느슨해진다. 시신이 한동안 물속에 있었다면 항문이 늘어지고 모양이 변형될 수 있다. 나는 항문에서 외상을 보지 못했고 소년들이 강간을 당했다고는 믿지 않는다.

스티비 브랜치의 음낭 절반이 변색된 것은 오럴섹스 때문이 아니라 시신의 자세 탓이다.

이 소년들은 분명히 살해되었다. 하지만 경찰과 검사가 주장했던 사항들을 입증할 만큼 증거가 모이지는 않았다.

당시 나는 신발 끈 매듭에서 나온 머리카락이 스티비 브랜치의 계부인 테리 홉스(그리고 전체 인류의 약 1.5퍼센트)의 DNA와 일치한다는 사실은 몰랐다. 그것은 복잡한 문제를 제기한다. 살인자가 매듭을 묶은 것이 아니라면 어떻게 살해 직전 어린 소년을 묶은 매듭에서 그 사람의 머리카락이 나올 수 있을까?

가정폭력 전적이 있는 홉스는 살해 혐의를 강력하게 부인했다. 그는 스티비의 옷에 머리카락이 붙어 있다가 매듭에 들어갔을 것이라고 주장한다. 웨스트멤피스 3인조의 무죄를 믿는 사람들 사이에서는 여전히 분노 어린 논쟁이 계속되고 있지만 홉스는 결코 기소당하지 않았다.

유명한 전직 FBI 프로파일러인 존 더글러스가 증거들을 살펴보고 증인들을 면담했다. 그는 세 소년이 금전이나 성이 아닌, 감정적인 갈등에 의해 살해되었다고 결론 내렸다. 그는 세 아이 중 적어도 한 명은 공격자와 아는 사이일 거라고 생각한다. 이미 소년들과 아는 사이이고 과거에도 폭력을 휘둘렀던 한 명의 살인자.

웨스트멤피스 3인조에게 중요한 것은 따로 있었다. 더글러스가 검찰의 기본 논리인 종교의식을 위한 살인임을 암시하는 증거를 전혀 찾지 못했다는 것이다.

더글러스는 살인이 고의적인 것이 아니라 우발적인 것이었다고 분석했다. 더글러스가 말했다.

"살인자가 시신, 옷, 자전거를 감춘 이성적이고 논리적인 이유가 있습니다. 공격자는 희생자들이 바로 발견되지 않기를 바랐습니다. 알리바이를 만들 시간이 필요했던 거죠."

2007년, 새로운 증거와 이론(나와 내 동료인 워너 스피츠와 마이클 베이든 박사가 도와주었다)으로 무장한 웨스트멤피스 3인조의 변호사들이 재심을 요구했지만 주 법원은 기각했다. 그들은 항소했다.

2010년 11월, 웨스트멤피스 3인조의 유죄판결에 대해 의구심이 커져가는 가운데 아칸소 대법원은 모든 증거를 재검토해야 한다는 확신을 갖게 되었다. 그래서 법원은 새로 예비신문을 열라고 명령했다.

이제 웨스트멤피스 3인조가 무죄라는 주장이 거센 가운데 아칸소 주는 힘든 상황에 직면했다. 새로운 재판은 비용이 많이 들고 승산도 낮을 것이었다. 광범위한 대중의 항의로 검사는 패배할지 모르는 상황이었다. 잘못 기소된 세 아이에 대한 배상액이 수천만 달러에 이르러 아칸소 주는 파산할 수도 있었다.

아이러니하게도 대미언 에콜스의 변호사가 윈윈 전략을 제안한 덕분에 아칸소 주는 위기에서 빠져나올 수 있었다. 에콜스, 미스켈리, 볼드윈이 이른바 앨포드 플리Alford plea(피고인은 계속 무죄를 주장하되, 배심원이나 판사가 합리적인 의심을 가질 수 있음을 인정하고 감형을 받는 것이다 - 옮긴이)에 따라 항변하지 않고 유죄판결을 받은 다음 일정 기간 복역하면 어떨까? 그러면 세 사람은 복역을 마치고 교도소에서 풀려나게 된다. 주 정부도 어떤 비용이나 논란이나 배상 없이 유죄 선고를 유지할 수 있게 된다.

앨포드 플리는 1970년대부터 드물게 쓰인 법적 책략이었다. 피고인은 검찰의 유죄판결을 인정하지만 범죄를 인정할 필요는 없다. 앨포드 플리가 적용되면 판사는 대개 피고인에게 유죄를 선고하지만 피고인은 이후의 고발이나 소송에서 결백을 유지한다.

쉬운 거래처럼 들릴지도 모르겠다. 하지만 절대 그렇지 않다. 제이슨 볼드윈은 열여섯 살이던 1993년 유죄를 인정하고 에콜스에게 불리한 증언을 하면 감형해주겠다는 제안을 받았다. 하지만 그는 자신이 저지르지 않은 범죄에 대해 유죄를 인정하고 싶지 않았다. 그의 예전 감방 동기는 볼드윈이 살인을 자백했다고 증언한 것에 대해 공개적으로 사과했다. 그리고 볼드윈은 이상하게도 교도소에서 편안함을 느꼈다. 그는 자신의 무죄를 증명할 새로운 재판을 원했다. 하지만 그가 거래를 받아들이지 않으면 옛 친구인 에콜스는 사형 집행을 눈앞에 두게 된다.

2011년 8월 11일 18년 78일간 수감되었던 대미언 에콜스, 제시 미스켈리, 제이슨 볼드윈은 1993년 세 명의 소년을 죽였다는 혐의에 대해 항변하지 않았다. 판사는 그들의 청을 받아들여 집행유예 10년을 선고하고 그들을 석방했다.

살인자로 지목되어 유죄판결을 받았던 제이슨 볼드윈은 간단하게 소감을 말했다.

"우리가 무죄라고 말했을 때는 검사들이 우리를 종신형으로 교도소에 집어넣었죠. 이제 우리가 유죄임을 받아들이니 교도소에서 풀어주는군요."

그날 세 명의 전과자는 처음 그곳에 들어갈 때보다 두 배나 늘어난 나이가 되어 법원에서 나왔다. 그들이 혐의를 벗지는 못했다. 죽은 소년들은 마법적으로 부활하지 않았다. 사건은 해결되지 않았다. 누구도 실수를 인정하지 않았다.

하지만 웨스트멤피스 3인조는 석방되었다.

사건이 일어나고 20년이 지난 지금, 아이들이 다녔던 초등학교 운동장에는 추모비가 서 있다. 두 아이의 집이 버려졌다. 보이지 않는 오점을 지우려는 듯 불도저가 로빈 후드 숲을 밀어버렸다. 이제 그곳은 주간고속도로 옆의 공터일 뿐이다.

함께 죽은 세 친구는 세 개 주에 흩어진 무덤 세 곳에 누워 있다. 크리스는 멤피스에 묻혔다. 마이클은 아칸소 주 매리언에 묻혔다. 스티비는 미주리 주 스틸에 묻혔다.

유죄판결을 받은 살인자들은 이제 새로운 삶을 시작했다. 에콜스는 교도소에서 결혼했다. 사형수 교도소에서 풀려난 후에는 회고록을 썼다. 현재 그는 뉴욕에서 아내와 함께 타로 점을 가르치고 있다. 볼드윈은 시애틀 공사장에서 일하고 있으며 언젠가는 법률 학위를 받고 싶어 한다. 미스켈리는 웨스트멤피스로 돌아와 약혼을 했고 커뮤니티 칼리지에 다니고 있다.

웨스트멤피스 3인조 사건을 끝까지 파헤치는 것은 로빈 후드 숲의 지저분한 도랑을 헤치며 걷는 것과 같다. 안전한 발판은 어디에도 없다. 잘못된 정보와 가짜 정보, 취소, 추측, 황색 언론, 인터넷 트롤, 열혈 지지자가 내놓는 '새로운 증거', 안방 탐정들, 일상적인 인터넷 소음 등에 의해 진실을 찾는 것은 더욱 어려워졌다. 자신이 이미 퍼즐을 풀었다고 생각하고 자신의 입맛에 맞는 퍼즐 조각만 찾는 팬과 적들에 의해 모든 설명은 해부되고 분해되어 망각 속으로 사라졌다. 이 사건은 우리 사법체계의 거울이 되었다. 혼란이 가득하다.

나는 누가 크리스 바이어스, 마이클 무어, 스티비 브랜치를 죽였는지 모른다. 대미언 에콜스, 제이슨 볼드윈, 제시 미스켈리가 죽였을지도 모른다. 우리가 아는 다른 누군가, 또는 우리가 모르는 누군가가 범인일지도 모른다. 테리 홉스가 범인일 수도 있다. 아이들은 분명 누군가에게 살해되었다. 살인자(들)는 사디스트적이고 사이코패스적이었다. 그리고 아마 살인자(들)는 아직 우리 사이에 있을 것이다. 나는 모른다. 어떤 증거도 범인을 정확히 지목해주지 않는다.

하지만 아칸소 주는 어떤 의심도 하지 않는다. 검찰과 경찰은 자신들이 진범을 잡았다고 확신한다. 사건은 종결되었다. 반박의 여지가 없는 증거, 그리고(또는) 의심의 여지가 없는 자백이 나오지 않으면 재수사는 이뤄지지 않을 것이다.

내가 분명하게 말할 것이 있다. 나는 악마 숭배자가 의식을 위해 살인한 경우에 대해서는 본 적도 들은 적도 없다. 2만 5,000건의 죽음을 직접 살펴보고 그보다 많은 죽음에 대해 읽었는데도 말이다. 그런 것은 영화, 인터넷, 피해망상적인 꿈에나 존재한다.

'합리적인 의심의 여지 없이'는 미국 법에서 가장 무거운 입증 책임이다. 반드시 아무런 의심이 없어야 한다는 의미가 아니라 이성적인 인간이 모든 증거를 살펴보고 피고인이 범인이 아닐 가능성이 거의 없다고 생각해야 한다는 의미다.

나는 그 음산한 사진들에서 합리적인 의심을 보았다. 에콜스, 볼드윈, 미스켈리가 그 아이들을 죽이지 않았다고 믿는다는 말이 아니다(물론 어떤 사람들은 열정적으로 그들이 살인하지 않았다고 믿지만). 그들은 유력한 용의자다. 하지만 내가 거의 40년에 걸친 과학수사 경험을 바탕으로 증거들을 자세히 들여다본 결과 경찰과 검찰은 합리적인 의심의 여지 없이 그들이 범인임을 증명하지 못했다.

생사의 문제에서는 그것만이 우리의 유일한 도덕적 규범인데도.

10

고흐의 기이한 죽음

때로 죽음은 전설이 된다.

죽음은 장의사와 법의학자만큼이나 신화 작가나 시인의 영역이다. 때로 우리 인간은 죽음에 낭만적인 감정, 다시 말해 죽음의 암울함마저 초월하는 의미를 부여한다. 삶이 죽음에 의미를 부여하는 것일까, 아니면 죽음이 삶에 의미를 부여하는 것일까? 우리가 이야기를 전하기 시작한 이래로 두 가지 모두 정답이었다. 이야기의 주인공이 아킬레우스, 클레오파트라, 예수 그리스도, 테르모필레 전투의 스파르타인들, 차르 니콜라이 2세, 존 F. 케네디…… 또는 트레이본 마틴이든 누구든.

내게 죽음은 더욱 일상적이다. 요즘에는 얼마나 많은 사람이 멋지게, 유의미하게 목적을 품고 죽을까? 우리는 대부분 링거 줄이 꼬여 있고 지저분한 시트가 덮인 병원 침대에서 홀로 죽는다. 우

리는 우리의 죽음이 심오하기를 바라지만 대개는 그렇지 못하다.
1,000가지의 이기적인 사유로 산 사람들은 죽음에 진실보다는 그
들의 두려움에 부합하는 의미를 부여한다.
그리하여 죽음은 신화가 된다.
고통받은 천재 빈센트 반 고흐가 그러했다.

1890년 7월의 마지막 일요일, 오베르에 무더운 새벽이 밝았다.

몇 주 동안 귀가 심하게 훼손되고 허름한 옷을 입은 낯선 네덜란드인이 한적한 프랑스 마을의 정원과 들판에서 그림을 그렸다. 그는 카페에서 홀로 커피를 마시고 거리에서 10대들을 피해 다녔다. 그들은 그의 허름한 외모와 서툰 사회성을 보고 그가 미쳤다고 생각하고 놀려댔다. 그들은 그의 악마들, 마력, 정신병원에서의 날들에 대해 몰랐다.

다른 날과 다를 게 없는 무더운 아침이 시작되었다. 매일 아침 그는 벌판에서 미친 듯이 그림을 그리다가 정오에 점심을 먹기 위해 싸구려 여인숙으로 돌아갔다. 갑갑한 2층의 5번 방에 사는 그는 '무슈 빈센트'라 불렸다. 그는 거의 한마디도 하지 않고 평소보다 빨리 점심을 먹어치웠다. 그러고는 비가 오나 해가 뜨나 매일 그랬던 것처럼 날이 저물도록 그림을 그리기 위해 이젤, 붓, 배낭, 커다란 캔버스를 모아 다시 밖으로 나갔다.

해가 저물 무렵 베란다에서 저녁을 먹던 여인숙 주인 가족은 배를 움켜쥐고 거리를 비틀비틀 걸어오는 네덜란드인을 보았다. 손에는 아무것도 들려 있지 않았고 날씨가 후텁지근한데도 재킷의 단추는 채워져 있었다. 그는 아무 말도 하지 않고 주인 가족을 지나 2층의 자기 방으로 갔다.

여인숙 주인은 신음 소리를 듣고 어두운 작은 방으로 갔다. 그의 하숙인은 침대에 웅크리고 있었다. 아픈 것이 분명했다. 여인숙 주인은 무슨 일이냐고 물었다.

무슈 빈센트는 고통스럽게 몸을 굴리고는 윗옷을 걷어 옆구리의 작은 구멍을 보여주었다. 피가 조금 새어나오고 있었다. 그가 말했다.

"내가 그랬어요."

빈센트 반 고흐의 열정적인 삶과 기괴한 죽음은 하나의 신화가 되었다. 절반은 진정 사실이고 절반은 우리가 바라는 진실이다. 그의 절망, 천재성, 악마들, 그리고 탄생조차 과장되었다. 신화는 그의 그림만큼이나 생생하게 그의 생애에 색을 입힌다.

빈센트는 1853년 3월 30일 근엄한 개신교 목사와 서적상의 딸 사이에서 장남으로 태어났다. 어머니가 역시 빈센트라 이름 붙인 아이를 사산한 지 정확히 1년 만이었다. 현대의 안방 심리학자들이 추측하는 것과 달리 같은 이름의 사산된 형과 같은 날에 태어났다는 사실은 빈센트에게 그리 영향을 미치지 않은 것으로 보인다. 그럼에도 비극적 삶을 알리는 불길한 시작이었다.

사실 빈센트의 어머니는 그를 힘들게 출산했을 것이고, 이로 인해 그의 머리와 뇌는 치명적으로 손상되었을 것이다.

어린 시절 빨간 머리의 빈센트는 밝고 늘 부산했다. 또한 기분 변화가 심하고 통제가 되지 않으며 지나치게 감상적이었다. 아주 어린 시절 그는 강박적으로 읽기와 스케치를 배웠다. 방문객들은 그가 사람들 주위에서 불편해하고 몹시 불안해하는 '이상한 소년'이었다고 묘사했다.

학교에서든 가정에서든 초기 교육은 반항적이고 저항적인 빈센트에게 도움이 되지 않았다. 부모는 그가 열한 살일 때 기숙학교에 보냈고 그는 지독한 향수병과 외로움에 시달렸다. 2년 후에 부모는 그를 집과 더욱 멀리 떨어져 있는 새로운 학교로 보냈다. 빈센트는 더욱 분개했다. 열네 살 때 그는 학교에서 걸어 나와 다시는 돌아가지 않았다.

1년 이상 부모님 집에 틀어박혀 있던 빈센트는 열여섯 살 때 미술상의 조수가 되었다. 그는 모든 미술책을 읽고 위대한 네덜란드 화가들에 대해 공부했다. 그러는 동안 그가 일하는 상점에도 서서히 새로운 미술이 들어왔다. 일부 마니아를 만족시키는, 대략적으로 묘사되고 상상력이 풍부하며 인상주의적인 작품이었다.

그는 미술상으로 적당히 성공하여 7년간 런던과 파리의 갤러리에서 일하기도 했다. 이 시기에 동생인 테오가 미술상이 되었고 빈센트는 처음으로 실연을 겪었다.

1876년 스물세 살에 빈센트는 미술상을 그만두었다. 그는 영국으로 가서 갤러리와 박물관에 탐닉했고 조지 엘리엇과 찰스 디킨스의 글에 빠져들었다. 그는 교회 학교의 교사가 되었고 성경 연구에 다시 뛰어들었다. 그리고 아버지처럼 목사가 되겠다는 열망을 갖게 된다.

처음에는 단순한 기도 모임을 이끌다가 나중에는 설교단에서 설교하겠다는 강박을 품게 되었다. 1876년 10월 빈센트는 첫 일요 설교에서 「시편」 119장 19절을 인용한다.

"땅 위에서 나그네인 이 몸에게……."

또한 그는 자신의 머릿속에서 소용돌이치는 강렬한 색채가 신과 어떤 관계인지를 암시하기도 했다.

> 한번은 아주 아름다운 그림을 보았습니다. 저녁 풍경이었죠. 오른쪽 멀리의 언덕들이 저녁 안개 속에서 푸르게 보였습니다. 이 언덕들 위로 장려한 일몰이 펼쳐지고 금색, 은색, 자주색을 띤 회색 구름들이 떠 있었습니다. 노란 가을 잔디가 평원 또는 황야를 덮고 있었습니다. 그 풍경을 따라 멀리, 아주 멀리 산으로 길이 이어졌습니다. 산꼭대기의 도시는 황혼 속에서 빛나고 있습니다. 손에 지팡이를 든 순례자가 그 길을 걷습니다. 그는 이미 아주 오랫동안 걸었기 때문에 잔뜩 지쳤습니다. 이제 그는 여인과 마주칩니다……. 순례자가 묻습니다. "길은 계속 오르막입니까?" 그리고 여인이 대답합니다. "네, 끝까지요."

빈센트는 네덜란드의 어느 대학에서 신학을 공부하다가 1년 만에 그만둔다. 그는 선교사 학교에 들어가지 못하게 되자 열악한 벨기에의 광산 마을로 향한다. 그는 광부들과 그 가족들에게 설교를 하며 가난에 찌든 그들에게 자신의 음식과 돈과 옷을 나눠 준다. 그는 그들을 영적으로 고양시키지 못했지만(빈센트는 대단한 설교자가 아니었다) 대신 그들을 스케치하기 시작했다.

스물일곱 살에 그는 인생의 다음 진로를 찾아냈다. 바로 예술가의 길이었다.

빈센트는 공식적인 예술교육을 조금 받긴 했지만 특유의 집착으로 주로 독학을 했다. 그는 스케치를 하고 나서 미친 듯한 속도로 채색을 했다.

1882년 빈센트는 유성물감으로 실험을 시작했다. 동시에 그는 한 매춘부와 떠들썩한 연애를 시작했다. 그녀와 거의 2년간 가난하게 함께 살면서 그는 드로잉과 채색 기법을 연마했다.

매춘부와의 관계가 어그러지고 빈센트는 여행에 나섰다. 그는 떠돌이 예술가가 되어 길에서 마주치는 풍경과 사람들을 그렸다.

1886년 빈센트는 파리로 이사했다. 이제 그의 팔레트에는 선명한 빨간색, 노란색, 초록색, 오렌지색이 채워졌다. 그의 기법은 그가 존경하던 인상주의 화가들처럼 뚝뚝 끊기는 짧은 필치로 진화했다.

빈센트는 동생 테오의 재정적 지원에 점점 의존하면서 동생과 평생 많은 편지를 주고받게 된다. 테오는 사랑하는 형이 점점 불안정해지고 분노하는 것을 알아차렸다.

파리에서 이상한 일들이 벌어지기 시작했다. 빈센트가 가벼운 발작과 공황장애를 일으켰던 것이다. 발작 직후에 그는 종종 혼란에 빠지거나 기억을 잃어버렸다. 빈센트는 프랑스 예술가들 사이에서 인기가 있던 알코올음료인 압생트를 마시기 시작했다. 어쩌면 압생트가 발작을 일으켰을지도 모른다.

1888년 빈센트는 동료 화가인 폴 고갱과 함께 아를로 이사했다. 이때부터 그는 자신만의 독특한 필치로 밝고 대담한 색채의 그림들을 그려냈다. 빈센트의 그림은 조금 비현실적이고 기이해졌다. 선은 물결치고 색깔은 강렬했다. 때로 그는 튜브에서 캔버스로 바로 물감을 짜내기도 했다. 그림의 주제가 너무 비현실적이라서 빈센트는 '나의 어떤 그림은 아픈 사람이 그린 것이 확실히 드러난다'라고 썼다.

이곳에서 「아를의 침실」이나 「해바라기」 같은 걸작들이 그려졌다.

이 시기에 빈센트의 악마들도 정체를 드러냈다. 그는 발작, 분노, 불쾌감, 미친 짓 등에 고통받았다. 그가 알고 있던 일반적인 우울증보다 더욱 깊고 어둡게.

빈센트와 고갱은 몇 달간 형제처럼 지냈지만 의지가 강한 두 예술가는 계속 다투었다. 그들은 크리스마스 직전에도 신문기사를 보고 싸움을 벌였다. 하필이면 칼을 휘두르다 유죄 선고를 받은 사람의 밤공포증에 대한 기사였다. 고갱은 거칠게 뛰쳐나갔고 고흐는 다시 홀로 남았다. 망가지고 분개한 빈센트는 면도칼로 왼쪽 귀를 베어낸 다음 근처 사창가의 매춘부에게 건넸다. 그가 귀와 함께 넘긴 짧은 메모에는 이렇게 적혀 있었다.

'나를 기억해줘요.'

미치광이 같은 행동을 한 이후에 빈센트는 병원에 수용되었다. 젊은 의사가 그를 뇌전증으로 진단하고 브로민화칼륨을 처방했다. 며칠 만에 고흐는 회복되었고 3주 만에 「파이프를 물고 귀에 붕대를 한 자화상」을 그렸다. 그는 고갱과 말다툼한 기억도, 귀를 자른 기억도, 입원한 기억도 없었다.

그는 테오에게 보낸 편지에 이렇게 썼다.

'참을 수 없는 환각은 멈췄고 이제는 단순한 악몽만 꾼다……. 암류처럼 흐르는 설명하기 힘든 아련한 슬픔을 제외하면 지금은 아주 좋다.'

다음 몇 주 동안 빈센트는 정신병적 에피소드(항상 압생트를 마신 후였다)로 세 번 더 입원했다. 1889년 5월 자신의 악마들에게 압도될 것을 걱정한 빈센트는 자발적으로 생레미 정신병원에 들어갔다. 그곳 의사들은 브로민화칼륨을 처방하지 않았고 그는 무시무시한 환각과 통제 불가능한 불안으로 더 자주 정신병적 에피소드를 일으켰다. 대개는 그가 병원 밖에서 친구들과 술을 마신 직후에 일어난 일이었다. 이런 정신병적 에피소드는 심한 경우 석 달간 계속되었다.

정신병원에서 빈센트는 계속 그림을 그렸다. 이때 걸작인 「별이 빛나는 밤」을 포함해 약 300점의 작품을 스케치하고 채색했다. 「별이 빛나는 밤」은 소용돌이치는 어둠 같던 빈센트의 내면 풍경을 묘사했다. 나중에 어떤 사람들은 빛을 발하는 별들이 뇌전증 환자가 발작 중에 보게 되는 시각적 이미지를 닮았다고 주장했다.

라부의 여인숙은 여전히 오베르에서 영업 중이지만 반 고흐의 방은 더 이상 사용되지 않는다.(Henk-jan de Jong/Velserbroek, Netherlands)

그런데도 1890년 5월 정신병원 의사들은 빈센트가 치유되었다고 선언했다. 그는 자신의 소지품을 모아 파리 근처의 작은 마을인 오베르 쉬르 우아즈(그곳에 사는 의사이자 예술 애호가인 폴 가셰 박사가 테오에게 빈센트를 돌보겠다고 약속했다)로 갔다.

빈센트는 구스타프 라부의 여인숙에서 2층 방을 얻었다. 그는 술을 끊고 하루 종일 미친 듯이 그림을 그렸다. 그는 꼼꼼하게 계획을 세웠다. 여인숙에서 아침을 먹고 9시에 밖으로 나가 그림을 그린 다음 정오에 여인숙으로 들어와 점심을 먹고 다시 저녁때까지 그림을 그리고는 밤에 편지를 썼다.

동네 사람들은 지저분한 옷과 기이한 습관들 때문에 그를 이상한 사람으로 여겼다. 하지만 상관없었다. 그는 누구와도 가까워지고 싶지 않았기 때문이다. 그는 자신이 미쳤다는 사실을 알고 있었다. 그런 광기에도 불구하고 그는 그림을 그리고 싶었다.

빈센트는 오베르에서 70일간 70점의 그림과 30점의 드로잉을 완성했다.

생산적이지만 행복하지는 않은 나날이었다.

7월 초에 그는 파리의 테오를 찾아갔다. 테오 부부는 방금 태어난 첫아이에게 빈센트라는 이름을 붙여주었다. 테오는 아이가 태어난데다 자신도 병이 들었기 때문에 갑자기 재정적으로 어려워졌다. 3일 후에 빈센트는 파리를 떠나면서 자신이 인정 많은 동생의 목에 매달린 닻이라는 생각에 괴로워했다. 그는 동생의 재정적 지원이 끊길까 걱정했다.

며칠 후에 빈센트는 「까마귀가 나는 밀밭」을 그렸다. 호박색의 밀밭 위로 다가오는 돌풍을 피해 달아나는 한 무리의 검은 새를 형상화한 그림이었다.

그냥 역동적인 그림일까…… 아니면 다른 무엇일까? 나는 모른다. 아무도 모른다. 누군가는 이 그림에서 빈센트의 치밀어 오르는 고통을 본다고 했다. 지나치게 감상적인 결론 같다. 그래도 진실은 남아 있다. 우리는 결국 알아내지 못하겠지만 말이다.

법의학자로서 나는 추측을 제한하고 감정을 배제하며 사실에 집중하는 것이 중요하다고 배웠다.

빈센트의 죽음에 대한 추측은 과도했고 감정은 넘쳤으며 사실은 별로 없었다……. 당신이 어디를 봐야 할지 모른다면 말이다.

빈센트가 서둘러 점심을 먹고 나갔다가 어스름 이후 비틀비틀 집으로 돌아오기까지 무슨 일이 벌어졌을까?

아무도 모른다. 진술들은 처음부터 상충했고 빈센트는 제대로 기억하지 못했다. 그래도 지난 세기에 돌았던 관례적인 설명을 소개하겠다. 그중 상당 부분은 당시 열세 살이던 구스타프 라부의 딸 아들린이 60년 후에 떠올린 기억에 의존한다. 1953년 73세의 아들린은 아버지에게 들었던 이야기를 처음으로 털어놓았다.

빈센트는 대형 그림 도구와 거대한 캔버스를 끌고 나무가 우거진 가파른 언덕으로 올라가 위풍당당한 도베르 성 너머의 밀밭까지 갔다. 라부의 여인숙에서 1.6킬로미터 이상 떨어진 곳이었다. 거기서 그는 건초 더미에 이젤을 기대어놓고 성벽의 그림자가 드리워진 길을 배회했다.

빈센트는 길 어딘가에 숨겨둔 리볼버를 꺼내 옆구리를 쏘고 기절했다. 해가 지고 얼마 후에 조금 서늘해진 밤공기가 그를 깨웠다. 그는 자살을 끝내기 위해 총을 찾아 어둠 속을 기어 다녔다. 하지만 총을 찾지 못한 그는 언덕을 내려와 여인숙으로 돌아갔다.

아들린은 아버지가 빈센트에게 총을 빌려주었다고 말했다. 빈센트는 벌판에서 그림을 그리는 동안 까마귀들을 쫓기 위해 총이 필요하다고 했다.

리볼버는 발견되지 않았다. 빈센트의 그림 도구와 캔버스도 발견되지 않았다. 그가 사라진 대여섯 시간 동안 아무도 그를 보지 못했다.

공식적인 조사가 짧게 진행되었지만 보고서도 남기지 않았다. 모순되고 모호한 기억들과 무성한 소문들만 남았다.

그리고 많은 질문들도.

처음 빈센트를 진찰한 사람은 근처 마을인 퐁투아즈의 산부인과 의사 진 마저리였다. 라부의 여인숙에 도착한 마저리는 빈센트가 침대에 앉아 조용히 담배 피우는 모습을 보았다.

마저리는 커다란 완두콩 크기의 총상이 갈비뼈 바로 아래 왼쪽 옆구리에 있었다고 묘사한다. 자주색과 푸른색의 테두리에 에워싸인 검붉은 색깔의 상처에서는 피가 조금씩 새어나왔다. 의사는 길고 얇은 금속 막대로 상처를 살펴보고는(고통스러운 과정이었다) 작은 총알이 빈센트의 복강 뒤쪽에 박혀 있다고 결론 내렸다.

마저리는 총알이 주요 장기와 혈관을 피해 아래쪽으로 비스듬히 들어갔을 거라고 생각했다. 하지만 빈센트의 배를 열지 않고는 어떤 손상이 있는지 알 수 없었다.

일요일이라서 아들과 낚시를 갔던 가셰 박사가 급히 빈센트를 찾아왔다. 그는 작고 검은 왕진가방과 작은 전기 코일을 들고 왔다(그는 전기치료의 효과를 믿었다). 빈센트의 좁은 방에서 그는 촛불로 상처를 살펴보았다. 빈센트의 심장을 맞히기에는 총알이 너무 낮게 들어갔다. 스스로를 신경질환 전문가라고 생각했던 가셰는 안도했다.

상처는 빈센트의 갈비뼈 아래 왼쪽 옆구리에 있었다.

빈센트는 두 의사에게 몸을 열고 총알을 제거해달라고 했다. 하지만 그들은 안 된다고 했다. 경험 많은 외과 의사에게도 흉부 수술은 힘들고 지저분한 일이었다. 그들은 외과 의사도 아니었다. 그들은 총알이 주요 기관을 관통하지는 않았지만 왼쪽 흉막강을 지나 척추 근처에 박혔을 거라고 추측했다.

출혈이나 쇼크의 징후는 없었다. 사실 빈센트는 의식이 또렷하고 침착했다. 말하는 것은 힘들어했지만 폐나 가슴에 혈액이 고이면서 그를 질식시키고 있다는 징후는 없었다. 심지어 그는 침대에 앉아 자신의 피 묻은 윗옷 주머니에서 담배를 꺼내달라고 했다.

그들은 빈센트의 척추 근처에 작은 총알이 박혔고 조금 떨어진 곳에서 특이한 각도로 총알이 발사되었다고 결론 내렸다.

두 의사는 9.6킬로미터쯤 떨어진 병원으로 빈센트를 데려가지 않았다. 그들은 상처에 붕대를 감아주기만 했다. 그날 밤 그들은 통풍도 되지 않는 덥고 작은 방에 그를 남겨두었다.

가셰 박사는 빈센트는 가망이 없다고 조용히 선언한 뒤 집으로 돌아가버렸다. 그 이후로 가셰 박사는 다시 오지 않았다. 여인숙 주인인 라부는 졸기도 하고 파이프담배를 피우기도 하면서 빈센트의 침대 옆에서 밤을 보냈다.

다음 날 아침 경찰관 두 명이 총격에 대해 조사하기 위해 여인숙에 왔다. 자살하기 위해 어디로 갔나? 그들이 물었다. 정신질환자인 그가 어떻게 총을 구했나? 하지만 빈센트는 제대로 대답하지 않았다.

그들은 빈센트에게 자살할 생각이었냐고 물었다. 그가 애매하게 대답했다.

"네, 그런 것 같소."

그는 정말 죽고 싶었을까? 경찰관들이 더욱 집요하게 묻자 그는 소리를 질렀다.

"내가 무슨 짓을 했든 상관없잖소. 내 몸은 내 거니까 내 마음대로 할 수 있소. 누구도 기소하지 마시오. 내가 자살하고 싶었으니까."

그는 그렇게 말했다고 한다.

빈센트는 경찰이 범죄를 의심해서 놀란 것일까, 아니면 다른 누군가에게로 향하는 의심을 의도적으로 자신에게 돌렸던 것일까? 경찰관들은 아무런 범죄가 없었다는 사실에 만족하며 돌아갔다.

그런데 빈센트는 오래 버티지 못했다. 1800년대의 총상은 거의 항상 치명적이었다.

그날 저녁 테오가 찾아오고 몇 시간 만에 빈센트에게 감염 증상이 나타났다. 빈센트는 급격히 약해졌다. 자정 무렵 호흡하기가 힘들어졌다. 그는 파리에서 급하게 찾아온 사랑하는 동생 테오에게 이렇게 속삭였다.

"이렇게 죽기를 바랐어……. 슬픔은 영원하지 않을 거야."

90분 후인 오전 1시 30분경 빈센트 반 고흐는 죽었다. 1890년 7월 29일의 일이었다. 부검도 수사도 없었다. 총알은 제거되지 않았다. 총알은 창자를 베어 박테리아들을 복강에 풀어놓았을 것이다. 총을 맞고 30분에서 몇 시간 만에 감염으로 정상적인 장 활동이 멈추고 몸 안의 전해액이 정체되었을 것이다. 그리고 복막염이 발생하면서 순식간에 신장, 간, 폐가 기능을 멈췄을 것이다.

비극은 완성되었다. 빈센트의 동요하던 영혼은 마침내 고요해졌다. 그는 자신이 당대의 가장 위대한 화가가 되리라는 사실을 모른 채 37세의 나이로 사망했다.

빈센트 자신이 예언했듯, 그의 길은 항상 오르막이었다.

사람들은 여인숙의 당구대에 관을 올리고 빈센트를 눕혔다. 관 바닥에는 팔레트와 붓들이 놓였다. 빈센트가 가장 좋아하는 색이었던 노란색의 달리아와 해바라기가 그를 에워쌌다. 그가 최근에 그린 축축한 그림들이 액자에 담기지 않고 벽에 압정으로 고정되었다. 아이러니하고 슬프게도 빈센트 반 고흐의 장례식은 그의 첫 단독 전시회이기도 했다.

마을 목사는 빈센트가 자살했다고 믿었기 때문에 종교의식도 치러주지 않았고 그를 축성된 땅에 매장하지 못하게 했다. 빈센트의 시신은 이틀 만에 작은 공동묘지에 매장되었다. 밀실공포증을 일으킬 만한 그의 방에서 1킬로미터도 떨어지지 않은 곳이었다. 공동묘지는 며칠 전에 그가 폭풍이 불어오는 하늘과 멀리 달아나는 까마귀들을 그렸던 벌판 옆에 있었다. 테오, 라부 가족, 몇몇 이웃사람, 몇몇 예술가 친구들이 후텁지근한 오후에 치러진 장례식을 지켜보았다.

매장 후에 테오는 여인숙으로 돌아가 형의 마지막 바람을 실현해주었다. 9주 동안 살았던 마을의 이웃들에게 최근에 그린 캔버스를 기증하는 것이었다. 형의 소지품을 정리하던 테오는 빈센트의 주머니에서 총을 쏘기 직전에 동생에게 쓴 편지를 찾아냈다. 빈센트는 자신이 동생에게 견디기 힘든 짐이 되는 것을 걱정하는 듯했다. 마지막 줄에는 다음과 같이 적혀 있었다.

> 난 내 작품에 내 인생을 걸었고 그 때문에 반쯤 미쳐버렸지. 어쨌든 좋아. 하지만 넌 사람을 사고파는 장사꾼은 아냐. 내가 아는한, 너는 정말 인도적으로 행동하지. 하지만 네가 무엇을 할 수 있겠니

빈센트가 마지막 단어 뒤에 물음표나 마침표를 찍지 않았다는 것이 의미가 있을까? 뭐, 상관은 없다. 죽겠다는 말이나 작별 인사가 없는데도 예술계는 이 편지를 슬픈 유서로 받아들일 테니까.

이것은 빈센트가 남겨둔 수많은 질문 중 하나일 뿐이다.

빈센트 반 고흐는 평생 단 한 점의 그림밖에 팔지 못했다. 하지만

마지막 10년간 860점의 유화, 1,300점 이상의 수채화·스케치·판화를 포함하여 2,100점 이상의 작품을 남겼다. 이제 그의 작품은 인류 역사상 가장 비싸게 팔리고 그의 삶은 책과 영화로 끝없이 다루어진다.

빈센트는 정신질환, 부모의 양육, 사회적 지위, 치열한 성격이 탄생시킨 복잡하고 방대한 존재다. 그의 그림은 미치광이의 그림이 아니라 어쩌다 보니 미쳐버린 인간의 그림이다. 덜 치열한 사람이었다면 그런 천재성을 발휘하지 못했을 것이다. 우리는 그의 그림을 보고 그가 미치지 않았다면 그런 천재성이 발현되었을지 궁금해한다.

스티븐 네이페와 그레고리 화이트 스미스(둘 다 하버드 대학 출신의 변호사로서 미국의 추상표현주의 화가인 잭슨 폴록의 전기로 1991년에 퓰리처상을 받았다)도 고흐에 대해 쓰면서 그리 놀라운 사실들이 드러나지는 않을 거라고 생각했다.

네이페와 스미스는 전문적인 고흐 연구자보다 깊고 넓게 파헤쳤다. 그들은 10년 이상 번역자, 조사자, 컴퓨터 전문가를 고용했고 960페이지의 책을 내놓게 된다(온라인상에 2만 8,000개의 주석이 게시되었다). 그들은 캔버스 이면의 정신과 마음을 탐구하면서 모든 돌을 뒤집어보았다.

그들은 전설에 나오는 것보다 훨씬 복잡한 인간을 발견했다. 빈센트는 그저 그런 학생이 아니라 4개 국어에 능한 지독한 독서광이었다. 그는 부모님을 기쁘게 하기 위해 필사적으로 노력했지만 가

혹한 아버지에게는 실망스러운 자식으로 남았고 어머니는 그를 좋
아하지 않았다. 그는 인간적인 관계를 갈망했지만 너무나 거칠고
무뚝뚝한 성격이어서 사랑하는 동생 테오조차 그와 많은 시간을
보내고 싶어 하지 않았다. 그는 심한 우울증과 신경쇠약에 시달리
면서 가끔 죽고 싶다는 생각을 했다······. 하지만 수많은 편지에서
그는 자살을 '사악한', '끔찍한', '어리석은', '부도덕한', '부정직한'
행동이라고 묘사했다.

빈센트의 광기의 원천은 확실히 알려지지 않았다. 하지만 (그가
귀를 자른 후에 그를 치료했거나 정신병원에서 그를 치료했던 의
사들을 포함하여) 많은 전문가들에 따르면 가장 그럴듯한 원인은
마지막 2년 동안 꾸준히 마신 압생트였다. 다량의 알코올에 극소량
의 경련 유인제를 함유했던 압생트는 측두엽 뇌전증을 일으켰다.
그런데 그의 뇌전증은 머리와 얼굴을 비대칭으로 만든 힘겨웠던
출생 과정, 압생트로 인한 두뇌 손상과 모두 관련되어 있는 듯하다.
많은 문헌에 따르면 빈센트는 망상과 발작에 이어 오랫동안 기억
상실과 혼란을 겪었다.

평생 계속되었다는 뇌전증과 별개로 빈센트는 연인이나 친구와
의 이별 또는 감정적 평정의 상실로 적어도 두 차례의 우울증과 일
련의 조울증 증상을 보였다.

〈미국 정신의학 저널〉에는 이렇게 적혔다.

'초창기에 고흐는 반응성 울병으로 고통받았다. 분명히 양극성
장애도 있었다. 우울증 이후에는 에너지와 흥분이 넘치는 상태가

나타났다.'

빈센트의 어머니는 이렇게 썼다.

'난 그 애가 항상 제정신이 아니라고, 그래서 그 애도 우리도 힘든 것이라고 생각했다.'

요컨대 그의 정신에는 평생 격렬하고 음울한 폭풍이 몰아쳤다. 당연히 빈센트가 자살해도 아무도 놀라지 않았을 것이다.

네이페와 스미스가 깊이 파고들수록 빈센트의 어설픈 자살 시도에 대해 더 많은 의문이 생겼다. 대부분은 쉽게 답이 나오지 않았다. 두 변호사에게는 모든 것이 논리적으로 보이지 않았다.

예를 들어 빈센트는 총을 쏘고 나서 어둠 속에서 총을 찾았지만 결국 찾지 못했다고 했다. 어떻게 총이 빈센트가 찾지 못할 정도로 먼 곳에 떨어질 수 있었을까? 네이페와 스미스는 의문스러웠다. 그리고 어떻게 다음 날 밝은 햇빛 아래에서 아무도 총을 찾지 못했을까? 왜 총은 아직까지 발견되지 않았을까?

빈센트가 들판에 가지고 갔던 이젤, 팔레트, 붓, 캔버스는 어떻게 되었을까? 그것들도 나오지 않았다. 누군가가 증거를 숨긴 것일까?

어떻게 정신질환자가 프랑스 시골에는 흔하지 않았던 소형 리볼버를 손에 넣었을까? 빈센트는 총기를 다뤄본 적이 없었다. 게다가 그가 정신병원에 입원했다는 사실을 알았다면 아무도 그에게 리볼버를 맡기지 않았을 것이다.

치명적인 총상을 입고 정신이 멍한 빈센트가 어떻게 어둠 속에서 가파르고 우거진 언덕을 헤치고 1.6킬로미터쯤 떨어진 집으로 돌아왔을까?

무엇이 그의 자살 충동을 촉발했을까?

강박적으로 매일 밤 글을 썼던 빈센트는 어째서 유서를 쓰지 않았을까? 또는 자신의 의도를 밝히는 말을 남기지 않았을까?

자살 충동을 느낀 빈센트는 왜 그렇게 어색한 각도로 옆구리를 쏘았을까? 왜 머리나 심장을 쏘지 않았을까? 그리고 더 중요하게는, 어떻게 그리고 왜 그렇게 심하게 총알이 빗나갔을까?

네이페와 스미스는 총격 직후 오베르 주민들 사이에서 이상한 소문이 돌았음을 알아냈다. 미치광이 화가가 총을 가지고 놀던 두어 명의 10대에게 총을 맞았다는 것이었다. 1930년대에 어느 학자가 처음으로 그 이야기를 공식적으로 제기했다. 하지만 사람들의 몰이해 속에서 자살한 천재 화가라는 낭만적인 개념이 널리 받아

들여지면서 누군가가 그에게 총을 쏘았다는 소문은 묵살되었다.

그러다가 1956년에 새로운 퍼즐 조각이 프랑스 신문들에 소개되었다. 르네 세크레탕이라는 파리의 은행가가 10대 시절의 비행을 털어놓았던 것이다. 원래 오베르에 살았던 그는 자신의 형제와

불안정하던 천재 빈센트 반 고흐는 전설처럼 자살했을까? 아니면 다른 방식으로 죽었을까?

함께 화가의 미술 도구에 뱀을 집어넣고 커피에 소금을 넣고 붓에 고춧가루를 뿌리는(빈센트는 작업 도중에 붓을 입에 넣는 습관이 있었다) 등 빈센트를 괴롭히고 놀렸다고 한다. 심지어 여자아이들과 짜고 화가를 유혹하기도 했다.

당시 열여섯 살이었던 르네는 1년 전에 파리에 갔다가 버펄로 빌 (서부 시대의 개척자로 18개월 동안 들소 4,280마리를 쏘아 죽여 '버펄로 빌'이라는 별명을 얻었다. 본명은 윌리엄 프레더릭 코디다 – 옮긴이)의 「와일드 웨스트」 공연을 보고 사슴 가죽 옷을 샀다고 한다. 그는 그 옷을 좋아했다 – 르네는 빈센트가 죽기 몇 주 전에 스케치한 「챙이 넓은 모자를 쓴 소년의 머리Head of Boy with Broad-Brimmed Hat」의 모델이었을 가능성이 있다.

하지만 버펄로 빌의 패션은 총 없이는 완성되지 않기 때문에 르네는 구스타프 라부에게 낡은 총을 샀거나 빌렸을 것이다. 1956년 인터뷰에서 세크레탕은 그 총이 '아무 때나 발사되었다'고 말했다.

빈센트가 두 소년에게 총을 맞았다는 오래된 소문에 갑자기 신빙성이 더해졌다. 르네·가스통 세크레탕 형제와 그들의 고물 총이 범인이었을까? 총이 발사되는 순간 르네는 카우보이 놀이를 하는 중이었을까? 르네가 빈센트를 놀리면서 싸움이 시작되었을까?

아무도 모른다. 르네는 그런 질문을 받지 않았고 빈센트를 쏘았다고 자백하지도 않았다. 하지만 그는 그날 화가가 자신의 배낭에서 총을 훔쳤다고 암시했다.

르네와 가스통은 빈센트가 죽을 무렵 오베르에서 사라졌다. 1956년 인터뷰에서 르네는 어느 신문에 실린 기사를 읽고 사격하는 방법을 배웠다고 했지만 그런 기사는 어느 신문에서도 찾을 수 없었다.

추가 인터뷰는 없었다. 다음 해에 르네 세크라탱은 사망했다.

1960년대에 또 다른 퍼즐이 맞춰졌다. 오베르 출신의 여자가 그날 오후 자기 아버지가 농가 안마당(빈센트가 있었다는 밀밭과는 반대 방향이었다)에서 빈센트를 보았다고 주장했다. 그리고 그 농가 안마당에서 총소리를 들었다는 또 다른 사람이 나타났다. 혈흔도 총도 발견되지는 않았지만.

네이페와 스미스의 가설에 따르면 그런 기억들이 정확할 경우 빈센트는 라부의 여인숙과 가까운 농장 안마당에서 부상을 입었을 것이다. 그리고 소년들은 총과 빈센트의 물건을 들고 도망쳤을 가능성이 높다. 들판의 가파른 급경사 길보다는 여인숙으로 돌아오는 길도 쉬웠을 것이다.

그렇다면 화가는 왜 스스로 총을 쏘았다고 했을까? 그의 전기 작가들은 슬프게도 빈센트가 죽음을 환영했을 것이라고 주장한다. 그는 자신이 죽어간다는 사실을 깨닫고 기꺼이 죽음을 받아들였을 것이다. 아마 그는 죽음이 가장 좋다고 생각했을 것이다. 소년들은 그가 스스로 못하는 일을 해주었다. 그는 그들이 처벌받지 않도록 거짓말을 함으로써 빚을 갚았다.

네이페와 스미스는 물증을 찾지 못했다. 하지만 그들에게는 널리 받아들여진 지나치게 낭만적인 자살 이론보다는 이쪽이 훨씬 더 그럴듯했다. 이 이론은 대답을 얻지 못한 수많은 질문에 답을 주었다. 왜 총은 발견되지 않았을까? 빈센트는 왜 그렇게 이상하게 총을 쐈을까? 그가 자살할 생각이었다면 왜 새 캔버스와 그림 도구들을 1.6킬로미터나 떨어진 곳까지 끌고 갔을까? 왜 그의 유언은 그렇게나 은유적이고 모호했을까?

일부 미술계 사람들은 한 가지 질문을 덧붙인다.

"농담이죠?"

네이페와 스미스는 신성모독적인 발언을 했다. 그들은 차라리 바티칸 교황청에 부활은 불가능하다는 논문을 붙이는 편이 나았을 것이다.

사실 표현하지는 않았지만 수많은 고흐 연구자들이 자살 이론에 불편해하고 있었다. 그럼에도 네이페와 스미스의 살해 이론을 받아들일 수는 없었다. 그들의 이론은 파렴치한 도서 홍보로만 느껴지지 않았다. 그들의 살해 이론은 무관심한 세상에 맞선 예술가들의 투쟁이라는 낭만적인 상징주의를 위협했다.

암스테르담 반 고흐 미술관의 큐레이터 레오 얀센이 말했다.

"다시 불명확한 정황들을 살펴봐야 합니다. 아직 충분한 증거가 없기 때문에 그들의 결론에 동의할 수 없습니다. 증거가 없어요."

얀센은 빈센트의 고백 역시 자살의 증거가 될 수 없다고 인정한다. 그래도 그건 빈센트가 직접 말한 것이고 그에게는 거짓말할 이유가 없었다.

어떤 미술 작가와 인터넷 트롤들은 네이페와 스미스에게 신랄하다. 어설픈 자살 이론이 훨씬 더 논리적이라는 것이다. 전에도 비이성적으로 행동했던 정신질환자가 마지막으로 비이성적인 행동을 저질렀을 뿐이라는 것이다. 자신의 귀를 자른 미치광이가 아주 특이한 방식으로 자신에게 총을 쏜 것이 뭐가 그렇게 이상하단 말인가?

게다가 신성한 신화를 지키려는 수호자들까지 있다.

네이페와 스미스의 이론이 발표된 직후 네덜란드의 일간지 〈폴크스크란트De Volkskrant〉가 논평을 내놓았다.

'빈센트 반 고흐가 두 귀를 모두 갖고 명예를 누리며 1933년 80세의 노령으로 죽었다면 결코 오늘날처럼 신화가 되지 못했을 것이다. 사이프러스와 밀밭보다는 고흐의 정신질환, 우울증, 실수, 귀 절단, 자살이 훨씬 더 그의 내러티브, 신비감, 불가해함에 잘 맞아떨어진다.'

2013년 반 고흐 미술관의 루이 반 틸보르흐와 테이오 메이덴도르프는 살해 이론을 정면으로 공격했다. 영국의 유명 미술 잡지에 실린 기사에서 진짜 가능성은 자살뿐이라고 논리적으로 밝혔다.

그들은 우선 가셰 박사가 묘사한 상처를 증거로 제시한다. 테두리가 갈색이고 주위가 자줏빛인 총알구멍. 자주색 테두리는 총알의 충격에 의한 멍 자국이고 갈색 가장자리는 화약에 의한 화상 자국이었다. 이는 빈센트가 총을 옆구리에 대고 있었음을 말해준다.

틸보르흐와 메이덴도르프는 빈센트가 테오의 삶에 끼어든 혼란에 심하게 동요했고 오베르에서는 살짝 균형감을 잃었다고 주장한다. 빈센트의 마지막 그림들에서 네이페와 스미스는 더욱 밝고 희망찬 붓질을 보았지만 학자들은 더욱 불길하고 어두운 감정을 보았다.

또한 학자들은 세크레탕의 인터뷰를 '자백'으로 해석한 것에 반박하면서 10대들의 총질이라는 오래된 소문을 일축했다.

틸보르흐와 메이덴도르프는 다음과 같은 결론을 내렸다.

'아무것도 그들의 해석을 뒷받침해주지 않는다. 총질을 좋아했던 1890년대 비행 청소년의 진짜 이야기에서 파생된 20세기의 소문일 뿐이다. 그런데 그 비행 청소년은 고흐가 자신의 총을 훔쳤을 거라고만 주장했다. 그리고 우리는 그의 말을 잠시도 의심하지 않았다.'

〈벌링턴 매거진〉에 실린 틸보르흐와 메이덴도르프의 글은 대답보다 질문을 더 많이 던진다. 그래도 그들은 분명하게 새로운 이론에 이의를 제기한다.

주로 정황적인 이야기만 하다가 반격을 받은 네이페와 스미스는 확고한 과학적 증거가 필요했다. 그들은 모든 증거를 살펴보고 과학적인 결론을 내줄 총상 전문가가 필요했다.

그래서 어느 여름날, 내 전화기가 울렸다.

어떤 일이 벌어졌는가보다는 어떤 일이 벌어지지 않았는가를 살펴보는 것이 훨씬 더 쉽다. 모든 의학적 가능성을 고려하면 빈센트 반 고흐는 자신을 쏘지 않았다.

어떻게 아느냐고? 물론 내가 의심의 여지 없이 아는 것은 아니다. 총이 발사되던 날, 미치광이 천재의 혼란스러운 내면에 무엇이 있었는지를 모르는 것처럼. 그날 그의 내면은 어둡고 엉망이었을 지도 모른다. 그러나 그것이 그의 정신질환이 재발했다는 증거는 아니다.

물론 나는 반 고흐의 불안정성, 자해, 천재성, 자살을 다루는 책과 영화에 대해서는 알고 있었다. 하지만 대부분의 사람들처럼 그의 죽음을 둘러싼 논쟁이 있는 줄은 몰랐다.

그럼에도 123년 후의 내 앞에 놓인 새로운 사실들이 크고 분명하게 말해주었다. 빈센트의 치명상은 스스로 입힌 것이 아니라고.

총상 전문가인 내가 그런 주장을 하는 데는 몇 가지 근거가 있다.

첫째, 총상 부위다(물론 총상 부위가 정확하게 기록되어 있지 않지만). 마저리 박사와 가셰 박사는 상처 부위를 다르게 기록했다. 1928년 빅토르 두아토와 에드가르 르루아의 책에는 '액와선 조금 앞의 왼쪽 갈비뼈 옆에' 상처가 있었다고 쓰여 있다. 액와선이란 겨드랑이에서 허리까지 이어지는 상상의 선을 의미한다. 다시 말해 팔을 내리면 팔꿈치와 닿는 가슴 부위에 총알이 들어갔던 것이다.

그렇다면 총알이 갈비뼈 아래의 흉곽이나 조직을 관통했을까?

마저리의 기록에 따르면 상처는 갈비뼈 바로 아래인 왼쪽 복부에 있었다.

자살하기 위해 쏘기에는 얼마나 이상한 위치인가? 나는 동료인 킴벌리 몰리나 박사와 함께 747건의 권총 자살에 대해 연구했다. 그 결과 복부에 총을 쏘는 경우는 1.3퍼센트밖에 되지 않았다.

1928년의 설명처럼 총알이 빈센트의 왼쪽 흉곽을 관통했다고 하

자. 그런 식으로 자신의 가슴에 총을 쏘는 자살자는 12.7퍼센트밖에 되지 않는다. 그리고 압도적인 다수가 옆으로 비스듬히 쏘지 않고 심장에 바로 쏜다.

단순히 말하면, 아무리 겁에 질리고 착각을 하더라도 아주 소수만 옆구리에 총을 쏜다.

하지만 빈센트가 그렇게 총을 쏘았다면 완전히 다른 질문이 제기된다.

빈센트를 예외라고 가정해보자. 그래서 그가 의식적으로 왼쪽 옆구리에 총을 쏘았다고 해보자. 어떻게 그랬을까?

빈센트는 오른손잡이로 널리 알려져 있다. 그런 그가 옆구리를 쏘기로 했다면 어째서 가장 어색하게 총을 쏘아야 하는 왼쪽 옆구리를 골랐을까?

빈센트가 그렇게 총을 쏘려면 왼손 손가락으로 총의 손잡이 뒤쪽을 감싸고 엄지로 방아쇠를 당기는 것이 가장 쉽다. 그는 총이 흔들리지 않도록 오른손으로 총의 몸체를 잡았을 수도 있다. 그랬다면 실린더 틈으로 나온 불꽃과 가스, 그리고 화약 때문에 오른손바닥에 화상을 입었을 것이다.

오른손으로 총을 쏘는 것은 더욱 불합리하다. 그는 가슴에 오른팔을 얹고 손가락으로 총의 손잡이를 감싼 다음 엄지로 방아쇠를 당겨야 한다. 이때 왼손으로 총을 지탱했다면 역시 왼손바닥에 화상을 입었을 것이다.

테오, 두 의사, 두 경찰관을 비롯해 총격 후에 빈센트를 만난 누구도 그런 화상에 대해 적어두지 않았다.

어느 경우든 총구는 빈센트의 피부에 직접 닿거나 5센티미터 이내에 있어야 했다.

이것은 내가 빈센트 스스로 총을 쏘지 않았다고 믿는 가장 중요한 이유다.

두 의사는 빈센트의 상처가 완두콩 크기라고 했다. 상처의 가장자리는 적갈색이고 주변은 자줏빛이 도는 푸른색이었다고도 했다. 그것만 제외하면 피부는 멀쩡했고 화약에 의한 화상 자국도 없었다.

일부 자살 이론 지지자들은 총알구멍 주위의 자줏빛은 총알의 충격에 의한 멍이라고 주장했다. 그렇지 않다. 그것은 총알에 혈관이 절단되면서 내출혈이 발생한 것이었다. 총을 맞고도 한동안 살아 있는 사람들에게서 이런 내출혈이 관찰되곤 한다. 어쨌든 내출혈이 중요한 것은 아니다.

총알구멍 주위의 적갈색 테두리는 화약에 의한 화상이 아니다. 하지만 둥근 찰과상은 총알구멍 주위에 항상 나타난다. 역시 총알이 들어간 자리라는 점을 제외하면 그리 중요하지 않다.

총알구멍과 관련해서 가장 중요한 점은 거기에 존재하지 않는다.

1890년대 권총 카트리지에 사용되던 흑색화약은 지저분하게 탔다. 1884년에 연기가 나지 않는 화약이 나왔지만 빈센트가 총을 쏠 당시에는 몇몇 군대용 라이플에만 사용되었다.

흑색화약에 의한 근거리 총상은 지저분한 흔적을 남긴다. 흑색화약이 점화되면 그중 56퍼센트는 뜨겁고 미세한 탄소 입자의 형

사람들은 프랑스 오베르 쉬르 우아즈에 있는 빈센트 반 고흐의 무덤에 들러 메시지를 남기곤 한다. 1890년 그는 이곳에서 기이하게 자살했다.(Richard Taylor/Edinburgh, Scotland)

태로 분출된다.

앞서 말했듯이 빈센트가 스스로 총을 쏘았다면 총구가 피부에 직접 닿았거나 5센티미터쯤 떨어져 있었을 것이다(98.8퍼센트의 자살자가 그러기 때문이다). 그래서 상처 주위의 피부는 뜨거운 가스와 그을음과 화약 부스러기에 의해 물집이 생기고 화상을 입었을 것이다. 화상은 심각하지 않았을 것이다. 하지만 수백 개의 반점 같은 화상 자국과 타버린 화약 가루가 피부에 남았을 것이다.

그가 옷 위에 총을 쏘았다면? 빈센트가 총구로 옷을 눌렀다면 상처의 가장자리는 검게 그을렸을 것이다. 피부에 좀 더 넓게 자국이 생겼을 수도 있고 생기지 않았을 수도 있지만, 어쨌든 옷은 그을음에 덮였을 것이다.

　충격 이후 빈센트의 상처를 보았거나 빈센트를 만난 사람들 중에 누구도 이런 것에 대해 언급하지 않았다.

　따라서 총은 빈센트의 옆구리 근처에서 발사되지 않았을 것이다. 화약의 흔적이나 화상이 없다는 것은 총이 적어도 50센티미터 이상 떨어진 곳에서 발사되었다는 뜻이다.

　그래서 빈센트 반 고흐는 자살자에게는 이례적인 부위에 치명상을 입었다. 다시 말해 그가 총을 쏘았다기에는 너무 멀리서 발사된 총알에 맞았다.

　그날 무슨 일이 있었는지를 합리적 의심의 여지 없이 알아내지는 못할 것이다. 빈센트의 시신을 파내더라도 그의 죽음에 대해 알아낼 것은 거의 없을 것이다. 이제 그는 뼈만 남았을 테니까. 납으로 만든 관에 방부 처리를 잘했다면 100년 이상 보존될 수도 있다. 하지만 빈센트는 방부 처리가 되지 않았고(19세기 유럽에서는 일반적으로 방부 처리를 하지 않았다) 소박한 나무 관에 눕혀졌다.

　과학수사 전문가라면 빈센트를 죽인 소형 구경의 총알을 찾아낼 수도 있을 것이다. 하지만 라부의 리볼버가 없다면 현대의 최첨단 탄도학으로도 그 총알이 그 리볼버에서 발사되었는지를 확인할 수가 없다. 그 총알은 다른 피스톨에서 발사되었을 수도 있다. 그리고 부드러운 조직이 모두 부패되었다면 총알의 진로나 그로 인한 손상을 확인할 수 없다. 결국 대답보다 질문만 늘어날 것이다.

　우리 모두는 때로 어떤 증거도 없이 우리가 진실이라고 믿는 것에 투자한다. 신화는 진실보다 마력적이다. 당신은 오즈월드가 아닌 다른 사람이 케네디를 죽였다고 생각하는가?

어떤 미술계 인사는 우발적 살인이든 고의적 살인이든 살인이라는 개념에 저항한다. 극적이지도 시적이지도 않기 때문이다. 결국 화가, 시인, 외로운 연인들이 작은 독약병을 들이켜거나 푸른 달빛 아래에서 혈관을 긋거나 먼 바다로 헤엄쳐가는 것이 훨씬 낭만적인 죽음이 아닐까.

그렇다, 총격은 퍼즐이다. 그래서 각자가 바라는 결론에 감싸일 것이고, 결코 완전히 밝혀지지 않을 것이며, 모순적인 설명에 의해 혼란스러워질 것이다. 현장에 있던 사람들은 이제 모두 떠났다. 우리는 얼마 남지 않은 당시의 증언에서 과학적 사실들을 모아야 한다. 하지만 이런 사실들은 신화를 뒷받침해주지 않는다.

그런데도 빈센트의 죽음의 방식은 위대한 전설의 일부가 되었고 미스터리는 영원히 계속될지 모른다. 내가 맡았던 많은 사건에서 그랬던 것처럼 사람들은 법의학적 진실보다 자신이 믿고 싶은 것을 믿을지 모른다. 빈센트의 실제 죽음보다는 그의 비극적인 삶 말이다.

그가 죽음을 수용했는지를 두고 시인과 학자들은 아직도 논쟁한다. 하지만 법의학적 사실들은 우리의 질문을 비껴간 총격자를 가리키고 있다.

내 개인적인 판단은 이렇다. 빈센트 반 고흐는 자살하지 않았다. 누가 왜 그를 쏘았는지는 모른다. 빈센트가 죽고 싶어 했는지 어땠는지도 모른다. 그가 죽음을 두려워했는지, 아니면 기꺼이 수용했는지도 모른다. 모두 법의학자가 메스, 컴퓨터, 정교한 검사로 판단할 사실들이 아니기 때문이다. 어쩌면 그의 죽음은 단순한 사고사일지 모른다. 때로는 논리조차 답을 주지 못한다.

난 인간의 심장에 무엇이 들어 있는지 모른다.

'마지막'에 대한 이야기

어떤 사람이 이런 말을 했다. 어린 시절을 지니고 다니는 사람은 결코 늙지 않는다고. 멋진 말이지만 진실은 아니다.

나는 45년 이상 법의병리학자로 일했다. 헬펀, 피셔, 로즈 등 내가 젊은 시절 존경했던 거장들은 모두 떠났다. 내 아버지는 65세에 뉴욕 시 수석 법의학자에서 은퇴했고 85세에 일에서 완전히 손을 뗐다. 내 동료들도 대부분 은퇴했거나 '떠났다'.

나는 항상 어린 시절을 지니고 다닌다. 계속 늙어가지만 아직 이곳에 있다. 이상하게도.

최근에 어떤 연구자가 동물의 시간 인식은 심장박동과 역의 관계에 있다는 결론을 내렸다. 심장이 느리게 뛸수록 시간은 빠르게 흐른다는 것이다. 우리가 나이가 들고 심장박동이 느려질수록 하루가 짧아지는 이유를 멋지게 설명해주는 이론이다. 이 이론이 맞는지는 모르겠다. 하지만 나이 들어가는 사람이라면 이 이론에 다들 고개를 끄덕일 것이다.

우리는 그런 일을 한다. 사람들이 죽음을 편안하게 받아들이도록 하찮은 설교를 지어내거나 유쾌한 페이스북 게시물을 올리거나 대중 과학을 고안해낸다. 너무나 많은 사람이 죽음이 시적일 것이라고 여긴다.

이 책에서는 '마지막'에 대한 이야기를 했다. 심지어 나의 시작에 대해 이야기할 때도. 사실 내 마지막에 대해서는 생각해보지 않았다. 지금까지 나의 세상에서 마지막은 다른 사람들에게만 일어나는 일이었기 때문이다. 어쨌든 지금까지는 그렇다.

나는 죽음을 낭만적으로 그리지 않는다. 할리우드식의 꿈같은 마지막을 기대하기에는 너무 많은 죽음을 보았다.

1600년대에 지역의 살인 사건을 생생하게 묘사한 값싼 팸플릿이 유통된 이래로 인간은 범죄 이야기에 매혹되었다. 셰익스피어의 연극은 살인으로 가득하다. 음모…… 도덕의 최종 승리, 무질서와 부패를 넘어서는 추리보다 더 잘 팔리는 것은 없었다. 그리고 죽음보다 미스터리한 것은 없었다.

우리는 많은 것을 바꿨다. 현대의 대중문화는 법의병리학자를 과도하게 미화한다. 게다가 첨단 기술을 동원한 과학수사가 모든 범죄를 해결하고 악을 정복하는 만능열쇠로 그려진다. 하지만 할리우드의 모든 것이 그렇듯 현실은 그렇지 않다. 과학수사는 깜짝 놀랄 만한 기술이 아니다.

다시 한 번 말하겠다. 훌륭한 법의병리학자에게 최고의 도구는 손과 두뇌다. 1940년대의 우수한 검시관이라면 DNA 같은 새로운 과학에 대해 하루만 훈련받고도 현대의 영안실에서 상당히 유능하게 일을 해낼 수 있을 것이다. 왜냐고? 추론이야말로 우리의 가장 강력한 과학수사 도구이기 때문이다.

나는 종종 '어떻게 그렇게 우울한 분야에서 일할 수 있죠?'라는 질문을 받는다. 멋진 답변을 하고 싶지만 그러지 못한다. 내 일에서 우울함을 느낀다면 이 일이 당신에게는 걸맞지 않은 것이다. 나는 그냥 '흥미롭고 도전적인 일이라서'라고 대답할 것이다. 난 암으로 죽어가는 아이들을 치료해줄 수는 없었다. 하지만 훼손된 시신을 부검하여 슬퍼하는 가족에게 사인을 정직하게(또는 부드럽게) 알려줄 수는 있었다. 나는 거기서 가치를 느꼈다.

이제 법의병리학자들은 갈림길에 서 있다. 이 글을 쓰는 현재 미국에는 500명의 법의병리학자가 일하고 있다. 아무리 많이 잡아도 1인당 연간 250건의 부검밖에 할 수 없다. 따라서 법의병리학자의 수를 두 배는 늘려야 한다.

때로 내가 의학을 선택한 것인지, 아니면 의학의 씨앗이 이미 내 안에 자리 잡고 있었던 것인지 모르겠다. 하지만 내가 사람들을 돕고 싶어서 의사가 되었다는 건 알고 있다.

이제 컴퓨터 기술과 수사과학이 꽃을 피우고 있으며 앞으로 더욱 흥미진진하게 발전해나갈 것이다. 하지만 인간이 이를 따라가는 속도는 비참할 정도로 느리다.

법의병리학자가 되려면 4년간의 대학 과정과 4년간의 의대 과정을 밟아야 하고 3~4년간 병리학 분야에서 훈련을 받아야 하며 다시 1년간 36개의 공인된 법의관실에서 펠로십을 이수해야 한다. 그리고 마지막으로 병리의학자 자격시험을 통과해야 한다. 그러다 보면 평균 17만 달러의 빚을 지게 된다.

법의병리학을 제외한 나머지 의료 분야에는 돈이 넘쳐난다. 다들 법의병리학자보다 훨씬 많은 돈을 번다. 검시관의 평균 연봉은 18만 5,000달러에 조금 미치지 못한다. 부수석 검시관이나 수석 검시관의 연봉은 19만 달러에서 22만 달러로 조금 나은 편이다. 하지만 병원에서 일하는 병리학자의 평균 연봉인 33만 5,000달러보다는 훨씬 적다.

게다가 불규칙적인 근무시간, 이상한 냄새, 감정적인 트라우마, 도움이 되지 않는 환자들, 머릿속에서 결코 지워지지 않을 이미지들, 질병의 위험, 변호사, 경찰, 법정 증언, 관료들, 영안실 냉장고보다 음울한 예산 등도 걸림돌이다. TV에서는 멋지게 보이고 진짜 미스터리를 해결한다는 짜릿함도 있지만 누가 의대 친구들보다 훨씬 적은 돈을 받고 매일 시신들을 상대하고 싶을까?

결국 의사 면허가 있는 법의병리학자는 매년 27명밖에 길러내지 못한다. 그중 21명만 검시관으로 일한다.

우리에게는 법의병리학자가 더 많이 필요하다. 인구와 수명이 늘어나는 동안, 기술에 대한 신뢰도가 점점 높아지는 동안(그리고 인간에 대한 신뢰도가 점점 떨어지는 동안), 신참 병리학자의 수가 줄어드는 동안 법의병리학자는 처참한 벽에 부딪힐 것이다. 검시관이 줄어든다는 것은 부검이 줄어든다는 의미다. 수사는 힘들어지고, 증거는 분실 또는 간과되며, 범죄는 해결되지 않을 것이다.

그렇게 되면 돈이나 시간만 잃는 것이 아니라…… 정의를 잃게 된다. 내 환자들은 더 이상 고통받지 않지만 그래도 정의를 원할 것이다. 난 그들에게 삶을 돌려주지 못한다. 심지어 작별 인사를 나눌 몇 분간의 시간조차 주지 못한다. 대신 정의는 찾아줄 수 있다.

| 감사의 말 |

이 책이 나오기까지 크고 작은 도움을 준 많은 친구들에게 감사한다. 그중 일부는 이 책을 집필하는 2년간 자료를 제공해주고 마침내 친구까지 되어주었다. 나머지는 오래전부터 나와 친구였다.

다양한 도움을 베풀어준 법의학계와 의학계의 많은 분에게 감사한다. 특히 텍사스 벡사 카운티 법의관실의 랜들 프로스트 박사, 메릴랜드 수석 법의관실의 데이비드 R. 파울러와 브루스 골드파브와 시어 로슨, 와이오밍 플랫 카운티의 검시관 필 마틴, 어빈 소퍼 박사, 워너 스피츠 박사, 더글러스 커 박사, 제임스 코튼 박사에게 감사한다.

전문적인 법해석이 없었다면 우리는 이 이야기를 꺼내지 못했을 것이다. 찰스 번스타인, 돈 웨스트, 로버트 막슬리, 브루스 모츠, 마크 드루어리, 데이비드 휴스턴, 네바다 주 워쇼 카운티의 국선변호인 제니퍼 런트, 로리 프라이버에게 감사한다.

그리고 다양한 도움과 격려를 베풀어준 스티븐 네이페, 로빈과 에드워드 코건, 루돌프 퓨어러피케이터, 앨런 바움가드너, 리 핸런, 제시카 번스타인, 마크 랭퍼드, 와이오밍 플랫 카운티 공공도서관의 리 밀러, 플랫 카운티 보안관 사무실의 리사 밀리켄, 〈볼티모어 선 뉴스〉 자료실의 폴 맥카델, 전前 메릴랜드 주 경찰관 릭 래스너에게 감사한다.

필라델피아 국립기록보관소의 패트릭 코널리는 우리의 방대한 서류 조사에 홀로 빛나는 도움을 주었다. 그는 6만 페이지에 달하는 마사 우즈의 연방 재판 기록을 찾아주었다. 그는 나머지 자료도 찾으려 했으나 성공하지 못했다. 슬프게도 다섯 가지 정보공개법 FOIA에 따라 2013~2014년 워싱턴 국립기록보관소, 연방 교도국, FBI에 요청한 정보는 아직도 받지 못했다.

책을 만들기 위해서는 생각이 비슷한 동료들이 필요하다. 멋진 서문을 써준 옛 동료 얀 가라바글리아 박사에게 가장 깊이 감사한다. 이 책을 만들어준 편집자 찰스 스파이서와 에이프릴 오즈번, 그리고 그들의 팀에 감사한다. 문학 에이전트인 린다 코너는 이 책의 가치를 높여준 특별한 조언자다.

테레사 마틴, 메리, 앤 등 세 명의 디 마이오 자매(모두 의사다)가 없었다면 나의 자전적인 내용은 초점과 명료함이 부족했을 것이다.

그리고 마지막으로 이 프로젝트가 진행되는 동안 우리를 지탱해준 테레사 디 마이오와 메리 프랜셀에게 감사한다. 그들은 항상 우

리 옆에 있었다. 두 아내가 없었다면 우리의 이야기는 가치를 잃었
을 것이다.

날마다 쏟아지는 뉴스를 보면서 가끔, 아니 자주 세상은 엉망이
라는 생각을 하곤 한다. 우리가 세상에 발을 디딘 이래로 끊임없이
질서를 만들어왔음에도 여전히 세상은 카오스 상태에서 그리 멀어
지지 않은 것 같다. 엉망인 세상을 아슬아슬하게 지탱해주는 질서
마저 언제 깨질지 모르는 위태로운 시간이 날마다 이어진다. 그래
도 아직까지 깨지지 않은 절대적인 질서가 하나 있다(우리가 만든 질서
가 아니라서 깨지지 않는 것이겠지만). 바로 죽음이다.

너무 뻔한 말이지만, 생명이 있는 모든 것은 언젠가 죽는다. 그래
서 불평등, 불공평, 불합리, 부조리, 부정의 등 온갖 '불不' 자가 판
치는 뒤죽박죽의 세상에서 그나마 공정하게 주어지는 것은 죽음이
아닐까 생각한다.

물론 그나마 공정한 죽음조차도 그곳에 이르는 길은 모두가 다

르다. 어쩌면 세상에 존재하는 생명의 수만큼이나 많은 죽음의 길이 있을지도 모르겠다. 어떤 이는 자기에게 주어진 수명을 다하고 평화롭게 죽는가 하면, 어떤 이는 자신에게 주어진 수명을 강제로 잘라내는 폭력적인 죽음을 맞이한다. 그래서 죽음조차도 절대적으로 평등하지는 않지만, 어쨌든 모두가 죽는다는 점에서는 그나마 공정하다고 하겠다.

죽음은 존재 자체를 말살해버리기에 생명이 있는 우리는 언젠가 죽는다는 사실을 한시도 잊지 않고 매일매일 기도라도 하는 마음으로 살아가야 할 것 같지만…… 그건 정말 불가능한 일이다. 그래서 대부분의 생명이 죽음을 잊고 오로지 욕망에만 매달린다. 마치 영원히 죽지 않을 것처럼, 영원히 오늘이 계속될 것처럼.

하지만 때로 욕망은 삶보다는 죽음의 색깔을 띠고 있다. 이 책에 나오는 많은 죽음도 결국은 누군가의 욕망과 깊이 연결되어 있었다. 누군가의 욕망은 누군가의 죽음이, 누군가의 파멸이 되었다.

이 책의 주제인 법의학의 관점에서 죽음은 대략 세 가지로 나뉜다. 질병 같은 내부적인 원인에 의한 죽음, 자살·타살·사고사처럼 외부적인 원인에 의한 죽음, 그리고 원인 불명의 죽음. 그중에서 법의학자가 다루는 죽음은 외부적인 원인에 의한 죽음과 원인 불명의 죽음이다. 법의학자의 임무는 수상한 죽음의 원인을 분석하여 범죄의 의혹을 밝혀내는 것이기 때문이다. 세상에 진실이 드러나도록, 그리하여 정의가 실현되도록.

하지만 법의학자가 찾아내는 진실이 항상 모든 사람이 바라는 진실은 아니다. 수많은 이해관계가 얽히고설키면서 최첨단의 과학 수사는 빛이 바래고 모든 증거가 무용지물이 되어버리며 때로는 음모론까지 판을 친다. 그리하여 수십 년간 9,000여 건의 부검을 하며 법의학에 평생을 바쳐온 저자조차도 법정에서는 '거짓말쟁이', '사기꾼', '멍청이', '용병'으로 불린다. 그의 법의학적 견해가 누군가의 입맛에 맞지 않는다는 이유만으로.

거기에다 법의학자에게는 시신의 냄새와 구더기를 비롯해 온갖 직업상의 악조건이 따라붙는다. 다른 잘나가는 의사들과 똑같은 의학 교육을 받고도 박봉에 시달려야 한다는, 자존심 상하는 현실도 잊어서는 안 된다. TV 드라마나 영화, 책 등에서 그려지는 화려한 삶과는 다른 극한의 삶이 법의학자 앞에 놓여 있는 셈이다.

그럼에도 저자를 비롯한 법의학자들은 사명감을 잃지 않고 끝까지 부검대를 지키며 오로지 시신이 들려주는 진실에만 귀를 기울이고 난마 같은 사건에 길을 내준다. 모두가 바라지는 않을지라도 산 자와 죽은 자 모두에게 진실을 찾아주기 위해, 그리하여 세상에 정의를 세우기 위해. 그것이 법의학자의 유일한 존재 이유이기 때문이다.

진실을 읽는 시간

초판 1쇄 발행 | 2018년 8월 20일
초판 2쇄 발행 | 2018년 9월 17일

지은이 | 빈센트 디 마이오 · 론 프랜셀
옮긴이 | 윤정숙
펴낸이 | 박남숙

펴낸곳 | 소소의책
출판등록 | 2017년 5월 10일 제2017-000117호
주소 | 03961 서울특별시 마포구 방울내로9길 24 301호(망원동)
전화 | 02-324-7488
팩스 | 02-324-7489
이메일 | sosopub@sosokorea.com

ISBN 979-11-88941-07-0 03400
책값은 뒤표지에 있습니다.

이 도서의 국립중앙도서관 출판예정도서목록(CIP)은 서지정보유통지원시스템 홈페이지(http://seoji.nl.go.kr)와 국가자료공동목록시스템(http://www.nl.go.kr/kolisnet)에서 이용하실 수 있습니다. (CIP제어번호 : CIP2018023247)